Uli Otto

„Tötet den Indianer in ihm und rettet den Menschen"!

(Pädagogischer Impetus der ab den 1890er-Jahren in den USA eingerichteten christlichen Internate für die Kinder der in den Reservationen lebenden Plainsindianer, die oft von deutschen Missionaren geleitet wurden)

- „Es kommt auf die Wirtschaft an, Dummkopf"[1] -

Überlegungen zum Ethnozid an den Plains-Indianern der USA und Kanadas von den 1840er-Jahren bis zur Gegenwart.

Die Abbildung des Gemäldes „Chief Joseph rides to surrender" von Howard Tepning aus dem Jahr 1979, von dem ein Ausschnitt auf der Vorderseite abgedruckt ist, wurde entnommen aus Monika Thaler (Hrsg.): Die Welt der Indianer. Geschichte, Kunst, Kultur von den Anfängen bis zur Gegenwart. München 1994, S. 350f. Es zeigt den Häuptling der Nez Percé Chief Joseph, den „Roten Napoleon", dessen Fluchtversuch nach Kanada zum Lager Sitting Bulls, wo er mit seinen Anhängern Zuflucht suchen wollte, 1877 in Sichtweite der kanadischen Grenze von der waffentechnisch und zahlenmäßig weit überlegenen Truppe gestoppt wurde, nachdem er sich dieser auf seiner 2000 Kilometer langen Flucht immer wieder hatte entziehen können. Siehe hierzu S.53ff der vorliegenden Arbeit.

Herausgegeben vom Bund für Geistesfreiheit Regensburg

Regensburg, 2022

[1] „It's the economy, stupid!" — mit dieser Botschaft gewann William Jefferson Clinton die amerikanischen Präsidentschaftswahlen im Jahre 1992. Unter den führenden Politikern der westlichen Welt hatte Clinton damit bislang am deutlichsten den Primat der amerikanischen Innen- und Wirtschaftspolitik programmatisch auf den Punkt gebracht.

Notwendige Vorbemerkung 3
Vorwort der Herausgeber 4

Vorwort des Verfassers 5
Zu den Intentionen der vorliegenden Darstellung 8
Danksagungen 19

Historische Einordnung – Deutsche und Native Americans 20

Der Santee-Aufstand des Jahres 1862 in Minnesota 23

„Warnzeichen an der Wand" - Die großen Umsiedelungsaktionen in der Folge des "Indian Removal Act" 1830: Der "Trail of Tears" der Cherokee (1830) – Exkurs zu den Choctaws" (1847) - Der "Long Walk" der der Navajos" (1863/64) 27

Das Massaker von Sand Creek an den südlichen Cheyenne (29. Nobember1864 - Das Massaker am Washita (27. November 1868) an den südlichen Cheyenne 28

Kampfhandlungen der Comanchen, von Teilen der südlichen Cheyenne, Arapahos, Kiowas und Kiowa Apache in den südlichen Plains, d.h. in Texas 32

Das Marias Massaker an den Blackfoot (23. Januar 1870) 37

Der vergebliche Kampf der Modoc (1873) 39

Die Endkämpfe der Teton-Oglala-Sioux, Cheyenne und Arapaho
Red Cloud Creek (1866-1868) - Little Bighorn (Juni 1876) – Wounded Knee (1891) 42

Kämpfe der Nez Percé (1877) 53

Hintergrund der Flucht der Cheyenne aus der Reservation in Oklahoma in ihre alte Reservation in Montana. Die Rolle von Carl Schurz und seiner Indianerpolitik (1878) 59

Die Kämpfe der Apache bis zu Geronimos endgültiger Niederlage (1849-1886) 63

Das Indianerterritorium im heutigen Oklahoma 68

Die planmäßige Politik des Ethnozids an den Plains-Indianern ab den 1880er-Jahren 70

Vermarktung der „Indianer" in Wildwestshow-Tourneen in den USA und Deutschland 71

Die Herausbildung der ersten panindianischen Bewegungen – Indianer und Indianerpolitik in der ersten Hälfte des 20. Jahrhunderts 78

Indianer und Indianerbewegung ab der zweiten Hälfte des 20. Jahrhunderts 79
Besetzung von Alcatraz (1969-1971) – Mount Rushmore (1971) – Wounded Knee (1973)

Der Fall Mount Graham, des heiligen Berges der White Mountain Apache 89

Verbindungen der widerständigen Native Americans zur Friedens- und zur Ökologie-Bewegung der 1970er-Jahre in Europa 90

Unterstützungsbesuch von Vertretern indigener Völker bei den Oberpfälzer BIs gegen die WAA in Wackersdorf im Sommer 1987 94

Die Indianerpolitik der USA in der jüngsten Vergangenheit und Gegenwart 96

Zwangsadoptionen indigener Kinder und Zwangssterilisationen indianischer Frauen bis in die jüngere Vergangenheit 102

Erzwungene Assimilationsversuche durch die Wegnahme und Erziehung der indianischen Kinder in den USA und in Kanada
Das US-System der Boarding Schools (102) – Die kanadischen Residential Schools (108) 104

Anhang 117-162

Zeittafel (unter Einbezug auch einiger historischer Ereignisse in Deutschland) 117

Auflistung der sonstigen Kriege, Stellvertreterkriege und militärischer Operationen seit Gründung der USA bis heute 121

Einige Liedertitel zum Wounded Knee-Massaker im Dezember 1890 und zur Geschichte und aktuellen Gegenwart der Native Americans sowie Australiens 128

Filmographie 134

Nachtrag: Hinweis auf ein aktuell angedachtes neues Projekt zur deutschen Kolonialgeschichte 155

Publikationsliste der Verfassers (mit Bezügen zum Thema) 158

Gesamtliste Veröffentlichungen 1979-2021 159

Tonträger, Audio-Kassetten/CDs/DVD 162

Weiterführende Literatur zur Geschichte der nordamerikanischen Prärieindianer 165

Literatur zur deutschen Kolonialgeschichte 166

In der vorliegenden Arbeit wird gelegentlich auch der Begriff „Indianer“ verwendet. Da dies unter Umständen bisweilen auf Kritik stoßen könnte, scheint mir die folgende Vorbemerkung angebracht

Seit den 1970er-Jahren haben sich auch in der amerikanischen Mehrheitsgesellschaft, aber auch unter den Betroffenen selbst, immer stärker die Begriffe *Native Americans*, *American Indians*, *First Peoples* und *First Americans* durchgesetzt, ohne dass *Indian* allerdings vollständig aus der Alltagssprache verschwunden wäre. (…) Rigider Sprachpurismus übersieht, dass unserem Denken, unserer Sprache und unseren wissenschaftlichen Diskursen allen selbstkritischen Bemühungen zum Trotz stets ein „basaler Eurozentrismus“ (Wolfgang Reinhard) eingeschrieben bleibt. „Viele weltgeschichtliche Phänomene lassen sich nämlich gar nicht anders als aus eurozentrischer Perspektive zur Sprache bringen. Das gilt für den [...] Begriff ‚die Anderen‘ oder ‚die Nichteuropäer‘ ebenso für ‚Entdeckung‘, für ‚Neue Welt‘, für ‚West-Indien‘, für ‚Indianer‘ und erst recht für ‚Amerika‘, das den Namen ‚Amerigo Vespucci‘ verewigt …“ Unweigerlich stoßen wir hier an die Grenzen der postkolonialen Kritikmöglichkeit.
(Aram Mattioli: VERLORENE WELTEN. Eine Geschichte der Indianer Nordamerikas 1700-1910. Stuttgart 2017, 2018, hier Dritte Auflage, 2020, S. 31f.)

Die heute von manchen kritisierte Bezeichnung *Indianer* stammt ursprünglich von Christopher Columbus, der glaubte, er sei in Indien angekommen. Während als deutsche Bezeichnung weiterhin *Indianer* gängig ist, herrschte in den USA lange der Begriff *Native Americans* vor. Viele Indigene bevorzugen jedoch mittlerweile *American Indians*, weil sich theoretisch jeder in den USA Geborene als *Native American* bezeichnen kann. Dennoch wird sowohl *Native Americans* als auch *Native* und insbesondere *Native people* weiterhin gebraucht; *Indigenous* ist weniger üblich.
Da im Deutschen keine Entsprechung für *Native* existiert, wird im Folgenden, wenn Sammelbegriffe nötig sind, von *Indianern* oder *Indigenen* gesprochen.
(Heike Bungert: DIE INDIANER. Geschichte der indigenen Nationen in den USA. München 2020, S. 9)

Was den Verfasser der vorliegenden Arbeit anbelangt, ist der Begriff *Indianer* positiv besetzt, weswegen eine diesbezügliche Kritik für ihn völlig unangebracht und irrelevant wäre. Entscheidend ist doch nicht zuletzt der jeweilige Kontext des betreffenden Wortes. Was ist denn kritikwürdig daran, wenn jemand beispielsweise „sein großes Indianerehrenwort“ gibt oder sich dahingehend äußert, dass er als Kind gerne „Indianer gespielt habe“? Hieran erweisen sich doch gerade die große Hochachtung und Wertschätzung, die man den *American Indians*, *Native Americans* oder *Native people* entgegen bringt.

Peter Bolz ist in einer aktuellen Buchbesprechung, die mir vor ein paar Tagen von Francois Genton/Grenoble zugesandt wurde, auf dieses Problem eingegangen, wo der Verfasser sich völlig zu Recht kritisch mit den Ausführungen von Susan Arndt („Rassismus begreifen. Vom Trümmerhaufen der Geschichte zu neuen Wegen. München 2021) auseinandersetzt.
„War sie (*die Autorin*) jemals auf einer Indianer-Reservation in den USA und hat mitbekommen, dass sich die Leute dort selbstverständlich und mit Stolz als “American Indians“ oder alternativ als “Native Americans“ bezeichnen? Was ist mit dem ‚National Museum oft he American Indian‘, das 2004 in Washington eröffnet wurde und das von Anfang an einen indianischen Direktor und eine indianische Mannschaft besaß? Will Susan Arndt ihnen vorschreiben, dass sie ihr Museum jetzt umbenennen müssen, weil sie festgestellt hat, dass der Name rassistisch sei? Weitere Beispiele sind der ‘National Congress of American Indians‘ (NCAI), die größte Lobby-Organisation der Indianer der USA, und das ‘American Indian Movement‘ (AIM), das kontinuierlich den Bürokraten in Washington die Stirn bietet. Sollen die alle ihren Namen ändern, zusammen mit unzähligen weiteren indianischen Organisationen, weil eine Professorin aus Deutschland meint, diese Namen seien rassistisch. (…) Letzte Frage an Frau Arndt: Wie bezeichnet man es, wenn eine deutsche Professorin den ‘American Indians‘ bzw. ‘Native Americans‘ vorschreiben will, wie sie sich selbst zu benennen haben? Als Paternalismus? Als Rassismus?“
(Peter Bolz: Indianer und ihre Häuptlinge. Eine selbstermächtigte Anglistik-Professorin verbietet vom grünen Tisch aus angeblich „rassistische“ Begriffe. In: AmerIndian Research. Bd. 17/1 [2022]. Nr. 63)

Abschließend hierzu auch die Reaktion einer US-amerikanischen Freundin, selbst Angehörige der *Lakota-Nation*, angesichts meiner Erwähnung der bei uns oftmals strittigen Diskussion zur Nomenklatur und der Tatsache, dass das Wort „Indianer“, in obigem Sinne geäußert, in der jüngsten Vergangenheit hitzige Diskussionen auszulösen vermochte: „Ihr seid wirklich sehr glücklich, wenn ihr keine anderen Probleme habt!!!“

Dem wäre wohl nichts hinzuzufügen!

Uli Otto, Regensburg, 22. Januar 2022.

Vorwort des Herausgebers

Wie die bekannt gewordenen Geschehnisse der jüngeren Vergangenheit und Gegenwart gezeigt haben, hat die Kirche bis in die heutige Zeit ihre Macht in vielfältiger Weise missbraucht. Die physischen, psychischen und sexuellen Missbrauchsfälle in deutschen – aber auch ausländischen - Internaten und nicht zuletzt der fragwürdige Umgang der Kirche mit dieser ihrer Vergangenheit sprechen in allerjüngster Gegenwart eine deutliche Sprache. Fragwürdigste Erziehungspraktiken, vor allem der Missbrauch vieler Kinder und Jugendlicher in den christlichen Internaten zogen oftmals schwerwiegende und langandauernde psychische Folgen nach sich, die, zumeist „tabuisiert“, zu lange unaufgearbeitet blieben. Die indigenen Kinder, die in den USA, in Kanada sowie Australien – um an dieser Stelle nur diese drei Beispiele zu nennen – in den christlichen Internaten „umerzogen“ wurden, hatten außerdem noch unter den Folgen ihrer bewusst herbeigeführten sozialen und kulturellen Entwurzelung zu leiden. Hier wurde doch dem bornierten und zutiefst inhumanen Erziehungsziel, „Kill the Indian in him and save the man“, gehuldigt. So sahen sie sich später als Folge ihrer Zwangsassimilierung oftmals ihren Familien und „Ursprungsnationen“ entfremdet. Sie fühlten sich nicht mehr zugehörig, ohne jedoch von der weißen Mehrheitsgesellschaft akzeptiert, geschweige denn als gleichwertige Mitglieder aufgenommen zu werden. Viele Probleme, denen sie und ihre Nachfahren sich bis in der Gegenwart ausgesetzt sehen, haben hier ihre Wurzeln und sind erklärbar.

Deshalb haben wir die vorliegende Publikation nur zu gerne initiiert und ihre Herausgeberschaft sehr gerne übernommen.

Erwin Schmid, Bund für Geistesfreiheit Regensburg K.d.ö.R, 20.02.2022

Aktuelle Nachricht vom 06.01.2022[1]

Kanada legt 28 Milliarden Euro für Entschädigung indigener Kinder beiseite

Das Geld soll 55.000 betroffenen Kindern zugutekommen. Noch laufen aber juristische Verfahren.
Ottawa – Kanada legt 40 Milliarden kanadische Dollar (28 Milliarden Euro) beiseite, um indigene Kinder und ihre Familien für eine Zwangsüberstellung in Internate zu entschädigen. Die Auszahlung soll starten, sobald die rechtlichen Verfahren abgeschlossen sind. Die Entschädigungen sollen rund 55.000 Kindern zugutekommen und eine grundsätzliche Reform der Betreuung ermöglichen, so die zuständige Ministerin Patty Hajdu.

Immerhin ein erster Schritt in die richtige Richtung, wobei ein diesbezüglicher Schritt seitens der USA sowie etwa auch der christlichen Kirchen angesichts ihrer inhumanen Politik in vielen Ländern bisher leider ausgeblieben ist und man sich weiterhin seiner Verantwortung entzieht.

Einführung

Konkreter Anlass zur Erstellung der vorliegenden Publikation waren die erschütternden Nachrichten über die jüngsten Funde anonymer Massengräber von Kindern im Umfeld verschiedener christlicher Indianer-Internate in Kanada, die in den vergangenen Monaten in den Medien um die Welt gingen, welche die Verstrickungen nicht zuletzt auch der katholischen Kirche bloßlegten. Und oftmals stammten die Täter gerade auch aus Deutschland, wie im Verlauf der Recherchen zu dieser Arbeit festgestellt werden musste.
Am 27. Mai 2021 hatten die Tk'emlúps te Secwépemc in einer Pressemitteilung der Weltöffentlichkeit mitgeteilt, dass sie durch Bodenradarmessungen auf ein Massengrab mit Leichen von 215 Kindern gestoßen waren, das sich auf dem Gelände der *Indian Residential School*, eines Internats für indigene Kinder, in Kamloops im kanadischen British Columbia befand. Das jüngste der Kinder war gerade erst drei Jahre alt. Das Indianer-Internat in Kamloops war seit 1890 in Betrieb gewesen, bis die kanadische Bundesregierung 1969 die Verwaltung von der katholischen Kirche übernahm und die Einrichtung bis zu ihrer Schließung im Jahr 1978 als Wohnheim für Kinder weiterführte, die eine Tagesschule besuchten. Nach Angaben des *National Centre for Truth and Reconciliation* (des Nationalen Zentrums für Wahrheit und Versöhnung) waren regelmäßig bis zu 500 Schülerinnen und Schüler an der Schule angemeldet, wobei diese Kinder aus First-Nations-Gemeinden aus ganz British Columbia und darüber hinaus stammten. (Quelle: CBC News)[2] Die betreffenden Kinder waren dabei ihren Familien auf Grundlage von Gesetzen entrissen worden, welche seinerzeit durch lokale „Indianeragenten" und die kanadische Bundespolizei *Royal Canadian Mounted Police* vollstreckt wurden. In der Folge waren diese Kinder, von denen einige erst drei Jahre alt waren, als sie ihren Eltern weggenommen wurden, schrecklichen Misshandlungen ausgesetzt, unter anderem Sterilisierung, Hunger, medizinischen Versuchen und spirituellem, körperlichem und sexuellem Missbrauch. Viele der Religionsgemeinschaften (die römisch-katholische, die anglikanische, die methodistische und die presbyterianische sowie die vereinigte Kirche von Kanada), die für die Leitung und Verwaltung der Schulen verantwortlich waren, führten keine sorgfältigen Aufzeichnungen bzw. hielten diese, soweit vorhanden, trotz zahlreicher Anfragen und der Arbeit der Wahrheits- und Versöhnungskommission rigoros unter Verschluss. Obwohl es in der jüngsten Vergangenheit bereits zahlreiche Forderungen nach bundespolizeilichen Untersuchungen der Missbrauchsvorwürfe gab, unterblieben diese bis heute. Infolgedessen wurde auch noch niemand für den Tod oder den Missbrauch der Kinder in Indian Residential Schools – wobei es ähnliche Einrichtungen auch in den USA gab! – strafrechtlich belangt. Die Eltern der verschwundenen Schüler wurden weder durch die Schulen noch durch die Behörden

[1] https://www.wort.lu/de/international/kinder-der-first-nations-erhalten-entschaedigung 61d56cccde135b923689e3c1, Aufruf am 06.01.2022, 05:00 Uhr.
[2] https://www.rosalux.de/news/id/44654/schulen-des-grauens?cHash=a25bd2daebe7ad5c9ac0e49dd3df91a2

informiert; einige wissen bis heute nicht, was ihren Kindern zugestoßen ist, die nicht mehr nach Hause gekommen sind.[3]
„Über mehr als ein Jahrhundert hinweg bestanden die zentralen Ziele der kanadischen, aber auch der US-amerikanischen Ureinwohnerpolitik darin, die Regierungen der Ureinwohner*innen zu beseitigen, ihre Rechte zu ignorieren, die Verträge mit den Regierungen der Ureinwohner*innen (Treaties) aufzukündigen und schließlich durch Assimilation ein Ende der indigenen Völker als eigenständige rechtliche, soziale, kulturelle, religiöse und ethnische Einheiten herbeizuführen:“ (Quelle: Honouring the Truth, Reconciling for the Future: *Summary of the Final Report oft he Trutzh and Reconciliation Commission of Canada).*[4]
Mitverantwortlich an der planmäßigen Vernichtung der Indianer in den USA sowie in Kanada, sei es durch militärische Aktionen, Landraub, ihre Deportationen in Reservationen sowie last not least die Assimilationsversuche in den oben erwähnten Internaten waren dabei gerade auch Einwanderer aus Mitteleuropa, sprich: Deutschland sowie deren Kinder und Enkel, wie aus unserer Arbeit ersichtlich wird, die aus einem Mitverantwortungsgefühl des Verfassers heraus konzipiert worden ist.
Wie auch auf viele andere Menschen gerade in unserem Land übt das Thema *Leben und Untergang der nordamerikanischen Prärieindianer* seit vielen Jahren eine große Faszination auf den Verfasser aus, hat ihn quasi sein Leben lang immer wieder beschäftigt. Dabei lagen die Wurzeln hierfür in seiner Lektüre während der frühen Jugendzeit.[5] So schreibt auch Aram Mattioli im Vorwort seiner *Verlorenen Welten*: „Es gibt Themen, die lassen einen ein Leben lang nicht los, ohne dass man genau zu sagen wüsste weshalb. Ein solcher Gegenstand war und ist für mich die Zerstörung Nordamerikas und die damit einhergehende Beinahe-Ausrottung der First Peoples. Wie viele Jungen meiner Generation wuchs ich mit den ‚Lederstrumpf‘- und ‚Winnetou‘-Verfilmungen auf ….“[6] Im heutigen Deutschland existiert vor diesem Hintergrund in vielen Köpfen nach wie vor vor allem der von Karl May erzeugte Mythos des guten, verschwundenen Indianers sowie das homogene Bild der Plains-Indianer des 19. Jahrhunderts als umweltschützende Spiritualisten, das von der Hobbyisten-Bewegung ebenso wie von Teilen der alternativen Szene und New-Age-Anhängern erzeugt wurde.[7]
Gerade in Deutschland ist die „Hobbyisten“-Bewegung der Indianer- und Cowboyclubs, in denen Traditionen und Kulturen verschiedener nordamerikanischer Indianergruppen recherchiert und nachgelebt werden, stark und alt. Die ersten Clubs wurden bereits in den 1910er- und 1920er-Jahren gegründet, nach dem Zweiten Weltkrieg wurden sie von der US-Armee durch die Entsendung indigener Soldaten unterstützt. Im Laufe der Jahre kamen immer wieder auch Kontakte zwischen der deutschen Umweltbewegung und Indigenen wie Winona LaDuke zustande. Vor allem Deutsche reisen viel in Reservationen und kaufen indigene Kunst. Sie gelten als besonders gut informiert und interessiert, nehmen aber gelegentlich nicht genügend Rücksicht auf indigene Rituale oder geben Informationen weiter, welche die indianische Gruppe nicht publik machen möchte. Die deutsche Faszination für Indianer dürfte dabei auf ein Verlangen nach Freiheit, nach Gemeinschaft, aber auch auf ein Verlustgefühl und auf Bewunderung der (maskulinen) Widerständigkeit zurückzuführen sein.[8]
So konnten sich die Indianerfreunde in der ehemaligen DDR, die sich nach dem Mauerbau am 11. August 1961 in ihrer Bewegungsfreiheit eingeschränkt sahen und nicht mehr nach „drüben“

[3] Siehe Anmerkung 1.
[4] Siehe Ebenda.
[5] Siehe Uli Otto: Überlegungen zu Liselotte Welskopf-Henrichs „Die Söhne der großen Bärin“, Weiterführende Reflexionen zu Aspekten einer leider auch heute noch nach wie vor weitgehend verdrängten und vergessenen deutschen Geschichte vor dem Hintergrund des Entwicklungsroman-Zyklus der Autorin aus den 1950er- und 1970er-Jahren. Regensburg, Juni 1982, S. 9ff. (In: www.uliotto.de – hier Projekte des Jahres 2021.)
S. 7. Siehe hierzu auch www.welskopf-henrich.de/
[6] Aram Mattioli: Verlorene Welten. Eine Geschichte der Indianer Nordamerikas 1700-1910. Stuttgart 2017, S. 11.
[7] Heike Bungert: Die Indianer. Geschichte der indigenen Nationen in den USA. München 2020, 259.
[8] Ebenda, 259.

konnten, um ihre Kontakte zu den befreundeten Clubs in Freiburg und München sowie zum Bamberger Karl-May-Verlag zu pflegen, auf einer weiteren, symbolischen Ebene mit den amerikanischen Ureinwohnern identifizieren. Denn die letzteren hatten eine ähnliche Ausgangslage wie sie, lebten sie doch auch in einer „Art Reservation".[9] Daneben wurde von Seiten der DDR-Oberen ab den 1960er-Jahren auch das klassenkämpferische Potential der Indianer entdeckt und bewusst genutzt, galten diese doch als Opfer der kapitalistischen Expansion, des „Binnenimperialismus" der USA. Auch wenn sie ihren Kampf verloren hatten, wurden sie doch als mutige Widerstandskämpfer angesehen, die ihr Volk erbittert gegen Kolonialismus und Imperialismus verteidigten. Und gerade die spektakulären Protestaktionen des 1968 gegründeten American Indian Movement, einer Bürgerrechtsorganisation der nordamerikanischen Ureinwohner, boten der neuen Indianistengeneration der DDR Anlass für konkretes politisches Engagement. Aus der konservativen Nische Indianerhobby wurde nun ein als „fortschrittlich" gefördertes Massenphänomen.
Im Fall des in der Bundesrepublik geborenen und aufgewachsenen Verfassers waren es aber ursprünglich nicht, wie bei so vielen anderen Kindern und Jugendlichen der 1950er/60er Jahre, Karl Mays „Reiseerzählungen" oder deren Verfilmungen,[10] sondern das Buch „Die Söhne der großen Bärin" von Liselotte Welskopf-Henrich, das sich im Bücherschrank meines älteren Bruders fand, ein Buch, das mich, zumal es später „Fortsetzungen und Erweiterungen" bis in die 1970er Jahre hinein gab, immer wieder beschäftigte und gegen Karl May immunisierte.[11] Mit letzterem habe ich mich erst während meines Germanistik- und Volkskundestudiums in den 1970er-Jahren und später bei Vorbereitungen zu eigenen Lehrveranstaltungen und Vorträgen ausführlicher beschäftigt, seine „Reiseromane" habe ich aber immer als sehr fragwürdig und eigentlich peinlich empfunden.[12]

---

[9] Friedrich von Borries & Jens-Uwe Fischer: Sozialistische Cowboys. Der Wilde Westen Ostdeutschlands. Frankfurt a. M. 2008, S. 28.

[10] Siehe hierzu Michael Petzel: Karl-May-Filmbuch. Bamberg; Radebeul, 2. erw. Aufl. 1999.: Der Schatz im Silbersee (1962) – Winnetou 1. Teil (1963) – Old Shatterhand (1964) – Winnetou 2. Teil (1964) – Unter Geiern (1964) – Der Schatz der Azteken (1965) – Die Pyramide des Sonnengottes (1965) – Der Ölprinz (1965) – Winnetou 3. Teil (1965) – Old Surehand 1. Teil (1965) – Das Vermächtnis des Inka (1966) – Winnetou und das Halbblut Apanatschi (1966) – Winnetou und sein Freund Old Firehand (1966) – Winnetou und Shatterhand im Tal der Toten (1968)

[11] Literatur in Auswahl: Liselotte Welskopf Henrich: Die Söhne der Großen Bärin, (Romanzyklus, ab 1964 auch im Stuttgarter Union Verlag) Bd. 1 – Harka - Bd. 2 - Der Weg in die Verbannung - Bd. 3 - Die Höhle in den Schwarzen Bergen - Bd. 4 Heimkehr zu den Dakota - Bd. 5 Der junge Häuptling - Bd. 6 - Über den Missouri (Diese Romane spielen jeweils in den Jahren von 1862-1877) sowie Das Blut des Adlers, Pentalogie, 1966–1980 Bd. 1 Nacht über der Prärie, 1966 - Bd. 2 Licht über weißen Felsen, 1967 – Bd. 3 Stein mit Hörnern, 1968 – Bd. 4 Der siebenstufige Berg,1972 – Bd. 6 Das helle Gesicht, 1980 (Diese Romane spielen in der Zeit um 1970 und basieren auf Erkenntnissen, die sie während ihrer damaligen USA- und Kanadareisen gewann.). Siehe hierzu auch S. 87 der vorliegenden Ausführungen sowie auch die Webpage www.welskopf-henrich.de, hier das Kapitel „Liselotte Welskopf-Henrich und Uli Otto." Außerdem Herbert Kranz: Retter des Stammes. Ein Indianerbuch. München 1950, ab der 5. Aufl. Freiburg i.B.-Basel-Wien. Daneben seien in diesem Zusammenhang auch die Jugendbücher einer anderen, heutigen „Indianerschriftstellerin", Antje Babendererde erwähnt und anempfohlen, die sich mit verschiedenen indianischen Nationen des nordamerikanischen Kontinents, deren Leben, Kultur, Geschichte sowie ihrer aktuellen Situationen und Problemen auseinandersetzen, wobei ihre Romane ebenfalls auf intensiven Recherchen und USA-Reisen basieren: Der Pfahlschnitzer (1999) - Der Walfänger (2002) - Der Gesang der Orcas (2003) - Wundes Land (2003) - Lakota Moon (2005) - Talitha Running Horse (2005) - Die Suche (2005) - Libellensommer (2006) - Zweiherz (2007) - Die verborgene Seite des Mondes (2007) - Starlight Blues – In der Kälte der Nacht (2009) - Indigosommer (2009) - Rain Song (Überarbeitete Version von Der Pfahlschnitzer, 2010. Siehe auch antje-babendererde.de/meine-buecher.html
Weitere empfehlenswerte Indianerliteratur des Traumfänger-Verlags in Höhenthann-Schönau siehe auf S. 160f. der vorliegenden Arbeit.

[12] Siehe hierzu auch unsere Ausführungen auf S. 70-72 der vorliegenden Arbeit.

Zu den Intentionen der vorliegenden Darstellung:

„Was haben die Weißen aller Nationen, seitdem die fernen Länder entdeckt sind, mit den Farbigen getan? Was bedeutet es allein, dass so und so viele Völker da, wo die sich mit dem Namen Jesu zierende europäische Menschheit hinkam, schon ausgestorben sind und andere im Aussterben begriffen sind oder stetig zurückgehen? Wer beschreibt die Ungerechtigkeiten und Grausamkeiten, die die Farbigen im Laufe der Jahrhunderte von den Völkern Europas erduldet haben? Wer wagt zu ermessen, was der Schnaps und die hässlichen Krankheiten, die wir ihnen brachten, unter ihnen an Elend geschaffen haben! Würde die Geschichte alles dessen, was zwischen den Weißen und den farbigen Völkern vorging, in einem Buch aufgezeichnet werden, es wären aus älterer wie aus neuerer Zeit massenhaft Seiten darin, die man, weil zu grausigen Inhaltes, ungelesen umwenden müsste. Eine große Schuld lastet auf uns und unserer Kultur“. [13]

Dieses Zitat Albert Schweitzers, das seinerzeit zwar auf das Unrecht der Weißen, und dabei oftmals eben Christen, gegenüber den Menschen in Afrika anspielt, trifft gleichwohl mit großer Berechtigung gerade auch auf die Behandlung der indigenen Bevölkerung Nordamerikas und Kanadas zu. Dies muss jedem normalen Menschen in den Sinn kommen angesichts der jüngsten Nachrichten über „Massengräber“ indianischer Kinder und Jugendlicher, die in christlich geführten Internatsschulen Kanadas „zwangsassimiliert“ und nach ihrem Tod in anonymen Massengräbern verscharrt wurden. Solche Nachrichten waren für mich auch der konkrete Anlass, mich nochmals ausführlicher und intensiver mit dem Schicksal der indigenen Völker Nordamerikas und Kanadas zu beschäftigen, die im 19. und 20. Jahrhundert, einem geplanten und rigorosen Ethnozid ausgesetzt waren, der – obwohl de facto wirtschaftlich motiviert – gerade auch durch deutsche Missionare und Erzieher, die in den US-amerikanischen *Boarding Schools* und kanadischen *Residential Schools* eingesetzt wurden, mit der notwendigen christlichen Rechtfertigung vollzogen wurde. Es waren de facto Mitglieder christlicher Kirchen und Religionsgemeinschaften, oftmals Priester, Mönche, Nonnen und Erzieher gerade aus Deutschland, welche schwerste Ungerechtigkeiten und Grausamkeiten begangen und nicht nur moralische Schuld auf sich geladen haben, ohne dass sie zur Rechenschaft gezogen wurden, geschweige denn dass ihre Institutionen ihrer offensichtlichen Mitverantwortung dafür – und dies bis heute – jemals gerecht geworden sind oder sich auch nur dazu bekannt haben.

Die vorliegende Arbeit beschäftigt sich also schwerpunktmäßig mit dem tragischen Schicksal der nordamerikanischen Prärieindianer zwischen 1840 und 1890, weil diese Jahre den zeitlichen Rahmen ihres Untergangs bilden. Gerade in dieser Zeit setzte aber auch erstmals eine

---

[13] Albert Schweitzer: Zwischen Wasser und Urwald. – In: Albert Schweitzer: Selbstzeugnisse. München 1959, S. 205f.

Albert Schweitzer (* 14. Januar 1875 in Kaysersberg bei Colmar, Elsaß-Lothringen; † 4. September 1965 in Lambaréné, Gabun), deutsch-französischer Arzt, Philosoph, evangelischer Theologe, Organist, Musikwissenschaftler und Pazifist, gilt bis heute als einer der bedeutendsten Denker des 20. Jahrhunderts.

1913 gründete Albert Schweitzer mit seiner Frau Helene auf der Missionsstation der Pariser Evangelischen Mission in Andende (Lambarene) im zentralafrikanischen, damals französischen Gabun ein Spital für die unter vielen Krankheiten leidende afrikanische Bevölkerung der Region. Daneben veröffentlichte er im Lauf der Jahre zahlreiche theologische und philosophische Schriften, Arbeiten zur Musik, insbesondere zu Johann Sebastian Bach, sowie autobiographische Schriften in zahlreichen vielbeachteten Werken und führte in seinen Urlaubszeiten in Europa zahlreiche Orgelkonzerte durch. Dabei flossen die Einnahmen aus diesen seinen Tätigkeiten zu einem Großteil in seine Krankenhausarbeit ein. Schweitzer hat sich nach 1945 vor allem um eine Aussöhnung und Völkerverständigung zwischen Deutschland und Frankreich verdient gemacht, zwei Nationen, die jahrhundertelang Todfeinde gewesen waren. Beiden fühlte er sich eng verbunden, obwohl er während des Ersten Weltkrieges zeitweise von den Franzosen als „Deutscher“ interniert worden war und seitens der Deutschen während der NS-Zeit wegen der jüdischen Herkunft seiner Frau Verfolgungen und eine eventuelle Inhaftierung zu gewärtigen hatte. 1951 wurde Schweitzer daher der Friedenspreis des Deutschen Buchhandels verliehen sowie ein Jahr später der Friedensnobelpreis für das Jahr 1952 zuerkannt, den er 1954 entgegennehmen konnte.

massenhafte Einwanderung von Menschen aus Mitteleuropa, sprich: dem heutigen Deutschland, ein. Dabei trugen zweifellos nicht wenige dieser deutschen Einwanderer eine Mitverantwortung am Genozid-Versuch an den nordamerikanischen Indian Americans, und ihre Geschichte und Biographie ist engstens mit derjenigen der nordamerikanischen Indian Nations verknüpft. Die Beschäftigung mit der Historie der deutschen Auswanderer muss deswegen notwendigerweise auch zur Auseinandersetzung mit dem Teil der deutschen Geschichte führen, der bis heute in Deutschland weitgehend vernachlässigt, verdrängt oder vergessen wurde.

Gelegentliche Auswanderungen aus Deutschland nach Amerika gab es zwar bereits seit Anfang des 18. Jahrhunderts, doch führten erst die wirtschaftlichen und politischen Verhältnisse in Deutschland Mitte des 19. Jahrhunderts, vor allem die Niederschlagung der Volksaufstände von 1848/49, zur Massenauswanderung. So suchten nach dem endgültigen Scheitern der Revolution 1849 im Südwesten Deutschlands allein aus dem Großherzogtum Baden mindestens 80.000 Menschen in den Vereinigten Staaten von Amerika, dem „Hort der ersehnten Freiheit", eine neue Heimat. Die Auswanderungszahlen aus allen deutschen Staaten (bzw. ab 1871 aus dem Deutschen Reich) blieben auch in den folgenden Jahren und Jahrzehnten unverändert hoch. Neben politischen Flüchtlingen, die, obwohl zahlreich, insgesamt nur eine Minderheit der Einwanderer ausmachten,[14] waren es vor allem zahllose „Wirtschaftsflüchtlinge", wie diese Menschen heute wohl oftmals bezeichnet würden. Diese trachteten danach, der sozialen Not und dem wirtschaftlichen Elend in ihrer Heimat zu entgehen und ersehnten für ihre Kinder und Enkel eine bessere Zukunft. Dabei verschwendeten die meisten dieser Zuwanderer wohl kaum einen Gedanken an das Schicksal der Ureinwohner ihres Ziellandes und deren Lebens- und Wohnrecht, obwohl nicht wenige von diesen ihnen, vor allem anfänglich, oftmals durchaus hilfreich und gastfreundlich entgegengetreten waren.

Viele der Einwanderer schlossen sich beispielsweise in der zweiten Hälfte der 1860er-Jahre nach dem US-Bürgerkrieg (1861-1865) den Verbänden der US-Grenzarmee an, welche die Indianerkriege der folgenden Zeit zu führen hatte, so dass ihr Anteil zusammen mit den irischen Armeeangehörigen schließlich 40 Prozent der dort zum Einsatz kommenden Soldaten ausmachte. Andere schlossen sich auch den Bürgerwehren an, die spontan zu Racheaktionen gegen die widerständigen Indianer gebildet wurden.

Wie anderen ethnischen Minderheiten verwehrten die weißen Amerikaner den Ureinwohnern bereits zu Beginn des 19. Jahrhunderts genau das, was nach 1783 die Einzigartigkeit des amerikanischen Demokratieexperiments ausmachte: Freiheit, Bürgerrechte, Gleichheit, Selbstbestimmung und politische Partizipation,[15] also genau diejenigen Werte, welche viele der European Americans bzw. deren Vorfahren ursprünglich dazu bewogen, ihre Heimatländer zu verlassen und sich eine neue Heimat in Amerika zu suchen. Jedenfalls sprachen unzählige US-Bürger nach 1820, just in dem Moment, als sich die Massendemokratie herausbildete, den Indianern das gleichberechtigte Menschsein ab und sahen in ihnen in gut kolonialistischer Manier eine „inferiore" Rasse, über die nach Belieben verfügt werden konnte. Nur durch diese

---

[14] Hierzu zählten von 1848 bis 1852, um hier wenigstens einige Namen zu nennen, u. a. Friedrich Hecker, Revolutionär und Politiker (Baden), Wilhelm Pfaender und Frederick Beinhorn, Gründer der Stadt New Ulm in Minnesota, Fritz Anneke, Offizier und sozialistischer Aktivist (Preußen; Pfalz), und Mathilde Franziska Anneke, Schriftstellerin, Frauenrechtlerin (Westfalen; Pfalz), Emil Annecke, Jurist, Journalist (Westfalen), Thomas Nast, politischer Karikaturist (Pfalz), Peter Joseph Osterhaus, Offizier, Diplomat (Preußische Rheinprovinz), August Willich, Offizier, sozialistischer Aktivist (Ost-Preußen), 1851 Gustav Struve, politischer Aktivist (Bayern, Baden), Carl Schurz, Politiker (Preußische Rheinprovinz), von 1877-1881 US-Innenminister sowie Franz Sigel, Offizier (Baden), die in ihrer neuen Heimat eine Rolle spielen sollten, von denen einige im US-Bürgerkrieg (1861-1865) auf Seiten der Nordstaaten kämpften und zeitweise auch in der US-Politik tätig waren. Siehe auch S. 21 der vorliegenden Arbeit.

[15] Aram Mattioli: Verlorene Welten. Eine Geschichte der Indianer Nordamerikas 1700-1910.Stuttgart, Dritte Auflage 2020, S. 350.

sich selbst entlastende Grundhaltung konnte ohne ein schlechtes Gewissen an ihnen so viel Unrecht verübt werden.[16]
Zuvor hatten aber bereits die ersten englischen Siedler ab dem frühen 17. Jahrhundert begonnen, das in ihren Augen „herrenlose" Land für die eigene landwirtschaftliche Nutzung und Gewinnung von Bodenschätzen für sich zu beanspruchen, in Besitz zu nehmen und zu erschließen, wollten sie sich doch wirtschaftlich weitgehend selbst versorgen und weder auf Nachschub aus dem Mutterland noch auf Handel mit der einheimischen Bevölkerung existentiell angewiesen sein. Auf dieser autarken Grundlage verfolgten sie gezielt und konsequent die Errichtung eines geschlossenen Siedlerimperiums. Die indianischen Nationen wurden von ihnen bei diesen Expansionsbestrebungen nur als den Fortschritt störende und daher aus dem Weg zu räumende Hindernisse angesehen, welche, zunächst durch Verträge oder Kriege. um ihr Land gebracht und immer weiter westwärts getrieben wurden. Ihre ethnisch gesäuberten und militärisch gesicherten Regionen wurden im unmittelbaren Anschluss daran von zahlreichen Europäern und deren Nachkommen neu besiedelt, die sich den früheren Bewohnern, in ihren Augen „primitiven" Wilden, ohnehin in jeder Beziehung als überlegen ansahen.[17] Die verstreut lebenden „Horden unzivilisierter Wilder", als welche die Indianer von nicht wenigen von ihnen angefeindet und gnadenlos verfolgt wurden, besaßen in ihren Augen keinerlei Recht, das Land den weißen Siedlern und damit dem „gottgewollten menschlichen ‚Fortschritt'" vorzuenthalten. Ohne die geringsten Bedenken und Gewissensbisse und dabei noch zutiefst von ihrer kulturellen, moralischen und sittlichen Überlegenheit überzeugt, nahmen Siedler von überall aus Europa die Jagdgründe der Prärieindianer in Besitz, um das Land unter die Pflugscharen zu nehmen, „urbar zu machen", ihr Vieh auf ihm weiden zu lassen und ihre Familien darauf anzusiedeln.
Es war dabei vor allem das „europäisch-christliche Ethos" des „sich-die-Erde-untertan-Machens", welches fatale Folgen zeitigte und ursächlich mitverantwortlich für die Vertreibung der betroffenen indigenen Nationen und deren letztendliche Internierung in den ihnen zugewiesenen Reservationen werden sollte, wie das folgende ignorante, zynische und demaskierende Zitat belegt, das eine Geisteshaltung verdeutlicht, die, und dies wohl durchaus nicht nur in Teilen der US-amerikanischen Gesellschaft, damals durchaus verbreitet war:
„Ich bin weit davon entfernt, dass sie (die Indianer) *einen Anspruch aufs Land haben. Im Gegenteil, sie haben jeden vorstellbaren Anspruch auf Land verwirkt, weil sie außerstande sind, Land zu kultivieren. Sie müssen deshalb – und das ist Gottes Wille* (sic!) *von ihrem Land vertrieben werden. Gottes Wort, dass der Mensch sich die Erde untertan mache, ist eine heilige Verpflichtung. Der Mensch unterscheidet sich als Krone göttlicher Schöpfung vom Tier in seiner Kultur und Zivilisation. Indianer haben das Aussehen von Menschen und sie mögen auch einer menschlichen Rasse angehören, aber wie sie uns im Augenblick entgegentreten, erscheinen sie ihrem ganzen Habitus nach eher als Tiere, teuflische Tiere. Die Torturen, denen sie Gefangene unterwerfen* (und die sie nur zu oft erst von den weißen Eroberern gelernt und übernommen hatten!) *rechtfertigen allein schon ihre Ausrottung. Und was die Frage nach Friedensverträgen und garantiertem Landbesitz betrifft, so ist dem mit folgender Feststellung zu begegnen: Wer käme schon auf den Gedanken, mit Wölfen und Klapperschlangen, Jaguaren und Coyoten über Garantien für Eigentum und Land zu verhandeln? Wenn allerdings in einer Zwischenphase der Besiedlung das bestialische Verhalten der indianischen Tiere nur dadurch zu mindern ist, dass man sie in Verhandlungen wie Menschen unter ihresgleichen behandelt, so ist dies eine verzeihliche List zum Wohle der christlichen Menschheit. Man lockt ja auch gefährliche Raubtiere durch Köder in Fallen und tötet sie. Ich sehe deshalb keinen Unterschied darin. Vielleicht mag es eines Tages möglich sein, einer Minderzahl von ihnen menschlich-christliche Verhaltensweisen beizubringen, sodass sie nützliche Mitglieder unserer Gesellschaft werden könnten; - aber ich denke, dass im Augenblick solche Spekulationen müßig sind. Es gilt sie zu dezimieren und ausschließlich darauf zu achten, dass dies unter größtmöglicher Vermeidung eigener Verluste geschieht."*[18]

---

[16] Ebenda, 350.

[17] Manuel Menrath: Mission Sitting Bull. Die Geschichte der katholischen Sioux. Paderborn 2016, S. 12.

[18] So Hugh Henry Brackenridge, ein nobler Vertreter zeitgenössischer christlicher und „unkriegerischer Geisteswissenschaftler" bereits im Jahr 1782 an den Verleger von „Freeman's Journal of North American

Oder wie mit Aram Mattioli einer der besten Kenner der Geschichte der Indianer hierzu feststellt: „Die vorwiegend christliche Gründerelite lebte in einer ethnozentrischen Vorurteilswelt, die den indigenen Kulturen keinen Wert an sich zubilligte. Selbstredend stand für sie fest, dass die Zivilisation den ‚Wilden', die angeblich ein kümmerliches Dasein als nomadisierende Jäger und Sammler fristeten, in jeder Hinsicht überlegen sei. Obwohl die Indianer gerade im östlichen Nordamerika als Ackerbauern Mais, Bohnen und andere Feldfrüchte kultivierten, lebten sie ihrer Ansicht nach auf der untersten Stufe der Menschheitsgeschichte. Aufklärerischen Überzeugungen folgend hielt die Administration von George Washington sie jedoch für zivilisierbar, wenn sie schon von Kindesbeinen an die notwendige intellektuelle und religiöse Unterweisung erhielten. Zu ihrem eigenen Besten müssten die Indianer dazu gebracht werden, christliche Farmer zu werden. Wäre dies erst einmal erreicht, würden sie von selbst einsehen, dass sie ihre alten Jagdgründe nicht mehr benötigten. Bald begannen Missionare und Regierungsagenten die Nationen des Südostens (wie die Cherokee, Creek, Chicasaw und Choctaw) im Christentum und in europäischen Subsistenztechniken zu unterweisen – mit einigem Erfolg".[19] Und dies sollte sich, mit fatalen Folgen bis in unsere Gegenwart hinein, im 19. Jahrhundert durch eine rigorose Assimilisierungs-, sprich: Christianisierungspolitik gegenüber den Plainsindianern fortsetzen, die zu deren letztendlich beabsichtigten Ethnozid führen sollte.[20]

Vor allem in den Jahren zwischen 1860 und 1890 änderte sich das Leben der Plainsindianer grundlegend. Aus indianischer Sicht war diese verhältnismäßig kurze Zeitspanne von gut 30 Jahren durch eine Vielzahl von beispiellosen Gewalterfahrungen geprägt. Das (binnen)imperialistische Eroberungssystem der USA war auf der Zielgeraden. Die für die Kultur der Sioux – und nicht nur für diese – lebenswichtigen Bisons standen der Ausrottung nahe. Die Prärien, auf denen sie gegrast hatten, wurden von weißen Siedlern mit dem 1874 patentierten und umgehend in riesigen Mengen produzierten Stacheldraht umzäunt. Nun gehörten europäische Rinderweiden, militärische Forts, neu-europäische Siedlungen, Straßen und Eisenbahnen zum Landschaftsbild des Mittleren Westens. Kolonialisierung und Parzellierung drängten die Indianer bis auf wenige Restflächen zurück, die sie als Reservationen benutzen mussten. Dort gab es fast kein weiteres Ausweichen mehr vor der westlichen „Zivilisation", die von Missionaren durch Kirchen und Schulgebäude tatkräftig repräsentiert wurde. Nach der Inbesitznahme ihrer Territorien und ihre Umsiedelung und Internierung in den ihnen zugewiesenen Reservationen hatte nunmehr auch die Epoche der spirituellen Eroberung definitiv begonnen.[21] Vor allem immer dann, wenn zudem verschiedentlich in Indianerterritorien – und später in Reservationen – Bodenschätze gefunden wurden, fielen (und fallen bis heute!) die letzten Hemmungen und moralischen Schranken, die Urbevölkerung wurde vollends zu „rechtlosem Wild", das dem eigenen Profitstreben zum Opfer fiel. Aus Menschen, die in ihrer alten Heimat in Europa und anderswo nur zu oft ebenfalls

Intelligence", hier zitiert nach H.J. Stammel: Indianer, Legende und Wirklichkeit von A-Z. Leben – Kampf – Untergang. Gütersloh u. Berlin 1992, S. 74f.

[19] Mattioli, S. 87.

[20] https://de.wikipedia.org/wiki/Ethnozid. Ethnozid (auch kultureller Völkermord, englisch *cultural genocide*) bezeichnet den gewollten Versuch, die kulturelle Identität einer bestimmten ethnischen Gruppe zu zerstören, ohne jedoch ihre Angehörigen zu töten, wie es beim Völkermord (Demozid oder Genozid) der Fall wäre. Dies wird erreicht, indem die jeweilige Sprache, Kultur, Religion, Wirtschaftsweise und Herrschaftsform der entsprechenden Ethnie verboten und/oder zerstört wird. Anstelle der alten wird den Betroffenen eine neue kulturelle Identität unter Drohungen und Repressionen auferlegt (oktroyiert). Grund solcher Bestrebungen ist zumeist ein durch Rassismus gespeistes Überlegenheitsgefühl dominanter Gesellschaften gegenüber andersstämmigen Minderheiten. Ziel ist die beschleunigte Eingliederung der Minderheitsgesellschaft in die Mehrheitsgesellschaft durch Abschaffung der kulturellen Eigenarten.

[21] So das Fazit von Menrath, 13.

zu den Unterprivilegierten, Rechtlosen, Verfolgten und Unterdrückten, mithin zu den Opfern gehört hatten, waren somit unversehens Täter geworden. Und zu diesen gehörten auch zahllose Menschen deutscher Herkunft.[22]

Zu manchen Zeiten kam es sogar zu regelrechten Völkermorden. Wenngleich Völkermord im Sinne der Genozidkonvention vom 09. Dezember 1948 nach heutigem Kenntnisstand zu keiner Zeit das Programm einer US-Administration war, konnten Vergeltungs- und Säuberungskampagnen in den Frontierregionen durchaus zu regionalen Genoziden ausarten, am eindeutigsten im Kalifornien der Goldrausch-Ära und in den erbittert ausgetragenen Konflikten in den Great Plains. Meistens war das ferne Washington weder in der Lage noch willens, den durch Banden von Goldschürfern, Bürgermilizen oder durch reguläre Kavallerieeinheiten verübten Massenmord an Indianern im Grenzland zu verhindern geschweige denn konsequent strafrechtlich zu ahnden. Dass die USA selbst die Verantwortlichen von schwersten kolonialen Massakern wie denen von Gnadenhütten (1782), Clear Lake (1850), Sand Creek (1864), Washita (1867) und Wounded Knee (1890) straffrei ausgehen ließ bzw. diesen im Nachhinein oftmals sogar militärische Ehrenzeichen verliehen wurden, „sandte verheerende Signale aus. Ein indianisches Leben zählte offenbar nicht gleich viel wie das eines Weißen".[23] Und hier führt eine gerade Linie zu verschiedenen Kriegsverbrechen auch in der jüngeren US-amerikanischen Geschichte – Atombomben, nicht etwa auf politische, militärische oder kriegsindustrielle Zentren, sondern mit Hiroshima und Nagasaki auf zwei friedliche und nichtsahnende Städte. Bei dem Massaker von Nogeun-ri starben Ende Juli 1950 während des Koreakrieges hunderte koreanische Flüchtlinge in der Nähe des Dorfes Nogeun-ri, Hwanggan-myeon, Yeongdong-gun, Chungcheongbuk-do durch den gezielten Beschuss durch US-amerikanische Truppen. Nach bisherigen offiziellen Angaben sollte es sich hierbei um ein Versehen gehandelt haben, doch nach neueren Erkenntnissen besteht die Möglichkeit, dass auf Befehl geschossen wurde und es sich um ein Kriegsverbrechen der USA handeln könnte.[24] Es folgte während des Vietnam-Krieges das Mylai-Massaker vom 16. März 1968, bei dem fast alle Bewohner eines friedlichen und nichtsahnenden Dorfes, 504 Zivilisten, darunter zahlreiche Kinder, Frauen und Greise, von den daran beteiligten US-Soldaten bestialisch ermordet wurden, nachdem diese vorher etliche Frauen vergewaltigt hatten. Bei weiteren militärischen Aktionen der US-Armee kam es sodann zum Einsatz von Napalm-Bomben auch gegen Zivilisten sowie zu Entlaubungsaktionen durch Giftgas hier und im benachbarten Kambodscha, dies mit schlimmsten langjährigen Folgen gerade auch für dessen Zivilbevölkerung, um hier nur einige wenige Beispiele zu benennen, durch welche die USA sich selbst, und dies nicht zuletzt gerade auch in den Augen nicht weniger US-Bürger, diskreditierten.

Um an dieser Stelle einem eventuell drohenden Missverständnis zu begegnen: Es soll hier keine – zumal pauschalisierende – Schelte oder Verurteilung der USA noch deren Bürger betrieben werden, zumal sich unter den Letzteren oftmals gerade die schärfsten Kritiker der US-Geschichte und Gegenwart finden. Die USA sind nach wie vor ein wunderschönes Land mit vielen wunderbaren Menschen, denen nicht nur Deutschland nach wie vor sehr viel zu verdanken hat. So hat der Verfasser hier viele Menschen achten und wertschätzen gelernt sowie als Freunde gewinnen können. Zudem nimmt er für sich in Anspruch, wie viele andere Menschen, und dies nicht nur in unserem Land, gerade von der US-amerikanischen Bürgerrechtsbewegung sowie von etlichen amerikanischen Liedermachern und deren Schaffen nachhaltig im demokratischen Sinne beeinflusst worden zu sein. Und last not least durfte er

---

[22] Uli Otto: Überlegungen zu Liselotte Welskopf-Henrichs „Die Söhne der großen Bärin", S. 9ff. (In: www.uliotto.de – hier Projekte des Jahres 2021.)

[23] Mattioli, 350.

[24] https://de.wikipedia.org/wiki/Massaker_von_Nogeun-ri.

auch etliche ihn sehr beeindruckende indigene Personen aus den USA kennenlernen, vor allem in den 1970er- und 1980-Jahren, als diese Deutschland besuchten, um hier zum einen Unterstützung für ihre politischen Kämpfe zu Hause zu suchen, zum anderen aber auch um ihrerseits auch bestimmten Gruppen in der Bundesrepublik, etwa der deutschen Friedens- sowie der Anti-Atombewegung ihre aktive Unterstützung und Solidarität angedeihen zu lassen. Erwähnt seien an dieser Stelle stellvertretend nur die damaligen AIM-Führer Dennis Banks (Dakota, Leach Lake Reservation in Minnesota), Vernon Bellecourt (Ojibwe, Minnesota), Russel Means (Lakota, Pine Ridge Reservation, South Dakota), Winona LaDuke (Anishinabe, Minnesota), Floyd Red Crow Westerman (Lakota, South Dakota), Thomas Banyacya (Hopi, Arizona), Marylin Harris (Hopi, Arozona), Faye Ahdemar (Cree, Saskatchewan/Kanada), Jim Garret (Lakota, South Dakota), Orlan Tewa (Hopi, Arizona), Adele Ratt (Cree, Saskatchewan/Kanada) und Pauline Estewes (Western Shoshone, Nevada/USA), um hier nur einige Namen zu nennen.[25]
Die USA sind aber gleichwohl auch ein Land mit bestimmten Defiziten, die nur schwer nachvollziehbar sind. Denn wie kann ein Land sich selbst als wirklich demokratisch und eine Wiege der Demokratie definieren, solange eines der wichtigsten demokratischen Grundrechte hier de facto auch gegenwärtig nicht vorhanden ist: *One Man, One Vote?* Mary Trump, die Nichte des vormaligen US-Präsidenten Donald Trump in einem SPIEGEL-Gespräch neueren Datums: „Die Art und Weise, wie dieses Land strukturiert ist, ist von Natur aus antidemokratisch. (…) Die US-Verfassung ist kein demokratisches Dokument. Im Senat herrscht zurzeit eine 50:50-Sitzverteilung, aber per Verfassung vertreten die 50 Senatoren der Republikaner 40 Millionen Menschen weniger als die 50 Senatoren der Demokraten – weil jeder Bundesstaat zwei Senatssitze bekommt, egal wie bevölkerungsreich er ist“ – SPIEGEL: In Ihrem Buch schreiben Sie: ‚Die hässliche Geschichte unseres Landes ist durchzogen von verkommenen, barbarischen und unmenschlichen Handlungen, die von ganz ‚normalen‘ Bürgern verübt und von Amtsträgern auf allerhöchster Regierungsebene unterstützt oder zumindest stillschweigend gebilligt wurden‘. - Trump: ‚Wenn es etwas gibt, dass die Amerikaner sehr gut können, dann ist es die Weiterverbreitung und Aufrechterhaltung von Mythen über sich selbst‘. (87f.) – Donald hat bewiesen, dass Rassismus ein erfolgreiches Programm ist, wenn man in diesem Land für ein politisches Amt kandidiert. Leute wie er treten ganz offen als Rassisten und ‚white supremacists‘ auf, und Millionen stimmen für sie, weil sie deren Meinung entweder teilen oder kein Problem damit haben, weil ihnen niedrige Steuern wichtiger sind. Wir befinden uns in einer wirklich gefährlichen Lage‘“. (88)[26] Dies ist vor dem Hintergrund zu sehen, dass „die meisten Amerikaner“ allzu lange „über die düsteren Seiten ihres durch kontinuierliche Westexpansion entstandenen Nationalstaats“ hinwegsahen und viele von ihnen wohl bis heute bewusst ausblenden, „dass die Geschichte der US-Indianerpolitik eine hässliche Angelegenheit war, ‚markiert durch Tod, zwangsweise Umsiedlung, rassistische Bigotterie und kulturellen Genozid‘“, weswegen „die US-Gesellschaft auf den Gräbern von Hunderttausenden von Indianerinnen und Indianern errichtet wurde.“[27]

Erschwerend kommt die Tatsache hinzu, dass gerade die USA immer wieder als „moralische Instanz“ und „Weltpolizist“ auftreten, die – möglicherweise durchaus berechtigte - Kritik an der Politik und an Menschenrechtsverstößen anderer Staaten üben, ohne ihren eigenen Forderungen gerecht zu werden. So waren beispielsweise die Kritik an der Besetzung Tibets in

[25] Siehe hierzu S. 88-94 der vorliegenden Arbeit.
[26] Mary Trump, Nichte des vormaligen US-Präsidenten Donald Trump in einem Interview in „Der SPIEGEL“ vom 21.08.2021, S. 86-88.
[27] Mattioli, 18 zitiert hier Paul Finkelman & Tim Allan Garrison: „Preface“ . In: Dies (Hrsg.): Encyclopedia of United States Indian Policy and Law, Bd. 1, Washington 2009, S. XXX sowie Francis Jennings: The Invasion of America. Indians, Colonialism, and the Chant of Conquest, Chapel Hill 1975, S. VII, 15 u. 30.

den 1950er-Jahren und die aktuelle Unterdrückungspolitik an den Uiguren sowie der Umgang mit demokratischen Opponenten in Hongkong seitens der Volksrepublik China sowie im Iran durchaus berechtigt, um hier nur einige wenige Beispiele zu benennen. Doch sind die USA im 19. und 20. Jahrhundert immer wieder durchaus ähnlich verfahren und ihre diesbezügliche Kritik erscheint in diesem Zusammenhang als einigermaßen heuchlerisch, zumal ihre Politik nach wie vor zumeist vor allem von wirtschaftlichen Eigeninteressen geleitet ist. Und auch ihr Umgang mit bestimmten „Minderheiten" in ihrem eigenen Land noch während der letzten Jahre muss durchaus kritisch gesehen werden.
Nur zu oft hat die US-Außenpolitik also ihren eigenen postulierten Ansprüchen nicht genügt bzw. sie konterkariert, zumal wenn die USA anderen Völkern und Staaten Menschenrechtsverstöße und verbrecherische Praktiken vorwerfen, derer sie sich im Verlauf ihrer Geschichte nur zu oft selbst bedient haben. So haben die USA bezeichnenderweise die überwiegende Mehrzahl ihrer kriegerischen Auseinandersetzungen während ihres Bestehens „im Ausland" geführt,[28] dies nur zu oft vor allem deswegen, um eigene ökonomische Interessen gewaltsam durchzusetzen. Und dabei sind sie auch nicht davor zurückgeschreckt, sich immer wieder auch zumindest fragwürdiger Politiker/Diktatoren zu bedienen und deren Politik zu unterstützen, solange dies ihren Eigeninteressen nützte – nach dem Motto: „Er ist zwar ein Schweinehund, aber es ist *unser* Schweinehund", (nach Dwight D. Eisenhower über einen lateinamerikanischen Diktator). Dabei fielen dieser Politik oft auch demokratisch gewählte Regierungen zum Opfer. Wenn man die Vergangenheit genau betrachtet, gab es dikatorische Regimes, die von den USA an der Macht gehalten, oder demokratisch gewählte Regierungen, die gestürzt wurden, um offensichtliche Diktatoren an die Macht zu bringen. Ein typisches Beispiel ist Chile, wo seinerzeit Präsident Allende durch einen vom CIA geplanten und unterstützten Militärputsch abgesetzt und durch den Diktator General Pinochet ersetzt wurde. Auch die Militärjuntas von Griechenland, Portugal, Spanien, Argentinien, Südvietnam, Thailand, Indonesien und viele andere wurden seinerzeit von Washington unterstützt und getragen. Dazu kamen andere Regimes wie in Haiti, Uganda, Südafrika, Guatemala, Panama, den Philippinen und im Irak. Auch der Schah von Persien kam durch einen anglo-amerikanischen Coup als Diktator an die Macht und ersetzte den demokratisch gewählten Präsidenten des Iran, Mossadegh. Die USA unterteilten die Welt nur zu oft also in gute, d.h. ihnen dienliche, und schlechte Diktaturen. Diejenigen Gewaltherrscher, welche im Interesse der USA funktionieren, werden tatkräftig unterstützt, auch wenn dort Teile der Bevölkerung unterdrückt, eingesperrt und getötet werden. Diktaturen, welche den jeweiligen US-Regierungen nicht genehm sind, kommen auf die schwarze Liste, werden mit Handelsembargos belegt und mit allen Mitteln bekämpft. Dabei wird in medienwirksamen Propagandaaktionen bekräftigt, wie undemokratisch diese Länder seien und warum man einen „Regime Change" gegen sie notfalls mit Krieg durchführen müsse. So zählte etwa ein Saddam Hussein, solange er die Interessen der USA vertrat und gegen den Iran kämpfte, lange Jahre zu den guten Diktatoren, bis er später zu einem bösen Diktator umgemünzt wurde, der bekämpft werden musste. Und bei Noriega in Panama war es ähnlich.[29]

Nicht zuletzt vor dem Hintergrund unserer eigenen Geschichte (und Gegenwart!) besteht für uns aber überhaupt keinerlei Grund und Anlass zu einer überheblichen Einstellung den USA gegenüber, zumal die NS-Zeit und der Holocaust an den europäischen Juden eben kein „bloßer Vogelschiss der Geschichte" war, wenn man die „lange glorreiche Historie" und die „christliche Vergangenheit" unseres Landes betrachtet, wie dies ein de facto offensichtlich unwissender und geschichtsunkundiger gegenwärtiger AfD-Vorsitzender Gauland glauben machen wollte. Deutschland war nachweislich allein im vergangenen Jahrhundert an mehreren schlimmsten Menschenrechtsverstößen, Verbrechen und Völkermorden nicht nur beteiligt, sondern sogar

[28] Vgl. hierzu die Auflistung auf S. 117-124 der vorliegenden Arbeit.
[29] https://www.opednews.com/articles/opedne_david_sw_080524_civil_liberties_and_.htm

dafür verantwortlich: Erwähnt werden müssen an dieser Stelle die Kriegsverbrechen an vielen unschuldigen Zivilisten in China, sowie in den deutschen Kolonien in Afrika und der Südsee: In China um 1900 bei den alliierten Strafexpeditionen Deutschlands, Frankreichs, Großbritanniens, Italiens, Japans und der USA während und nach den dortigen Boxeraufständen, wo viele unbeteiligte Zivilisten gerade auch von Soldaten des deutschen Expeditionskorps als vermeintliche Boxer hingerichtet wurden. Zu einem regelrechten Genozid an den Hereros und Nama kam es 1904 in Deutsch-Südwestafrika, dem heutigen Namibia, zu brutalsten Versklavungen und Menschenrechtsverstößen aber auch in Deutsch-Ostafrika und den anderen deutschen Kolonien und „Schutzgebieten". Diese stellen wahrlich keine „Ausrutscher" in der deutschen Geschichte dar.

In diesem Zusammenhang ist vor allem auch die „Hunnenrede" seiner „Allerhöchsten christlichen Majestät" des deutschen Kaisers Wilhelm II. zu sehen, die dieser am 27. Juli 1900 in Bremerhaven anlässlich der Verabschiedung des deutschen Ostasiatischen Expeditionskorps (China-Expedition) zur Niederschlagung des Boxeraufstandes im Kaiserreich China hielt, und deren zentrale, berühmt-berüchtigte Passage lautete: *„Kommt ihr vor den Feind, so wird derselbe geschlagen! Pardon wird nicht gegeben! Gefangene werden nicht gemacht! Wer euch in die Hände fällt, sei euch verfallen! Wie vor tausend Jahren die Hunnen unter ihrem König Etzel sich einen Namen gemacht haben, der sie noch jetzt in Überlieferung und Märchen gewaltig erscheinen lässt, so möge der Name Deutscher in China auf 1000 Jahre durch euch in einer Weise bestätigt werden, dass es niemals wieder ein Chinese wagt, einen Deutschen scheel anzusehen!*"[30]

Hinzu kommt in diesem Zusammenhang auch die Mitbeteiligung oder zumindest Mitwisserschaft am Völkermord an den Armeniern während des Ersten Weltkrieges durch die Türkei, die damals zu den engen Verbündeten des Deutschen Kaiserreichs gehörte, vor allem aber natürlich der Holocaust an den europäischen Juden, den Sinti und Roma, die Ermordung von Kriegsgefangenen, politischen Gegnern, Homosexuellen und anderen missliebigen Minderheiten durch Hitlerdeutschland. Diese Liste ließe sich beliebig in die Vergangenheit, d.h. bis zu den Anfängen der Christianisierung verlängern.

Im Übrigen sind die Besiedelung des amerikanischen Kontinents sowie die damit verbundenen Verbrechen und Ungerechtigkeiten vor allem auch ein Teil der gesamteuropäischen, sprich: eben auch deutschen Geschichte, wie bereits angeführt wurde. Gerade Soldaten, Händler, Kaufleute, Unternehmer, Siedler und Missionare aus Deutschland waren voll und ganz in das global agierende System europäischer Expansion involviert und in die damit einhergehende Zurückdrängung und Vernichtung indigener Nationen und Kulturen verstrickt. Der Fall der USA zeigt besonders infolge der von US-Präsident Grant und dessen deutschstämmigem Innenminister Carl Schurz initiierten „Friedenspolitik", wie eng Missionierung und Kolonisierung dabei Hand in Hand gehen konnten. Das „aufstrebende amerikanische Imperium" (Richard W. van Alstyne) bahnte den Missionaren den Weg, indem es in den Reservationen für Ruhe und Ordnung sorgte; die Missionare ihrerseits versuchten, die letzten Indianer in den mit Gewalt geschaffenen Zivilisationslaboratorien durch geistige, religiöse und kulturelle Sozialisierungsmethoden in eine systemkonforme Unterschicht umzuwandeln. Ihr pädagogischer Impetus ging erklärtermaßen dahin, die Indianer in ihren Zöglingen zu töten und

---

[30] Hier zit. nach Thoralf Klein: Die Hunnenrede (1900). In: Jürgen Zimmerer (Hrsg.): Kein Platz an der Sonne. Erinnerungsorte der deutschen Kolonialgeschichte. Frankfurt 2013, S. 164–176 (mit umfangreicher Bibliographie). Zur deutschen Kolonialpolitik siehe auch Uli Otto & Eginhard König: „'Ich hatt' einen Kameraden …' Militär und Kriege in historisch-politischen Liedern in den Jahren von 1740 bis 1914". Regensburg 1999, S.741-788 sowie S. 860-992, ebenso auch Der SPIEGEL Geschichte, Ausgabe 2/2021 „Der deutsche KOLONIALISMUS. Die verdrängten Verbrechen in Afrika, China und im Pazifik", 148 Seiten.

sie dadurch erst zu wahren „Menschen“ zu machen! Und gerade die auch in den vergangenen Monaten manifest gewordenen menschenverachtenden und grausamen Assimilierungsversuche an den Kindern der besiegten indigenen Nationen in den USA und in Kanada ab den 1880er-Jahren sind als verwerflichste Verbrechen anzusehen, die das offen ausgesprochene Ziel verfolgten, die jungen Indianer ihrer kulturellen Identität zu berauben und sie ihren Familien und als minderwertig apostrophierten Völkern zu entfremden, womit man in diesem Zusammenhang mit Recht von einem kulturellen Genozid bzw. Ethnozid sprechen muss, der eben auch in deutscher Mitverantwortung liegt. Hierauf ist daher auch in einem eigenen Kapitel Bezug genommen worden.[31]

Geronimo mit anderen kriegsgefangenen Apachen nach ihrem Transport nach Fort Marion/Florida [32]

Linkes Bild: **Deutsch-Südwestafrika: Kriegsgefangene Hereros (1904)**[33]
Rechtes Bild: **Gefangene Apachen mit ihren Bewachern, bewaffneten Apache-Scouts**[34]

---

[31] Siehe S. 97-113 der vorliegenden Arbeit.

[32] Abb. entnommen aus https:/.wikipedia.org/wiki/Geronimo, siehe auch Elmar Engel: Geronimo und die Apachen. Göttingen 1994, S.178. Siehe hierzu v.a.S. 62-67 der vorliegenden Arbeit.

[33] Abb. entnommen aus. Der deutsche KOLONIALISMUS. S. 25.

[34] Abb. entnommen aus Elmar Engel: Geronimo und die Apachen, S. 173.

Anmerkung:
Während etwa die Hereros in Deutsch-Südwestafrika ihren Krieg ausschließlich gegen Männer, d.h. Soldaten und Farmer geführt und deutsche Missionare, Frauen und Kinder ausdrücklich geschont hatten, jagten die deutschen Truppen das gesamte Volk der Hereros in die Omaheke-Wüste und riegelten diese ab, weil die wasserlose Omaheke vollenden sollte, was die überlegenen deutschen Waffen begonnen hatten. Schätzungen ergaben, dass allein 55.000 Hereros, das sind fast drei Viertel dieses Volkes, von deutschen Soldaten auf die eine oder andere Weise planmäßig umgebracht wurden, sei es, dass sie direkt erschossen oder massakriert wurden, sei es dass sie an Hunger und Erschöpfung starben oder verdursteten. Die wenigen Überlebenden wurden in das deutsche Konzentrationslager auf der Haifischinsel vor der Lüderitzbucht deportiert, wo sie das Schicksal der gefangenen Nama teilten. Nicht wenige von ihnen starben wegen des dortigen ungewohnten Klimas an Lungenentzündung und anderen Krankheiten dahin. Demgegenüber hatte die deutsche „Schutztruppe" insgesamt lediglich 1662 Tote zu beklagen, von denen zudem 680 durch Krankheiten gestorben waren[35]

Kill the Indian in him and save the man
Motto der Indianer-Internate der USA[36]

Und auch in den deutschen Kolonien etwa in Afrika lag die Erziehung und das Bildungswesen der unterjochten Afrikaner in den Händen christlicher Missionare.

Deutsche Missionsschule in Togo[37]

[35] Vgl. Uli Otto & Eginhard König: Ich hatt' einen Kameraden … „ Militär und Kriege in historisch-politischen Liedern in den Jahren von 1740 bis 1914. Regensburg 1999, S. 760-767.
[36] Siehe auch S. 105 der vorliegenden Arbeit
[37] Abb. entnommen aus Uwe Timm: Deutsche Kolonien, München 1986. S. 144.

So sind der US-amerikanische Binnenimperialismus der zweiten Hälfte des 19. Jahrhunderts sowie die deutsche Kolonialpolitik (1884-1918) wohl in mehr als einer Hinsicht durchaus vergleichbar, wobei sich die Vorgehensweise des Deutschen Kaiserreichs in manchen Bereichen als noch weitaus dünkelhafter und brutaler erwies …

Deutschland, Deutschland, über alles.[38]

[38] Karikatur entnommen aus Eduard Fuchs u.a.: Süddeutscher Postillon. Hrsg. und eingeleitet von Udo Achten. Berlin-Bonn 1979. S. 105. Siehe hierzu auch S. 151f. der vorliegenden Arbeit.

Danksagungen

Mein Dank geht an dieser Stelle zunächst an Erwin Schmid vom Bund für Geistesfreiheit Regensburg, der mich nach einem gemeinsam durchgeführten Liederabend darum gebeten hat, das vorliegende Büchlein zu verfassen, nachdem er meinen Aufsatz zu Liselotte Welskopf-Henrichs „Die Söhne der großen Bärin" gelesen und mein Interesse an den Plainsindianern Nordamerikas registriert hatte. Ohne seinen Vorschlag und Zuspruch wäre die vorliegende Publikation zweifellos nicht entstanden.

Dank auch an Peter Sturm, der die vorliegende Publikation in sein Verlagsprogramm mit aufgenommen hat, wohl wissend, dass sie wohl keinen „Bestseller" abgeben dürfte sowie auch an den Lektor/die Lektorin, die sich der mühevollen – für mich sehr wertvollen und hilfreichen Lektoratsarbeit unterzogen haben.

Dabei darf in diesem Zusammenhang vor allem auch Imogen Pfarr-Otto nicht unerwähnt bleiben, die sich zeitweilig ebenfalls immer wieder der mühevollen und undankbaren Arbeit des Korrekturlesens unterzogen und die vorliegende Publikation damit vor Fehlern bewahrt hat.

Eine wertvolle Hilfe war auch der „Zupfgeigenhansel" und langjährige Freund Erich Schmeckenbecher, der mir in wiederholten, lang andauernden Telefongesprächen wertvolle Informationen zukommen ließ und mir darüberhinaus mehrfach Materialien zusandte, die meine Arbeit voranbrachten und bereicherten.

Dank und eine ausdrückliche Wertschätzung muss hier auch den Autoren und der Autorin einiger aktueller, in meinen Augen sehr wichtiger, neuerer Bücher zuteil werden, die mein Wissen um etliche Detailinformationen zur Geschichte und Gegenwart der Plainsindianer erweitert und vertieft, den Verfasser auf den neuesten Stand gebracht und somit die Basis der vorliegenden Publikation gebildet haben. Ihre Bücher kamen für mich genau zur richtigen Zeit, zumal meine – obwohl große – Büchersammlung zum Thema „Indianer" inzwischen doch ein wenig „veraltet" war und einige Lücken aufwies.
Nach wie vor unverzichtbar für unser Verständnis für die Geschichte der Native Peoples der USA und Kanadas ist hierbei die wichtige, seinerzeit aufsehenerregende, engagierte, äußerst detaillierte und sachkundige Publikation von Dee Brown aus dem Jahr 1970, bezieht dieser doch erstmals die Sichtweise der Indianer mit ein, weil er die Letzteren und ihre großen legendären Häuptlinge in Selbstzeugnissen zu Wort kommen lässt und ihnen damit ein neues gerechtes Denkmal setzt.:

- Dee Brown: Begrabt mein Herz an der Biegung des Flusses. New York 1970, Hamburg 1972.[39]

Neuere deutschsprachige Publikationen, auf denen der Verfasser ebenfalls aufbauen konnte:

- Thomas Jeier: Das große Buch der Indianer. Die Ureinwohner Nordamerikas. Wien 2011.
- Manuel Menrath: Mission Sitting Bull. Die Geschichte der katholischen Sioux. (Zugelassene Dissertation der Universität Luzern), Paderborn 2016.
- Aram Mattioli: Verlorene Welten. Eine Geschichte der Indianer Nordamerikas 1700 bis 1910. Stuttgart 2017. Dritte Auflage 2020.
- Heike Bungert: Die Indianer. Geschichte der indigenen Nationen in den USA. München 2020.

Ausführlicher Dank auch an Howard Terpning, der, ausgehend von alten Fotos, hervorragende Gemälde verschiedener Häuptlineg und Stämme der First Nations Nordamerikas erstellt hat, und dessen Sammlung an dieser Stelle ebenfalls nicht unerwähnt bleiben soll.[40]

[39] Hier kommt auf der allerersten Seite C.W. Ceram, der Autor von „Götter, Gräber und Gelehrte" sowie „Der erste Amerikaner" zu Wort, der über Dee Browns Buch schreibt: „Hier wird eine Legende zerstört, der Vorhang vor bitterer Wahrheit gelüftet. Nie zuvor wurden die Schrecken besser notiert als hier in der Geschichte vom Untergang des Roten Mannes. Man könnte sagen: Dieses Buch ist mit Blut und Tränen geschrieben".

[40] Siehe hier https://www.artcountrycanada.com/terpning-howard-chief-josph-rides-to-surrender.html und www.art-country canada.com/terpning-howard-legend-of-geronimo.html, um nur zwei Beispiele zu nennen.

Historische Einordnung – Deutsche und Native Americans

Dem Verfasser wurde bereits in den 1980er-Jahren, als er die „Söhne der Großen Bärin" von Liselotte Welskopf-Henrich, das Jugendbuch-Opus, das den tragischen Untergang[41] der nordamerikanischen Dakota thematisierte, als Erwachsener erneut rezipierte, bewusst, dass zu den für einen de facto-Genozid an den nordamerikanischen Native Americans verantwortlichen Mittätern immer wieder auch deutsche Einwanderer gehört hatten, deren Geschichte und Biographie auf das Engste mit derjenigen der nordamerikanischen Ureinwohner verknüpft ist. Dadurch muss eine ernsthafte Beschäftigung mit der Historie der Letzteren notwendigerweise auch zu einer Auseinandersetzung mit bis heute völlig vernachlässigten und verdrängten Teilaspekten der deutschen Geschichte werden. Denn schon von Anfang der Inbesitznahme des amerikanischen Kontinents an haben immer wieder auch die deutschen Länder zahllose Auswanderer in die neue Welt exportiert, die dabei zumeist keinerlei Gedanken an das Schicksal der dortigen Urbevölkerung verschwendet haben dürften. Bereits seit Anfang des 18. Jahrhundert hatte eine breitere Auswanderung begonnen, die in wechselnder Stärke im Lauf von rund zwei Jahrhunderten so viele Deutsche nach Nordamerika brachte, dass ein nicht geringer Teil der heute dort lebenden Bevölkerung deutscher Abstammung ist.
Die Hauptsiedlungsgebiete der Deutschen im 19. Jahrhundert waren dabei die Bundesstaaten der mittleren Atlantikküste (New York, Rhode Island, Connecticut und Massachusetts), die des Mittelwestens (Wisconsin, Minnesota, Illinois, Michigan) und der nördlichen Großen Ebenen (Nebraska, North Dakota und Montana), wo Deutsche 30 bis 40 Prozent der Bevölkerung ausmachten. Und im insgesamt dünn besiedelten Südwesten stellten die Deutschen hinter den Iren die zweitgrößte europäische Einwanderergruppe.

Rundgemälde von Europa im August 1849[42]

---

[41] Liselotte Welskopf Henrich: Die Söhne der großen Bärin .... Siehe hierzu Uli Otto: Überlegungen zu Liselotte Welskopf-Henrichs „Die Söhne der großen Bärin" – Weiterführende Reflexionen zu Aspekten einer leider nach wie vor weitgehend verdrängten und vergessenen neueren deutschen Geschichte vor dem Hintergrund des Entwicklungsroman-Zyklus der Autorin aus den 1950er- und 1970er-Jahren. Regensburg, Juni 2021 in der Webpage www.uliotto.de sowie die Webpage www. welskopf-henrich.de, hier: Liselotte Welskopf-Henrich, die Indianer & Dr. Uli Otto.

[42] Abb. entnommen aus Fragen an die deutsche Geschichte. Ideen, Kräfte; Entscheidungen von 1800 bis zur Gegenwart. Historische Ausstellung im Reichstagsgebäude in Berlin Katalog, 5. erweiterte Auflage 1980, (Hrsg. Deutscher Bundestag, Verwaltung Presse- und Informationszentrum Referat Öffentlichkeitsarbeit) Bonn 1980, S. 176.

Während Preußen „mit eisernem Besen“ die ihm unbequemen und lästigen Revolutionäre in die Schweiz kehrt und Frankreich sich der gleichen Methode bedient und seine Aufständischen unter einer Jakobinermütze ebenfalls ins eidgenössische Refugium schickt, schlägt die österreichische Doppelmonarchie ihrerseits mit dem Säbel wild auf die ungarischen Freiheitskämpfer ein. Jede der drei die reaktionären Mächte verkörpernden Personen trägt dabei ihre sie charakterisierende Kopfbedeckung: Frankreich den napoleonischen Dreispitz, Preußen seine Pickelhaube, wobei die preußische „Tapferkeit“ noch durch das „Eiserne Kreuz“ unterstrichen wird, welches der Preuße an seine Brust geheftet hat. Österreichs Helm ist durch den Doppeladler gekennzeichnet. Darauf, dass jeglicher etwaiger Widerstand auch im russischen Einflussbereich, hier in Polen: ausgelöscht ist, weist die „erloschene Kerze der Freiheit“ hin, die nordöstlich von Warschau zu sehen ist.
England, hier verkörpert durch Queen Victoria mit einem Baby im Arm, betrachtet mit wachem Interesse die Szenen auf dem europäischen Festland. Ihre von Merkur, dem Gott des Handels gelenkt Kutsche, wird von einem Einhorn und einem Löwen – letzterer durch die von ihm getragene Allongeperücke als feudalistische charakterisiert – gezogen. Neben der königlichen Karosse läuft ein Hündchen her, welches wohl die englische Bulldogge karikierend verkörpern soll. Von Westen her laufen drei ausgemergelte Gestalten auf die Königin zu und strecken flehentlich ihre Hände nach ihr aus, dies ein Hinweis auf die große Hungersnot, „the great famine“, die in England, vor allem aber in Irland im Jahr 1846 ausgebrochen war und zur Dezimierung der irischen Bevölkerung durch den Hungertod und durch eine große Auswanderungswelle – vor allem in die USA – führte. Die Bevölkerung der Grünen Insel, die vorher 8 Millionen Einwohner aufgewiesen hatte, schrumpfte auf 2 ½ Millionen Menschen zusammen.
Auf die Auswanderung, die in dieser Zeit überall in Europa einen Höhepunkt erreichte, weisen auch die beiden Boote hin, die von der französischen Westküste aus in See stechen. Von hier aus wie von den norddeutschen Häfen begannen viele der deutschen Auswanderer ihre Reise nach Nordamerika.

Bereits vorher hatte es natürlich auch schon verschiedentlich Begegnungen mit Auswanderern aus den deutschsprachigen Ländern in Europa mit Bewohnern der Neuen Welt gegeben, die hier wenigstens kurz Erwähnung finden sollen.
So landeten bereits Anfang des 18. Jahrhunderts nach 75-tägiger Schiffsreise dreizehn Krefelder Mennoniten-Familien im Hafen von Philadelphia und gründeten unter der Leitung von Franz Daniel Pastorius (1651-1719) wenige Kilometer von der Stadt entfernt „Germantown“, heute ein Stadtteil Philadelphias. Diese erste größere Gruppe deutscher Auswanderer, unter ihnen Weber, Schneider, Zimmerleute und ein Schuhmacher, hatten dem Ruf des Adeligen William Penn Folge geleistet, der mit religiös verfolgten Glaubensbrüdern in Amerika ein „Heiliges Experiment“ durchführen wollte. Pennsylvania wurde somit vor allem im 18. Jahrhundert für viele der in Europa verfolgten Pietisten, Lutheraner und Reformierten zu einem Zufluchtsort, wo sie in Freiheit und religiöser Toleranz ein ruhiges Leben führen konnten. Andere Motive lagen einer anderen „Einwanderungswelle“ aus Deutschland gegen Ende des 18. Jahrhunderts zugrunde, als vielfach deutsche Untertanen, aber nicht nur von dort, von ihren Landesherren an die englische Krone als Söldner nach Amerika verkauft worden waren, wo sie unter englischem Kommando gegen die dortigen Rebellen zum Einsatz kamen und dort viel Schrecken verbreiteten.[43] Insgesamt kämpften auf englischer Seite etwa 30.000 Söldner aus Hessen-Kassel, die der englische König zur Unterstützung seines dezimierten Heeres gekauft hatte.[44] Zu diesen hatten sich aber auch Hanauer, Braunschweiger, Waldecker, Anhaltiner und Brandenburger gesellt. Doch auch Weimar verkaufte der englischen Krone Untertanen für einen Einsatz in Amerika. Hier soll Johann Wolfgang von Goethe, der seit Januar 1779 Leiter der herzoglichen Kriegskommission war, eine nicht gerade rühmliche Rolle gespielt haben. Er war nämlich direkt an der Entscheidung beteiligt, weimarische Untertanen

---

[43] Zum Soldatenhandel der deutschen Fürsten siehe vor allem Friedrich Kapp. Der Soldatenhandel deutscher Fürsten nach Amerika, 1. Aufl. New York 1864, 2. Aufl. Berlin 1874. Doch kamen die „Hessen“ auch während der revolutionären Unruhen des Jahres 1798 im Westen Irlands zum Einsatz, wo sie im Raum Wexford durch ihre sprichwörtliche Brutalität und Grausamkeit Angst und Schrecken verbreiteten.

[44] Landgraf Friedrich II. von Hessen-Kassel unterzeichnete am 15. Januar 1776 mit seinem Schwager, König Georg III. von Großbritannien, sogenannte Subsidienverträge. Gemäß diesen Verträgen verpflichtete sich der hessische Landesfürst, Großbritannien mietweise ein Kontingent Soldaten in einer Gesamttruppenstärke von etwa 12.000 Mann permanent zu überlassen.

gegen ihren Willen nach Amerika und später nach Preußen zu verkaufen.[45] Viele der Zwangsgepressten desertierten allerdings, um sich dem Freiheitskampf der Kolonisten anzuschließen, und nach dem Krieg blieben über 6000 von ihnen in Amerika zurück, um sich dort eine neue Existenz zu schaffen. Doch hatten bereits zu Beginn des Unabhängigkeitskrieges auch auf Seiten der amerikanischen Rebellen viele Deutsche gestanden. So führte Peter Mühlenberg das legendäre "German Regiment", das aus Freiwilligen aus Virginia bestand, in den frühen Kämpfen im Süden gegen die englischen Rotröcke, was ihm nach dem Unabhängigkeitskrieg den Posten des Vizegouverneurs von Pennsylvania eintrug, wo er sich unter anderem für eine Humanisierung der Einwanderungsbedingungen nicht zuletzt für seine ehemaligen Landsleute einsetzte. Nicolas Herkimer aus Mohawk Valley wurde einer der ersten Helden der Amerikanischen Revolution, als er 800 Freiwillige sammelte und sich an ihrer Spitze in der Schlacht beim Oriskany Creek den vorrückenden englischen Truppen entgegenstellte. Der berühmteste deutsche Immigrant, der einen großen Anteil am letztendlichen Sieg der Unabhängigkeitstruppen hatte, war jedoch Friedrich Wilhelm von Steuben (1730-1794), ehemals Rittmeister des preußischen Heeres, der es 1777 als Generalinspekteur des US-Heeres binnen weniger Monate schaffte, die Truppen – engagierte Bürger, aber zumeist ohne jegliche militärische Erfahrung – mit preußischem Drill zu einem disziplinierten und kampffähigen Heer zu machen.[46]

Höhere deutsche Offiziere in der US-Nordstaatenarmee (während des Bürgerkriegs 1861-1865): Colonel Friedrich Hecker – General August V. Kautz[47] – General August von Schimmelpfennig – General Carl Schurz – General Franz Sigel – General Gottfried Wetzel – Brigadegeneral August Willich

Exkurs:
Deutsche Niederlassungen im Ausland hatte es aber bereits früher gegeben, wobei diese Versuche, denen kein langwieriger Erfolg beschieden war, da es einen deutschen Nationalstaat nicht gab, von Kaufleuten oder Fürsten deutscher Kleinstaaten ausgingen, unter denen Österreich lange Zeit das größte Schwergewicht war. Erwähnt seien an dieser Stelle die „Welser Kolonie in Venezuela" (1528-1556), die kurländischen Gründungsversuche (von 1651 bis zu den 1680er-Jahren), hier „Neukurland" auf der Karibikinsel Tobago und die „Jakobsinsel" im westafrikanischen Fluss Gambia, daneben die brandenburgisch-preußischen Kolonien, 1681 bis 1721: 1. Die Insel Arguin (Mauretanien, 1685 bis 1721, 2. Teile der Karibik-Insel St. Thomas (1685 bis 1693), 3. Groß Friedrichsburg an der Küste von Ghana (1683 bis 1717). Der Hauptzweck dieser Gründungen war die Beteiligung am Sklavenhandel.
Österreichische Kolonien (1777 bis 1785). So versuchte Österreich sich unter Maria Theresia in Afrika (Delagoa-Bucht, heute Mosambik) und dem Indischen Ozean (Niobaren-Inseln, heute Indien) an einem Kolonialprojekt, das nach ihrem Tod jedoch schnell beendet wurde.
Askania Nova (1828 bis 1856), eine zum Zweck der Schafzucht gegründete Kolonie des Herzogtums Anhalt-Köthen in der heutigen Südukraine, in die von Herzog Ferdinand zuerst nur rund 20 Siedler entsandt wurden. Nach Verkauf der Kolonie blieben viele in Russland.[48]

---

[45] Siehe W. Daniel Wilson: Das Goethe-Tabu. Protest und Menschenrechte im klassischen Weimar. München 1999, S. 47-76, hier v.a. 49, 59, u. 72.

[46] Als ein krasses Negativbeispiel bereits in dieser Zeit führt Mattioli, 60 den deutschen Einwanderer und Massenmörder Frederick Stump aus Pennsylvania an, der 1768 zusammen mit seinem Knecht John Ironcutter zehn friedliche Indianer, darunter auch Frauen und Kinder umbrachte, wofür die beiden zwar in Carlisle in Untersuchungshaft kamen, hieraus jedoch von 80 Bewaffneten gewaltsam befreit wurden und sich danach dauerhaft einem Prozess und ihrer Strafe entziehen konnten. Ein weiteres früheres Negativbeispiel stellte wohl Ludwig Wetzel, (1763-1808) Waldläufer im Staat Kentucky dar, der als Indianerhasser galt, „in den Ansiedlungen verrufen und gemieden als der ‚wilde', der ‚einsame Deutsche', der furchtbarste, der unerbittlichste jener Skalpzeit", (…) eine regelrechtes „Tier", eine „schweifende Bestie", wie er von Friedrich von Gagern in dessen Grenzerbuch – Von Pfadfindern, Häuptlingen und Lederstrumpfen. Berlin 1928, S. 337 charakterisiert wurde.

[47] General August Valentin Kautz befehligte zwischen 1869 und 1874 in mehreren Feldzügen das 15. US-Infanterie-Regiment, das gegen die Mescalero-Apache in New Mexico zum Einsatz kam.

[48] SPIEGEL GESCHICHTE Ausgabe 2/2021: Der deutsche KOLONIALISMUS. 23.

Der Santee-Aufstand des Jahres 1862 in Minnesota

Nicht zuletzt im Gebiet der Santee-Sioux in Minnesota siedelten viele deutsche Einwanderer, die in den USA eine neue Heimat gefunden hatten. So verweist schon allein der Name der dortigen Stadt New Ulm, die im Jahr 1862 den verzweifelten Hungeraufstand der Santee-Sioux erlebte, auf einen großen deutschen Bevölkerungsanteil, dies vorwiegend Menschen, die nach 1848 in die USA gekommen waren und deren Kinder. Während ein Großteil der männlichen Einwohner der fast ausschließlich von Deutschen bewohnten Stadt während des Sezessionskrieges (1861-1865) für die Sache der Nordstaaten kämpfte, sahen sich deren Angehörige im Jahr 1862 dem ersten großen allgemeinen Sioux-Aufstand ausgesetzt. Dabi waren es Verzweiflung und schiere Not, welche die Dakota im Spätsommer in einen Aufstand trieben, der zu einem der blutigsten Konflike der ganzen Frontiergeschichte werden sollte.[49] Die ansässigen Santee hofften, dass sich die Weißen im Bürgerkrieg gegenseitig ausrotten würden oder gegenwärtig doch zumindest keine Möglichkeit sähen, mit größeren Machtmitteln gegen sie vorzugehen. An sich waren die Santee-Sioux sehr friedlich, viele von ihnen hatten sich bereitwillig zu christlich getauften Maisbauern umerziehen lassen. Eine unfähige und arrogante amerikanische Bürokratie und korrupte Indianeragenten hatten sie aber regelmäßig mit verdorbenen und zudem überteuerten Waren beliefert. Als 1862 zudem eine Raupenplage die gesamte Maisernte der Santee vernichtete, wurden diese von ihren zumeist weißen Nachbarn sowie von den Behörden schmählich im Stich gelassen, Man ließ sie ganz einfach verhungern. Konkreter Anlass des daraus folgenden Aufstandes war die herzlose Antwort des verantwortlichen Indianeragenten Andrew Myrick auf die Bitte des Santee-Häuptlings Little Crow), man möge doch endlich die Lagerhäuser öffnen und Lebensmittel verteilen, da sein Volk ansonsten verhungern müsse: „Wenn sie hungrig sind, sollen sie doch Gras oder ihre eigene Scheiße fressen“! (Einen ähnlichen Satz hatten pikanterweise bereits die schlesischen Weber in ihrem Hungerjahr 1844 im alten Europa hören müssen, und auch dort war es dann anschließend zu einer Hungerrevolte gekommen, die damals vom preußischen Militär blutig niedergeschlagen wurde, was damals ebenfalls Auswanderungen zur Folge hatte.) Dieser Satz verbreitete sich durch den beim Gespräch anwesenden deutschen Farmer Sebastian Müller unter den ausgehungerten und verbitterten Santee und versetzte diese regelrecht in Raserei.

Little Crow, Chief der Santee und nomineller Anführer des Minnesota-Aufstandes von 1862 [50/51]

---

[49] Mattiol, 247. Siehe hierzu v.a. auch die umfangreiche und sehr detaillierte Darstellung von Brown, 49-75.

[50] Abb. entnommen aus Ulrich W. Hiesinger: Indianer in Nordamerika. Eine photographische Dokumentation vom Bürgerkrieg bis Woundes Knee. München, New York 1994.S. 41

[51] Abb. entnommen aus https://de.wikipedia.org/wiki/Little_Crow. Siehe auch Dillon, 128.

Als Anführer für den geplanten Aufstand hatten die Santee mit Little Crow ihren angesehensten Häuptling ausgewählt. Dieser hatte zunächst aber zu Zurückhaltung gemahnt, was ihm den Vorwurf der Feigheit eintrug. In seiner Antwort darauf gab er seiner sich als richtig erweisenden Einschätzung Ausdruck, dass die Dakota den Krieg mit den Weißen niemals gewinnen könnten, er aber trotzdem an ihrer Seite kämpfen würde, wenn sich das Volk zum Aufstand entschließen würde: *„Taóyatedúta ist kein Feigling, und er ist kein Narr. Wann rannte er vor seinen Feinden davon? (...) Krieger, ihr seid wie junge Kinder; ihr wisst nicht, was ihr tut. Ihr seid betrunken vom Teufelswasser des weißen Mannes. Ihr seid wie Hunde bei Vollmond, wenn sie verrückt herumrennen und nach ihrem eigenen Schatten schnappen. (...) Die weißen Männer sind wie Heuschrecken, wenn sie so dicht fliegen, dass der ganze Himmel ein Schneesturm ist (...) Tötet einen, zwei und zehn mal zehn werden kommen, um euch zu töten (...) Krieger, ihr seid kleine Kinder, ihr seid Narren. Ihr werdet sterben wie die Hasen, wenn die hungrigen Wölfe sie im Winter jagen. Taóyatedúta ist kein Feigling: er wird mit euch sterben".*[52]
Damit war der Krieg beschlossene Sache. Am frühen Morgen des 18. August 1862 gingen die Santee zunächst gegen die Regierungsagentur bei Redwood Falls vor, wo sie zunächst auf nur wenig Widerstand stießen. In den Wochen danach machten gegen 1000 Krieger das südwestliche Minnesota unsicher und überfielen zahlreiche Farmen und Ortschaften der Region, griffen etwa Milford, Leavenworth und zweimal das Frontierstädtchen New Ulm an, wo die Bewohner die Angreifer nur mit Mühe zurückschlagen konnten. Die Dakota plünderten, brandschatzten und töteten wahllos. Selbst Fort Ridgely wurde nunmehr belagert und kleinere Einheiten der US-Armee wurden aufgerieben. Die Angriffe auf New Ulm führten dazu, dass sich nunmehr auch deutsche Siedler, welche vorher die harsche und korrupte Indianerpolitik der US-Amerikaner verurteilt hatten, als Opfer sahen und für einen Vernichtungskrieg gegen die Santee plädierten, ohne wahrhaben zu wollen, dass sie ebenfalls auf indianischem Territorium siedelten und jagten und ihre Vorräte nur in den seltensten Fällen mit den benachbarten Santee geteilt hatten.[53]

Das brennende Fort Ridgely während der Belagerung durch die Santee [54]

[52] Mattioli, 249. Brown, 54ff.
[53] Bungert, 128, hier unter Bezugnahme auf Michael L. Oberg; Native America, A History. Hoboken, NJ; Wiley-Blackwell, 2. Aufl. 208. Siehe auch Dillon, S. 128-132.
[54] Abbildung entnommen aus https://de.wikipedia.org/wiki/Little_Crow. Zu den Kämpfen siehe Brown, 58ff.

Bei ihrem Kriegszug verbreiteten die Dakota eine solche Panik, dass die 2000 Menschen von New Ulm und viele weitere Siedler ins sichere Hinterland flüchteten. Es wird geschätzt, dass der Gewalt dabei bis zu 88 Siedler zum Opfer fielen.[55]
Obgleich sie zunächst noch einige Gefangene machten und sogar viele Siedler verschonten,[56] die sie in der Vergangenheit menschlich behandelt hatten und ihnen daher als Freunde galten, fanden in der Folge fast all jene Weißen auf der Stelle den gewaltsamen Tod, die sich nicht in das sichere Fort Ridgely zurückziehen konnten. Insgesamt starben bei diesem Aufstand über 1000 Weiße: Es war mithin das größte Massaker der Indianerkriege. Daraufhin beauftragte der von Präsident Lincoln eingesetzte kampferprobte Brigadegeneral John Pope die ihm unterstellten Offiziere, mit aller Härte gegen die indianischen „Rebellen" vorzugehen, wobei er, der kurz vorher die zweite Schlacht am Bull Run gegen die Konföderierten verloren hatte, insofern auch persönliche Motive verfolgte, als er auf seinem neuen Posten wohl die zuvor erlittene Schmach wiedergutmachen und sich rehabilitieren wollte: *„Es ist meine Absicht, die Sioux vollständig zu vernichten (...) wenn ich die Macht dazu habe. [...] Zerstören Sie alles, was ihnen gehört und treiben Sie sie in die Plains hinaus, es sei denn [...] Sie können sie gefangen nehmen. Sie sind als Fanatiker und wilde Tiere zu behandeln, und keinesfalls als Volk, mit dem Verträge oder Kompromisse gemacht werden können*".[57]

Linkes Bild: Angriff der Santee auf New Ulm [58]
Rechtes Bild: Öffentliche Massenhinrichtung der 38 verurteilten Santee [59]

Im darauffolgenden Herbst verfolgten amerikanische Truppen die Santee bis in die Prärie, und in der Folge wurden die aufständischen Indianer am 23.09.1882 in der Entscheidungsschlacht am Woodlake von 1600 Soldaten unter dem Kommando von General Henry Sibley eingekreist und vernichtend geschlagen. Bei dieser Gelegenheit wurden 1500 Gefangene gemacht, von denen viele sich allerdings an den vorangegangenen Angriffen auf die US-Amerikaner niemals beteiligt hatten.[60]
Alle männlichen Sioux, derer man in der Folge habhaft wurde, kamen vor ein Kriegsgericht, und 307 von ihnen wurden wegen Mord und Vergewaltigung zum Tod verurteilt, wobei sich auch hier wieder Indianer darunter befanden, die sich gar nicht am Kriegszug beteiligt und unter eigener Lebensgefahr sogar etliche Siedler vor ihren Stammesgenossen versteckt hatten, damit sie unbehelligt blieben. Dabei stellte das nur 10 Tage dauernde Gerichtsverfahren ohnehin schon insofern eine Farce dar, als das Gericht oftmals die Namen Beschuldigter verwechselte und „mangels hieb- und stichfester Beweise den Anschuldigungen nicht seriös auf den Grund

---

[55] Mattioli, 250.
[56] Ebenda, 250.
[57] Ebenda, 250, Mattioli zit. hier Philip Weeks: Farewell, My Nation. The American Indian and the United States in the Nineteenth Century, Arlington Heights 2000.
[58] Zu den Kämpfen um New Ulm und Fort Fort Ridgely siehe ausführlich Brown, 57-65.
[59] Abb. entnommen aus https://de.wikipedia.org/wiki/Dakota_(Volk)
[60] Bungert, 128.

gehen" geschweige denn sie wirklich beweisen konnte.[61] Schließlich wurden 38 Verurteilte – nach der Bestätigung ihres Urteils durch Präsident Lincoln – am 25.12.1863 in einer als Abschreckung gedachten Massenhinrichtung alle auf einmal an einem viereckigen Galgen öffentlich gehenkt, galt es doch ein Exempel zu statuieren. Auf dem Weg zu ihrer Gerichtsverhandlung wurden sie zudem von Euroamerikanern attackiert, wobei eine Frau laut einem Zeugen einer Santee-Frau ihr Baby entriss und dieses auf dem Boden zerschmetterte.[62] Alle Indigenen, einschließlich der neutral gebliebenen Ho-Chunks, mussten in der Folge Minnesota verlassen und zunächst in ein dürres Gebiet in South-Dakota und anschließend nach Nebraska umziehen.[63] Häuptling Little Crow, der zunächst entkommen war, wurde 1863 südlich von Acton von einem Farmer erschossen, als er gerade Himbeeren pflückte. Einige wenige Überlebende konnten nach Kanada entkommen und sich in der Folge dort auf Dauer niederlassen. Allerdings wurden zwei der Geflohenen, darunter Wa-kann-o-zhan-zhan (Medicine Bottle), einer der Anführer des Aufstands, der an den erfolglosen Angriffen auf Fort Ridgley teilgenommen hatte, von den amerikanischen Behörden entführt, vor Gericht gestellt und zum Tod verurteilt.[64]

Medicine Bottle vor seiner Hinrichtung
am 17. Juni 1864 in Fort Snelling Minnesota. [65]

Beide Seiten hatten im Verlauf dieser Kämpfe jeweils etwa eintausend Tote zu beklagen.
Eine unmittelbare Folge der damaligen Ereignisse war, dass der Hunkpapa-Sioux-Häuptling und Medizinmann Tatanka-yotanka, besser bekannt unter seinem englischen Namen Sitting Bull, der 1863 seine Verwandten in der Santee-Reservation am Missouri besuchte, sich hier von der gnadenlosen Politik und brutalen Vorgehensweise der Watschitschun („Langmesser"), d.h. der Weißen überzeugen und daraus für sich die Erkenntnis gewinnen konnte, dass „die weißen Landräuber" längerfristig auch vor dem Stammesgebiet seines Volkes in den Plains nicht Halt machen würden. Deswegen fasste er damals für sich den festen Entschluss, mit den weißen Landräubern in Zukunft keinerlei Kompromisse einzugehen und das Territorium der Sioux-Nation so lange wie möglich mit allen Kräften zu verteidigen. Insofern markierte die Revolte „den Beginn einer fast 20 Jahre langen Periode, während der die Plains-Nationen Widerstand gegen die in ihren angestammten Lebensraum expandierenden USA leisteten".[66]

---

[61] Mattioli, 251.
[62] Bungert, 128f., Oberg, 192, Brown, 69ff.
[63] Bungert, 129.
[64] Hiesinger, 42.
[65] Ebenda, 32.
[66] Mattioli, 242, Brown, 74f.

„Warnzeichen an der Wand“

Die großen Umsiedlungsaktionen nach 1830 in Folge des „Indian Removal Acts“ – Der „Trail of Tears“ der Cherokee (1830) und „The long Walk“ der Navajos (1863/64).

The „Trail of Tears“ der fünf Stämme der Cherokee (1830)

Die amerikanischen Ureinwohner, die bis dahin nicht durch Landraub, Krankheiten oder durch Gewaltaktionen ums Leben gekommen waren, wurden im 19. Jahrhundert zur Zwangsumsiedelung in die Reservationen gezwungen, die nunmehr allenthalben eingerichtet worden waren, um den europäischen Neusiedlern ungehinderten Zugang und den Zugriff auf ihr Territorium zu erlauben. Dabei kamen viele Indianer bei derartigen Umsiedlungsmaßnahmen zu Tode, vor allem nachdem dieses Vorgehen durch die Unterzeichnung des „Indian Removal Acts“ im Mai 1830 durch Präsident Andrew Jackson sanktioniert worden war. So mussten die fünf Stämme der Cherokee, Choctaw, Creek, Chikasaw und Seminole Nations ihr geheiligtes Land auf dem „Pfad der Tränen“ (Trail of Tears) verlassen, kurz nachdem im Gebiet der Cherokee in Georgia Goldfunde gemeldet worden waren. Unter Waffengewalt sahen sie sich dazu gezwungen, hunderte von Meilen bis zu den ihnen in Oklahoma zugewiesenen Reservationen zu laufen. Da es dabei weder ausreichend Kleidung und Decken geschweige denn genügend Wasser, Nahrung oder Transportmittel gab, kam diese Vertreibung einem geplanten Todesmarsch gleich, auf dem denn auch 4.000 der ursprünglich 18.000 Cherokee sowie ein Viertel der umgesiedelten Choktaw elendiglich starben.

Ein interessanter Nachtrag zu den Choctaw: Wie wir vor einigen Wochen von in Irland lebenden Freunden erfahren konnten, sammelte im Jahr 1847, d.h. nur 17 Jahre nach ihrem Todesmarsch auf dem „Pfad der Tränen“ mitten in der Großen Hungersnot in Irland, welche viele Bewohner der Grünen Insel zur Auswanderung in die USA veranlasste, der Stamm der Choktwa Geld – nach heutigem Stand eine Million – und sandte sie nach Irland, um der hungernden irischen Bevölkerung zu helfen….

Der „Long Walk“ der Navajos (1863/64)[67]

Als die Diné (Navajos) im Südwesten die durch den Beginn des Bürgerkriegs erzwungene Abwesenheit der regulären US-Truppen 1861/62 zu einem Kleinkrieg gegen die sie bedrängenden Siedler nutzten, wurde in dieser Situation Christopher Houston Carson, besser bekannt als Kit Carson (*24.12.1809 im Madison County, Kentucky + 23. Mai 1868 in Fort Lyon, Colodaro), Trapper, Scout, Indianeragent für den Norden New Mexikos und Soldat im Rang eines Brevet-Brigadegenerals, damit beauftragt, den Unruhen durch die Zerschlagung des Aufstandes ein Ende zu bereiten. Nachdem er diesen Auftrag zunächst abgelehnt hatte, stellte er sich schließlich dennoch zur Verfügung und führte ab Sommer 1863 einen brutalen Vernichtungskrieg, bei welchem auf sein Geheiß zunächst die Felder und damit die Nahrungs- und Lebensgrundlagen der Diné zerstört wurden. Mit 300 Soldaten, verstärkt durch Ute-, Pueblo-Indianer und Freischärler aus New Mexiko, zog er durch das Diné-Territorium und ließ systematisch deren Obstgärten, Felder, Maisvorräte, Hogans und Wasserlöcher zerstören sowie alle Viehherden töten. Als dann am 14. Februar 1864 der eigentliche Feldzug begann, ließ Kit Carson den Navajo die scheinbare Zuflucht, sich mit ihrer Hauptstreitmacht in den von ihnen für uneinnehmbar gehaltenen Canyon de Chelly zu flüchten. Vorher jedoch hatte er auf den Rändern der Schlucht Kanonen in Stellung bringen lassen. Die derart eingekesselten Diné mussten nach einem kurzen Gefecht bedingungslos kapitulieren. Zwar konnten einige von ihnen unter der Führung ihres Häuptlings Manuelito entkommen, doch waren ihre Lebensgrundlagen zerstört, weswegen noch im gleichen Monat über 8.000 Navajo bei Fort Defiance, heute Fort Canby, auf den Langen Marsch nach Bosque Redondo geschickt wurden und zu Fuß vom Nordosten Arizonas in die rund 500 km entfernten Reservationen in unfruchtbaren Teilen New Mexicos laufen mussten. Diese Aktion, an der Kit Carson allerdings

---

[67] Siehe hierzu v.a. auch die ausführliche Darstellung von Brown, 27-48. Dsg. Dillon, 133-140.

nicht selbst teilnahm, kostete etwa ein Viertel, d.h. 2.000 der Navajo das Leben.[68] Da die Reservationen als eine Art Gefangenenlager dienten, war auch dort nicht für ausreichende Versorgung und Verpflegung gesorgt, weswegen viele der dort Internierten unter Mangelernährung und Krankheiten litten und es dort infolgedessen zu vielen weiteren Todesfällen kam.[69] General William T. Sherman, der einer Untersuchungskommission vorgestanden hatte, zeigte sich über die dortigen Zustände erschüttert, weswegen am 01. Juni 1868 immerhin ein Vertrag unterzeichnet wurde, der den Navajo wenigstens einen Teil ihrer alten Heimat als Reservation zugestand und ihnen die Rückkehr dorthin erlaubte.

Das Massaker von Sand Creek (29. November 1864) an den südlichen Cheyenne – Das Massaker am Washita (27. November 1868)

Das Massaker von Sand Creek

Im Jahr 1864, erlangte zunächst das Massaker von Sand Creek/Colorado traurige Berühmtheit, bei dem hunderte unbewaffnete Cheyenne aus dem Hinterhalt ermordet wurden, als unter dem Kommando von Oberst John Milton Chivington die 3. Colorado-Kavallerie auf dessen ausdrücklichen Befehl hin die indigenen Männer, Frauen und Kinder hinmetzelte und deren Leichen verstümmelte.[70]

Ausschnitt eines Gemäldes von Robert Lidneaux[71]

Die Angehörigen der südlichen Cheyenne-Nation sowie die mit diesen verbündeten Arapaho sahen ihr Territorium im Südwesten vor allem nach einem spektakulären Goldfund, der seit den 1850-er Jahren mehr als 100 000 Glückritter in ihr Land spülte, welche sich keinen Deut um ihr Lebens- und Wohnrecht scherten, immer mehr bedroht. „In diesen Gebieten mit anfänglich schwacher staatlicher Autorität musste das Gesetz ihnen gegenüber genauso wenig beachtet werden wie das Tötungsgebot des Neuen Testaments, die christliche Nächstenliebe oder die Gebote der Fairness. Im rassistischen Verständnis der Zeit trafen in der kolonialen

[68] Zum long walk der Navahos siehe Brown, 41

[69] Zu den erbärmlichen Lebensbedingungen der Navajos in Bosque Redondo siehe Ebenda, 45f.

[70] Zur Vorgeschichte einschließlich des Massakers siehe auch Ebenda, 91-100.

[71] Abb. entnommen aus Dillon, 138/139.

Situation der Territorien Ungleiche aufeinander. Beispielhaft für all das steht das scheußliche Massaker von Sand Creek, das sich am 29. November 1864 in der Südostecke des Colorado-Territoriums ereignete. [72]

Obwohl den Cheyenne ursprünglich im Vertrag von Laramie 1851 ein großräumiges Stammesgebiet zugesprochen worden war, mussten sie schon zehn Jahre später dem Druck nachgebend der US-Regierung weichen und einer neuen Übereinkunft, sprich: dem Vertrag von Fort Wise, mit der Unterschrift der Häuptlinge Black Kettle, White Antelope, Little Raven und anderen, zustimmen, wobei diese auf fast das ganze Territorium verzichteten, das ihnen seitens der USA ursprünglich zugeteilt worden war. Jedoch hatten nicht alle südlichen Cheyenne und Arapaho diesem Umzug in die ihnen zugewiesene Sand Creek Reservation zugestimmt, was schon bald zu Zwistigkeiten mit den Weißen führte, da die Indianer sich mehrfach aus Hunger gezwungen sahen, Vieh und Pferde von Farmen zu stehlen, die inzwischen auf ihrem Territorium errichtet worden waren. So ereigneten sich seit Frühjahr 1864 immer wieder Überfälle und gewalttätige Zusammenstöße, bei denen es auf beiden Seiten Tote gab. Während die Unterzeichner des Vertrags von Fort Wise nach wie vor ein friedliches Zusammenleben mit den Weißen für möglich hielten, sprachen sich die Mitglieder militanter Kriegergemeinschaften für einen bewaffneten Widerstand gegen die weißen Invasoren aus, wobei es immer wieder zu Scharmützeln kam. Für die weiße Frontiergesellschaft lief das Fass über, als vier Krieger der nördlichen Arapaho eine vierköpfige Rancherfamilie ermordeten und grausam verstümmelten.[73] In der aus diesem Grund aufgeheizten Stimmung deutete Gouverneur Evans, dem es dabei vor allem darum ging, das Colrado-Territorium zu „entwickeln" und sich deswegen der Indianer, die er als Hindernis hierfür ansah, zu entledigen trachtete, diesen von Einzeltätern begangenen Mord zum Beginn „allgemeiner indianischer Feindseligkeiten gegen unsere Siedlungen" um. So erließ er am 11. August 1864 eine öffentliche Bekanntmachung, die jeden Bürger dazu ermächtigte, individuell oder auch in Gruppen Jagd auf „feindliche Indianer" zu machen und sie als „Feinde des Landes zu töten, wo immer sie aufgegriffen wurden."[74] Dies führte in der weißen Bevölkerung zu einer weit verbreiteten Pogromstimmung, mit dieser Proklamation war einer allgemeinen Lynchjustiz das Tor geöffnet, die sich weit außerhalb jeglicher rechtsstaatlicher Standards bewegte.[75]

Zur Durchführung des angestrebten Rachefeldzugs rekrutierte Evans ein Freiwilligenregiment unter dem Kommando des methodistischen Predigers Oberst John M. Chivington, das sich aus einem Querschnitt ganz gewöhnlicher Bürger zusammensetzte, d.h. „aus aufgebrachten Farmern, glücklosen Goldsuchern, Fuhrleuten und Viehhirten (…), die einen guten Durchschnitt von Colorados Frontiergesellschaft stellten".[76] In der Folge kam es zu einer militärischen Operation, die in einer barbarischen Gewaltorgie endete, der ein völlig friedfertiges, am Rand der Reservation befindliches Dorf von Cheyenne und Arapahoes, zum Opfer fiel. Dessen Bewohner glaubten, sich unter dem Schutz der US-Armee zu befinden, waren ihre Häuptlinge Black Kettle und White Antelope doch nach wie vor um ein friedliches Einvernehmen mit den Weißen bemüht. Dieser Tatsache ungeachtet blies Chivington, der alle Indianer ausnahmslos hasste und auf Blut aus war, zum Angriff. Vor diesem schärfte er den 700 Mitgliedern seines Regiments ganz ausdrücklich ein, „dass er es ‚für recht und ehrenhaft halte, jedes Mittel unter Gottes Himmel zu benutzen, um Indianer zu töten,' und „in wahrhaft alttestamentarischem Furor" anfügte, „dass jeder Mann verdammt sein möge, der Sympathien für die Cheyenne hege".[77] So kam es im Morgengrauen des 29. November 1864 zum Angriff

---

[72] Mattioli, 254, Siehe hierzu auch die ausführliche und detaillierte Schilderung bei Thomas Jeyer: Das große Buch der Indianer, S. 155-165., ebenso Dillon, 140-144.

[73] Mattioli, 254. Siehe hierzu auch Bungert, 126f.

[74] Mattioli, 256.

[75] Ebenda, 256.

[76] Ebenda, 256.

[77] Ebenda, 257

auf das am Sand Creek aufgeschlagene Zeltlager, das aus etwa 100 Tipis bestand, die zu diesem Zeitpunkt fast ausschließlich von Frauen, Kindern, Alten und Kranken bewohnt wurden, da die meisten Männer auf der Jagd waren.

Indianische Darstellungen des Sand Creek Massakers [78/79]

Ohne jegliche Vorwarnung ließ Chivington das Feuer aus vier mitgeführten Haubitzen auf das Dorf eröffnen, was die Beschossenen panisch in alle Richtungen fliehen ließ. Obwohl Black Kettle in dieser Situation vor seinem Zelt gut sichtbar ein Sternenbanner in den Boden rammte, das er von den Unterhändlern der US-Regierung wegen seiner friedfertigen Haltung geschenkt bekommen hatte, und White Antelope, den kurz darauf Kugeln durchsiebten, den Angreifern ohne Waffen entgegeneilte und vom Angriff abzuhalten suchte, war das folgende Massaker nicht zu verhindern. Unterschiedslos wurden von den aufgehetzten und im Blutrausch befindlichen Kavalleristen alle Lagerbewohner niedergemetzelt, „ganz gleich, ob sie sich verzweifelt wehrten, das Weite suchten oder sich in der Böschung des nahen Flussufers verbargen. Kinder wurden ebensowenig verschont wie schwangere Frauen und alte Leute. Die Zeitsoldaten verübten unbeschreibliche Gräueltaten, die man sich aus dem Rückblick von 150 Jahren nicht drastisch genug vorstellen kann. Chivingtons erschreckend verrohte Truppe ermordete zwischen 150 bis 200 Cheyenne und Arapaho. Immerhin gelang bis zu 300 Indianern die Flucht, so auch Black Kettle. Danach schändeten die Soldaten stundenlang, ohne dass seitens ihrer Offiziere eingriffen wurde, die Leichen. Sie skalpierten viele Tote, trennten ihnen die Finger ab, um an Ringe heranzukommen, und schnitten ihnen Nasen, Ohren und Genitalien ab. Danach ließen sie alle Zelte in Flammen aufgehen. Als das Regiment wieder in Denver eintraf, wurde ihm ein Heldenempfang bereitet. Die Menge jubelte, als ihnen die Soldaten ihre ‚Trophäen' – Skalps, abgetrennte Körperteile und geraubte Amulette – vorführten. Dass das Kavallerieregiment gerade ‚Akte der Grausamkeit und Barbarei' verübt hatte, welche die Uniform der USA entehrten, wie ein Untersuchungsausschuss des Kongresses 1865 festhielt, war für kaum jemanden in der weißen Frontiergemeinschaft ein Problem", wenngleich dieses Massaker im Osten der USA großes Entsetzen und Empörung auslöste.[80] Immerhin musste Gouverneur Evans zurücktreten und John Chivington bekam in der Folge kein Kommando mehr übertragen. Doch wurde gegen die Täter und vor allem gegen die Hauptverantwortlichen für diesen genozidalen Akt niemals Anklage erhoben. „Dutzende von friedlichen Indianerinnen und Indianern zu töten, war zwar nicht moralisch gerechtfertigt, aber im Verständnis der Zeit kein Verbrechen im juristischen Sinn".[81] In einem letzten Aufbäumen rächten sich die südlichen Cheyennes und Arapahos gemeinsam mit einigen verbündeten Sioux und blockierten einen

[78] Abb. entnommen aus Jeier, 161.
[79] Abb. entnommen aus Bungert, 127.
[80] Mattioli, 257f.
[81] Ebenda, 258.

Monat lang Denver, erklärten sich aber schließlich 1865 dazu bereit, in ihr neues Territorium zu ziehen.[82]
Insgesamt wurden in der Folge seitens der US-Kavallerie nach diesem „Muster" zahlreiche Dörfer auch anderer indianischer Nationen dem Erdboden gleich gemacht, so am Weihnachtstag 1867 ein Lager der Comanche in Soldier Spring (Oklahoma) sowie im Südwesten und im pazifischen Nordwesten. So lassen sich für den Westen insgesamt allein für die Zeit von 1870 bis 1877 mindestens elf nach diesem Muster durchgeführte Vernichtungsschläge auf indianische Dörfer belegen.[83]

Im Jahr 1867 erlegte die US-Regierung im Vertrag von Medicine Lodge Creek den Nationen der südlichen Plains, den Comanche, Kiowa, Plains-Apache, Cheyenne und Arapaho auf, ihre nomadisierende Lebensweise endgültig aufzugeben und in Zukunft in den ihnen zugewiesenen Reservationen im „Indian Territory" in Oklahoma ein Leben als Farmer zu führen. Dies war General William T. Sherman, seit 1865 Leiter des Militärdistrikts Missouri, mit brutalsten Mitteln durchzusetzen bestrebt, als militante Cheyenne 1868 aus Unzufriedenheit über die dortige unzureichende Versorgung ihre Reservation verließen und das Grenzland von Kansas unsicher machten. Daraufhin entschloss sich Sherman während seiner Winterkampagne dieses Jahres ebenfalls zur Taktik der verbrannten Erde, welche auf die endgültige und vollständige Zerstörung der indianischen Lebensgrundlagen abzielte und den Willen der Native Americans endgültig brechen sollte. Sheridan hatte aus diesem Grund drei Einheiten mit dem Auftrag nach New Mexico, Colorado und Kansas beordert, alle feindlichen Indianer in ihren Winterlagern anzugreifen, ihre Pferde zu beschlagnahmen sowie all ihre Tipis und Vorräte zu zerstören und die somit ihrer Lebensgrundlagen beraubten Stämme als Gefangene gewaltsam zum Fort Cobb zu treiben. Dabei war bei den geplanten Angriffen auf schlafende Indianer-Dörfer deren vollständige Zerstörung sowie der Tod von Unschuldigen von vorneherein einkalkuliert.[84]

Das Massaker am Washita

Einem derartigen gezielten Massaker sollte auch Häuptling Black Kettle, der das Gemetzel am Sand Creek im Jahr 1864 wie durch ein Wunder überlebt hatte, fast genau vier Jahre später in einem am Washita gelegenen Lager der südlichen Cheyenne zum Opfer fallen, wo er zu den Ersten zählte, die getötet wurden. So lagerten im November 1868 ungefähr sechstausend Cheyenne, Comanche und Kiowa unweit von Fort Cobb und warteten auf die Anweisungen der US-Armee, die sie in die neuen Reservationen verbringen sollte. Wer sich dem widersetzte, würde gnadenlos verfolgt und getötet werden, so der neue Befehlshaber des Departement of Missouri.[85]
Es war das 7. Kavallerieregiment, das unter dem Kommando von Lieutenant Colonel George Armstrong Custer im Morgengrauen des 27. November 1868 über die schlafenden Cheyenne, wiederum hauptsächlich Frauen und Kinder, in Black Kettles Lager am Washita herfielen. Dabei machten die Soldaten gemäß des an sie ergangenen Befehls keinen Unterschied zwischen diesen und den wenigen anwesenden Kriegern, die verzweifelt versuchten, ihren Angehörigen einen Fluchtweg freizuschießen. Binnen weniger Minuten wurden 103 Indianer getötet, unter denen sich über sechzig Frauen und Kinder befanden. Die dreiundfünfzig überlebenden Frauen und Kinder wurden als Gefangene nach Fort Cobb gebracht, nachdem Custer noch achthundert Indianerponys und die Hunde im Lager hatte erschießen lassen. Damit sah die Armee ihre Aufgabe als erfüllt an, zumal die südlichen Cheyenne sich endgültig besiegt gaben und in ihre neue Reservation zogen.[86]

---

[82] Bungert, 128.
[83] Mattioli, 274.
[84] Mattioli, 217f.
[85] Jeier, S. 170.
[86] Ebenda, 170,

Die Verbringung der dreiundfünfzig Gefangenen durch Custer nach Fort Cobb Ende November 1868 [87]

Kampfhandlungen der Comanchen, von Teilen der südlichen Cheyenne, Arapahos, Kiowas und Kiowa-Apachen in den südwestlichen Plains, d.h. in Texas.

Die Comanchen, welche zu den Schoschonen gehörten, die ursprünglich am Platte River im östlichen Wyoming beheimatet waren, hatten bis zum 18. Jahrhundert noch in den Ausläufern der Rocky Mountains gelebt, wohin sie von den Crow, Lakota und Cheyenne verdrängt worden waren. Als sie im 17. Jahrhundert in den Besitz von Pferden kamen, verstanden sie es wie keine andere indianische Nation, sich diese als Last- und vor allem Reittiere zunutze zu machen. Dies eröffnete ihnen die Möglichkeit, sich von den Schoschonen unabhängig zu machen und in den südlichen Plains nach besseren Jagdgründen zu suchen. Dabei folgten sie zunächst den Bisonherden ins östliche Colorado und nach Kansas und besiedelten anschließend große Gebiete von Texas und Oklahoma, die zu ihrer neuen Heimat werden sollten. Im Süden entwickelten sie sich zu gefürchteten Kriegern, Jägern und hervorragenden Reitern, deren Raubzüge sie bis weit in das damals noch den Spaniern gehörendem Mexiko hineinführten. Bis 1845, als Texas gezwungen wurde, sich den Vereinigten Staaten anzuschließen, blieb es bei erbitterten Kämpfen zwischen den Comanchen und den Weißen, woran sich auch durch das Vordringen amerikanischer Siedler in die Jagdgründe der Comanchen und den Bau einiger Forts kaum etwas änderte.[88]

Immerhin gibt es aus dieser Zeit eine positive Nachricht bezüglich des Verhältnisses zwischen Einwanderern und indigenen Ureinwohnern zu vermerken. Weitgehend unbekannt ist die Tatsache, dass es wenigstens einen Vertrag zwischen Einwanderern aus Europa, und hier sogar aus Deutschland, konkret aus dem Westerwald, sowie den in ihrem Siedlungsgebiet ansässigen Ureinwohnern, gibt, der dem Vernehmen nach niemals gebrochen wurde. Dieser Friedensvertrag, der am 09. Mai 1847 zwischen Baron Ottfried Hans von Meusebach, dem Beauftragten des „Vereins zum Schutz deutscher Einwanderer in Texas“ sowie den Oberhäuptlingen der dort ansässigen Comanchen geschlossen wurde, beinhaltete, dass die Indianer die Zuwanderer beschützten, dass Personen aus beiden Nationen zu jedem Ort des Territoriums Neu-Braunfels Zugang hatten und dass die Comanchen mit den Bewohnern der 1845 gegründeten Stadt Friedrichsburg und anderen Orten ungestört Handel treiben durften. Außerdem erfolgte der Beschluss eines gegenseitigen Beistandspaktes. Im Gegenzug erhielten die Comanchen Geschenke im Wert einiger tausend Dollar.

Es scheint sich hier tatsächlich um den einzigen Vertrag zwischen eingeborenen Indianern und europäischen Kolonisten zu handeln, der nie gebrochen worden ist, weswegen dieser Tag des

[87] Abb. entnommen aus Ebenda, 171. Siehe auch Brown, 168-175.
[88] Jeier, 198f., 202. Siehe auch Brown, 161ff.

Abschlusses noch heute jedes Jahr zweiten Samstag im Mai im texanischen Fredricksburg gefeiert wird. Es ist eine bedeutende deutsche Kulturveranstaltung zusammen mit einem indianischen Powwow, das immer eine Zusammenkunft zwischen den überlebenden Nachkommen von Baron von Meusebach und denen der Comanche-Führer einschließt, die ursprünglich über den Vertrag verhandelten. Hierbei werden feierlich Geschenke ausgetauscht und der Friedensvertrag mit dem Rauchen der heiligen Pfeife erneuert und ganz ausdrücklich wieder bestätigt.
Übrigens ist Neubraunfels insofern sogar in die deutsche Literaturgeschichte eingegangen, als August Heinrich Hoffmann von Fallersleben hier den Erscheinungsort seiner de facto in Hamburg herausgegebenen *„Texanischen Lieder“. Aus mündlicher und schriftlicher Mitteilung deutscher Texaner, San Felipe de Austin bei Adolf Fuchs & Co, 1846,* angesiedelt hat. Dies ist vor dem Hintergrund zu sehen, dass Hoffmann in dieser Zeit zeitweise Auswanderungspläne hegte und Kontakte zu einer ganzen Gruppe von deutschen Auswanderern hatte, die ein Mitglied einer zeitweiligen Hamburger Gastfamilie, der Familie Dresel, hergestellt hatte. Zu dieser Zeit hatte er zudem durch den in Mainz gegründeten „Verein zum Schutz vaterländischer Auswanderer“ in der Gegend des in Texas gegründeten Ortes Neubraunfels ein Areal von 300 Acres in Texas geschenkt bekommen, wobei er seine Auswanderungspläne alsbald aufgegeben hatte und diesen Ort tatsächlich niemals besuchte.[89]

Deutsche Siedler auf dem Weg nach New Braunfels, 1844 [90]

August Heinrich Hoffmann von Fallersleben im Jahr 1847 [91]

Verhandlungspartner des Friedensvertrags von Fredericksburg [92]
Santana Buffalo Hump John Ottfried Meusebach

[89] Otto, 47.
[90] Abb.entnommen aus Ebenda, 47.
[91] Abb. entnommen aus Ebenda, 47.
[92] Abb. entnommen aus Ebenda, 48.

John O. Meusebach (*1812–+1897), der 1845 als Leiter der Deutschen am Fluss San Saba mit den Comanchen-Führern Santana, Old Owl und Buffalo Hump einen Friedensvertrag schloss. Indianern vom Stamme der Penateca-Comanchen. Während es sich bei Santana und Buffalo Hump um Kriegshäuptlinge handelte, war Old Owl, von dem uns leider kein Bild vorlag, der politische Führer der Penateca-Comanchen. Meusebach war von 1851 bis 1853 Senator von Texas.

Als eine Cholera- und zwei Pockenepidemien die Comanchen in diesen Jahren geschwächt hatte und sie von ursprünglich 20000 auf ein paar Tausend dezimiert worden waren, sahen mehrere hundert Penateka-Comanchen keinen anderen Ausweg, als in eine neue Reservation am Clear Fork, einem Nebenfluss des Brazos River, zu ziehen, das für sie eingerichtet worden war, die aber auf Druck der meisten texanischen Siedler im Jahr 1859 ins Indian Territory, dem späteren Oklahoma verlegt wurde. Dennoch gab es immer noch freie Comanchen, vor allem die gefürchteten Quahadi im Llano Estacado, die nicht im Traum daran dachten, sich zu ergeben und während der Jahre des US-Bürgerkriegs eine neue Offensive gegen die Weißen starteten, da sie auf Grund der Tatsache, dass die meisten Soldaten auf die Schlachtfelder im Osten abgezogen worden waren, kaum Widerstand zu befürchten hatten.
Anfang der 1870er-Jahre sollte sich im Südwesten der USA ein neuer Kriegsschauplatz entwickeln, nachdem Quanah Parker, der neue Oberhäuptling der Comanchen, seine Gefolgsleute mit Stammesgruppen der südlichen Cheyenne, Arapahos, Kiowas und Kiowa-Apachen vereinigt hatte und eine Reihe von Kampfhandlungen gegen die weiße Besiedlung von Texas eröffnete.[93]

Linkes Bild: Quanah Parker, ab 1867 Oberhäuptling der Comanchen[94]
Rechtes Bild: Quanah Parker (3.v.r.) mit Verbündeten, rechts von ihm Geronimo[95]

Quanah Parker (* Ende 1840er-Jahre in Texas; † 23. Februar 1911 in Cache, Oklahoma), Sohn der Euroamerikanerin Cynthia Ann Parker (unter den Comanche bekannt als „Naduah“ – „Die sich wohl bei uns fühlt“) und des Comanchenhäuptlings Nocona („Der Wanderer“; auch bekannt als „Tah-con-ne-ah-pe-ah“; von den Weißen „Peta Nocona“ genannt), war ein bedeutender Indianerführer in den Indianerkriegen, Oberhäuptling der Comanchen, Richter, Rancher, Farmer, religiöser Führer und Politiker.[96]

---

[93] Siehe hierzu v. a. Capps, 101-129. Siehe auch Brown, 261-267, dsgl. Dillon, 173-180.
[94] Abb. entnommen aus Capps, S. 102.
[95] Abb. entnommen aus Ebenda, 103.
[96] Zum Leben und Werdegang Quanah Parkers, eines erfolgreichen Wanderers zwischen der Welt der Comanchen und der Weißen siehe v.a. Capps, S. 101-137.

Ein Wanderer zwischen zwei Welten - Quanah Parker in seinem Wohnzimmer und am Frühstückstisch[97]
Der junge Quanah galt unter Zeitgenossen als Idealtyp des Indianers. Er überragte die sonst eher kleinwüchsigen Comanchen an Körpergröße beträchtlich. Neben seiner ungewöhnlichen Erscheinung hatte er sich unter gleichaltrigen Stammesgenossen durch besonderes Geschick bei der Jagd und eine Reihe zum Teil Aufsehen erregender Pferdediebstähle hervorgetan.
Im Alter zwischen ca. 14 und 16 Jahren hatte Quanah die Kriegerwürde erhalten, nachdem er erfolgreich an einem Gefecht mit einer Gruppe Lipan-Apachen teilgenommen hatte. Er hatte die nächtliche Annäherung der Lipan bemerkt und die Dorfgemeinschaft alarmiert. Im darauffolgenden Gefecht gelang es ihm, einen Lipan-Häuptling, der bei den Weißen als „Swift Like The Wind" bekannt war, zu töten und trotz der noch andauernden Kämpfe zu skalpieren. Mit der Verleihung der Kriegerwürde wurde Quanah der Name „Cheetah" („Adler" oder „Kriegsadler") verliehen. Er bevorzugte jedoch weiterhin den Namen Quanah.
1867 war Quanah einer der anwesenden Comanchenhäuptlinge bei den Verhandlungen zwischen der Regierung der Vereinigten Staaten und verschiedenen Indianerstämmen, die im Vertrag von Medicine Lodge gipfelten. Als sich nach dem Ende der Verhandlungen Häuptling Bull Bear ergeben, die Würde als Oberhäuptling der Comanchen niedergelegt und sich in die Reservation begeben hatten, wählte das Gros der Comanchen, die zu zwei Dritteln an ihrer überkommenen Lebensweise festhalten und nicht in die Reservation gehen wollten, daraufhin an seiner Stelle Quanah Parker zu ihrem neuen Oberhäuptling, der den Kampf gegen die weißen Eindringlinge koordinieren sollte. [98]

Ende der 1860er- und zu Beginn der 1870er-Jahre vereinigte Quanah die Comanchen mit Stammesgruppen der südlichen Cheyenne, Arapahos, Kiowas und Kiowa-Apachen und eröffnete eine Reihe von Kampfhandlungen gegen die weiße Besiedlung Texas', woraufhin seit 1871 ein von dort aus operierendes Kavallerieregiment unter Oberst Ranald S. Mackenzie einen Verwüstungskrieg gegen die widerständigen Indianer führte, der sich an der von General Sheridans Winterkampagne erprobten Strategie orientierte und vor allem gegen einzelne Indianerlager und somit ganz bewusst gegen Zivilisten richtete. [99]
So griffen die US-Truppen im September 1872 ein Comanchenlager am Red River an, töteten dort 24 Krieger und führten mehr als 100 Frauen und Kinder als Gefangene ins texanische Fort Concho, wobei die Kavalleristen auch diesmal das Lager vollständig zerstörten und die Comanchen damit ihrer Tipis, ihrer ganzen Wintervorräte und ihrer Pferdeherden verlustig gingen. Da die Indianer in der Folgezeit auch kaum noch lebende Bisons in ihrem Territorium vorfanden, das von kommerziellen weißen Jägern mit ausdrücklicher Billigung der Armee leer gejagt worden war, mussten die Comanchen schließlich sogar einen Teil ihrer Ponys schlachten, um nicht dem Hungertod zum Opfer zu fallen. „Die Katastrophe, mit der sie konfrontiert waren,

[97] Abb. entnommen aus Ebenda, S. 122/123.
[98] https://de.wikipedia.org/wiki/Quanah_Parker.
[99] Mattioli 280.

wirkte sich nicht nur auf ihre Ökonomie und materielle Alltagskultur aus. Denn der Büffel stand im Mittelpunkt ihrer Kosmologie, so dass seine industrielle Abschlachtung, die sie nicht verstehen konnten, auch ihre spirituelle Existenz ins Herz traf".[100]/[101]
So entschlossen sich im Sommer 1874 einige Hundert von Quanah Parker geführte Comanchen aus ihrer Verzweiflung heraus zu einem letzten Entscheidungskampf gegen ihren drohenden Untergang, wobei sich auch etliche ihrer in der Reservation befindlichen Stammesgenossen sowie einige Kiowa, Cheyenne und Arapaho den Aufständischen anschlossen. 700 Krieger und deren Familien waren es schließlich, die sich am Red River westlich der Reservation auf den entscheidenden Schlag vorbereiteten, durch den die Weißen für immer aus den südlichen Great Plains vertrieben werden sollten.[102]
Die ersten Angriffe richteten sich dabei gegen die texanischen Postkutschenlinien und die dazugehörigen stationären Einrichtungen, da die Postkutschenlinien durch die Weidegründe der Bisons führten und die Wanderwege der Herden störten. Außerdem wurden sie von den Indianern für die Ausweitung der Besiedlung im Allgemeinen und den Zuzug von Büffeljägern im Speziellen verantwortlich gemacht. Im Rahmen der ausgedehnten Kampfhandlungen erlangten die Indianer die Kontrolle über ca. 350 Meilen Postkutschenlinien. Etwa 100 Kutschen wurden zerstört, ca. 60 Kutscher, Fahrgäste und Soldaten und eine unbekannte Anzahl Indianer getötet. Annähernd alle Relaisstationen in Texas und im Grenzgebiet von Oklahoma wurden zerstört und mehrere hundert Pferde erbeutet. Der Sachschaden betrug mehrere zehntausend US-Dollar.
Die zweite Phase des Krieges richtete sich vor allem gegen die Büffeljäger und ihre Einrichtungen, die für den Abschuss hunderttausender Tiere und die annähernde Ausrottung des Amerikanischen Bisons verantwortlich waren und dadurch den Plainsindianern die Lebensgrundlage entzogen. Obwohl es den Comanchen und ihren Verbündeten gelang, eine Reihe von Büffeljägern zu töten und mehrere Handelsposten zu zerstören, geriet die Comanchenallianz durch die fortschreitende Verfolgung durch die Armee und Nahrungsmittelknappheit zunehmend unter Druck. Am 27. Juni 1874 führte Quanah mit 700 Indianern einen Angriff auf den Handelsposten Adobe Walls an, der von nur 28 Büffeljägern mit Hilfe der schweren Befestigungen und moderner Waffen abgewehrt wurde, wobei Quanah zweimal angeschossen und ernsthaft verwundet wurde. Den hochmodernen Repetiergewehren, die ursprünglich eigens für die Bisonjagd entwickelt worden waren und denen 15 Indianer zum Opfer fielen, während auf der Gegenseite nur vier Jäger getötet wurden, hatten die in mehreren Wellen erfolglos anreitenden Comanche-Krieger letzten Endes nichts entgegenzusetzen. Nach der Schlacht um Adobe Walls wurden die Comanchen und ihre Verbündeten von US-Truppen in Stärke von vier Regimentern in fünf Gruppen unter der Führung von Colonel Ranald S. Mackenzie, Colonel Nelson A. Miles, Colonel John Davidson, Colonel George Buell Jr. und Major William Price verfolgt, die den Auftrag hatten, die noch verbleibenden widerständigen Indianer in Kampfhandlungen zu verwickeln, ihre Pferdeherden abzuschießen, ihre Lebensmittelvorräte zu zerstören und eine möglichst große Zahl an Bisons abzuschießen. Um der drohenden Umzingelung zu entgehen, zogen sich die Bedrängten schließlich in den Palo Duro zurück, an dessen oberem Ende sie ihr Winterlager vorbereiteten. Dieses wurde allerdings von der 4. Kavallerie unter Mackenzie aufgespürt und am 28. September 1874 im frühen Morgengrauen angegriffen. Zwar gelang fast allen Indianern, die von ihren Spähern rechtzeitig gewarnt werden konnten, die Flucht, doch ließ Mackenzie ihr Dorf in guter inzwischen herausgebildeter Tradition vollständig brandschatzen. Die besten 350 von 1424 eingefangenen Pferde wurden an die Indianerscouts vom Volk der Tonkawa, traditionellen Feinden der Comanchen verteilt, der Rest wurde in einem erneuten Pferdemassaker erschossen, womit die

[100] Ebenda, 280f.
[101] Ebenda, 281. Siehe hierzu auch Brown, 260-267.
[102] Mattioli, 281.

Angegriffenen, die sich in die offenen Plains hatten absetzen können, sich der für ein selbstbestimmtes Überleben unerlässlichen Mittel beraubt sahen.[103]
Schließlich mussten die Comanchen am 2. Juni 1875 in auswegloser Situation in Fort Sill in Oklahoma kapitulieren und sich in die ihnen zugewiesene Reservation begeben.[104]

Das Marias Massaker an den Blackfoot (23. Januar 1870)

Die als Blackfoot (in Kanada) oder Blackfeet (in den USA) bezeichnete indianische Stammesgruppe umfasste die vier kulturell, historisch sowie sprachlich eng verwandten Stämme der Siksika (Siksikáwa oder Blackfoot), Kainai (Káinawa oder Blood) und die Nördlichen Piegan (Apatohsipikani oder Peigan) und Südlichen Piegan (Aamsskáápipikani oder Blackfeet) im Süden der kanadischen Prärieprovinz von Alberta sowie im Norden und Südwesten von Montana, USA. Auf dem Höhepunkt ihrer Macht zu Beginn des 19. Jahrhunderts kontrollierten sie zeitweise ein Gebiet vom nördlichen Saskatchewan River bis zum Oberlauf des Missouri im Süden und waren erbitterte Rivalen und Feinde der nördlichen Plains-Indianer. [105]

Linkes Bild_ **Blackfoot-Versammlung** [106]
Rechtes Bild: **Weiße Mountain Men, die weit nach Westen vordrangen und oftmals mit Indianerinnen zusammenlebten, zählten zu den Feinden der Blackfoot, die sie erbittert bekämpften.** [107]

Anthony Hendey (auch Hendry), der erste englische Entdecker der Blackfoot, verbrachte den Winter 1754/1755 bei diesen im Gebiet von Red Deer und Edmonton in Kanada. Etwa ab 1780 handelten die Blackfoot direkt mit Briten. Während dieser Zeit verdrängten sie schwächere Stämme, und stießen nach Westen zu den Rocky Mountains und nach Süden ins heutige Montana vor. Zwar begegneten sie den britischen Händlern im Norden freundlich, waren aber den amerikanischen Trappern und Händlern, die von Süden den Missouri hinauf kamen, feindlich gesinnt, wobei diese feindliche Haltung auf die Expedition von Lewis und Clark im Jahre 1806 zurückging, bei der die Expeditions-Teilnehmer zwei Piegan getötet hatten. Ein zweiter Grund war die unterschiedliche Praxis der Amerikaner bei der Pelzgewinnung. Während die Briten Forts angelegt und diese für den Pelzhandel mit den Blackfoot eingerichtet hatten, jagten die amerikanischen Mountain Men, weiße Fallensteller, jedoch die Pelztiere selbst.
Die Konflikte sollten sich zuspitzen, als die Amerikaner bei Three Forks, am Rande des Blackfoot-Territoriums, Fort Lisa errichteten. 1831 errichtete die American Fur Company am

[103] Siehe Näheres hierzu bei Brown, 161f.
[104] Mattioli, 281ff.
[105] https://www.ecosia.org/images?q=blackfoot%20indianer
[106] Abb. entnommen aus Ebenda.
[107] Abb. entnommen aus Jeyer, 114.

Missouri Fort Piegan und nutzte dieses zum Handel mit den Blackfoot. Dies führte zu einer leichten Entspannung. In der Folge erzielten die Blackfoot gute Preise für ihre Ware; sie konnten die Briten gegen die Amerikaner gegeneinander ausspielen. Für amerikanische Fallensteller blieb es allerdings nach wie vor gefährlich, in das Gebiet der Blackfoot einzudringen. Ein weiterer Grund für die ablehnende Haltung der Blackfoot war die Gefahr von Pockenepidemien, so etwa von 1780 bis 1782, die eine unbekannte, aber hohe Zahl von Indianern das Leben kostete. Ebenso katastrophal war die Grippe, die 1835 in Saskatchewan, am Athabasca und am Peace River wütete. Diese Epidemien ließen auf Jahre den Pelzhandel zusammenbrechen, da die überlebenden Indianer den Kontakt mieden.

1851 wurde erstmals in einem Vertrag, und dies ohne Mitwirkung der Blackfoot (Treaty of Fort Laramie), eine Reservation für diese vorgesehen. 1855 schlossen die Blackfoot, Gros Ventre, Flathead, Nez Percé und Plains Cree einen Friedensvertrag mit den USA ab, in dem diese Stämme den USA erlaubten, eine Eisenbahnlinie, Straßen, Telegraphenlinien und Militärposten in ihrem Gebiet zu bauen. Im Gegenzug wurde den Indianern ein exklusives Jagdrecht in ihren Territorien, fortan Reservation genannt, und jährliche Zahlungen zugesichert.
Als wenig später vermehrt weiße Siedler in das Gebiet des heutigen Montana vorzudringen begannen, konnte die US-Regierung die Einhaltung dieses Vertrages jedoch nicht durchsetzen, weswegen es ab 1864 zu vereinzelten Übergriffen verbitterter Blackfoot-Krieger kam. 1865 und 1869 schloss der Stamm weitere Verträge mit den USA ab, die zu einer Verkleinerung ihrer Reservation führten, die 1873, 1874, 1888 (Sweet Grass Hills Treaty) sowie 1895 erneut verkleinert wurde. Dabei stellte sich der Vertrag von 1888 als besonders folgenreich heraus, da er das so genannte *Allotment System* einführte, mit dem Landbesitz individualisiert wurde. Mit dem Vertrag von 1896 musste der Stamm außerdem das Territorium abtreten, aus dem später der Glacier National Park hervorging.
Übergriffe einzelner Blackfeet des Piegan-Stammes wurden am 23. Januar 1870 seitens der US-Armee mit dem sogenannten **Marias Massaker**, auch Bakers Massaker genannt, am Lager von Chief Heavy Runner geahndet. Diesem fielen 173 Blackfoot, drei Viertel davon Frauen und Kinder, zum Opfer. Dabei war mit diesem Lager auch das falsche als Angriffsziel ausgewählt worden, waren dessen Bewohner doch von Mountain Chief, Vater von Owl Child, einem der Widerstand leistenden Blackfoot, gewarnt worden, weswegen sie sich dem geplanten Angriff durch Flucht entziehen konnten. Dennoch erteilte Major Bakers wider besseres Wissen den Befehl zum Vorgehen, sollte hier doch ein Exempel statuiert werden. In diesem Lager hielten sich zu dieser Zeit kaum Männer auf, da Letztere auf einem Jagdzug unterwegs waren. So wurde das Massaker an Frauen, Kindern und Pockenkranken verübt, wobei Überlebende lebendigen Leibes mit den Tipis verbrannt wurden. Die durch die Pockenepidemie geschwächten Piegans waren ohnehin nicht in der Lage, Gegenwehr zu leisten, und in der Folge wurden die übrigen Blackfoot des US-Gebiets in eine Indianerreservation im nördlichen Montana umgesiedelt. Die US-Armee versuchte lange Zeit, das für sie unrühmliche Massaker geheimzuhalten und gab nur bekannt, dass Major Eugene M. Barker von Fort Ellis, Montana, mit einer Kavallerieeinheit ausgezogen war, um eine Gruppe von Blackfeet-Pferdedieben, zu bestrafen. Jedoch verbreitete sich die Wahrheit unter den Plains-Indianern, lange bevor das Indian Bureau in Washington davon Kenntnis erlangte.[108]

Die Blackfoot waren im Übrigen an den früheren Kriegen gegen die Weißen nicht beteiligt gewesen, doch hatten sie bereits zuvor durch die Pockenepidemien von 1780 bis 1858 enorme Verluste erlitten, die teilweise durch infizierte Decken ausgelöst worden waren. Rund ein Viertel von ihnen starb zudem an den Folgen des Alkohols, der ihnen von weißen Händlern verkauft worden war. Insgesamt sank die Zahl der Blackfoot von geschätzten 15.000 Menschen

---

[108] Siehe Brown, 179f.

im Jahr 1780 bis auf 4.635 im Jahr 1909. Neben Epidemien, Krieg und Alkohol war es dabei aber vor allem die planmäßige Vernichtung der Bisons, die ihnen ihre bis dahin wichtigste Nahrungsgrundlage entzog. Auch die kulturellen Verwerfungen in einem Stamm, der bis dahin überwiegend von der Büffeljagd lebte, und nun auf staatliche Hilfe angewiesen war, waren schwer zu bewältigen. So lebten um 1900 nur mehr 2000 Stammesangehörige bei Badger Creek, wo sich die Indianeragentur befand.[109]

Der vergebliche Kampf der Modoc (1873)

Die Modoc lebten im Grenzgebiet der US-Staaten Oregon und Kalifornien und zählten zusammen mit den sprachlich-kulturell eng verwandten Klamath im Norden zum nordamerikanischen Kulturareal von Kalifornien. Kulturell wurden sie stark von den nördlich lebenden Stämmen des Columbia Plateau beeinflusst. Wie andere indigene Völker in Kalifornien und des Columbia Plateaus waren die Modoc halbsesshafte Jäger, Sammler und Fischer (Lachs, Forelle) und hatten saisonale Dörfer und Lager, um das ganze Jahr über die natürlichen Ressourcen ihres Gebietes zu nutzen. Ihre Migration folgte einem wiederkehrenden Muster von permanenten Winterdörfern mit großen, halb unterirdisch angelegten Grubenhäusern, über mehrere provisorische Lager mit kuppelförmigen Strauchhütten – ähnlich den Wickiups, wobei sie jedes Jahr fast immer an die gleichen Orte zurückkehrten.[110]

Nur kurz dauerte eine ungleiche militärische Auseinandersetzung des Jahres 1873 der bisher völlig friedlichen Modoc mit der US-Armee unter General Edward R. S. Canby, wobei es nur fünfzig ihrer Krieger unter ihrem Unterhäuptling Kientpoos („Captain Jack") gelang, sechs Monate lang in einem unzugänglichen Lavalabyrinth am Ufer des Tule Lakes im nördlichen Kalifornien einen erbitterten Stellungskrieg gegen eine zwanzigmal so starke Übermacht von US-Truppen nebst diese unterstützenden Indianerscouts zu führen und diese in Schach zu halten.[111]

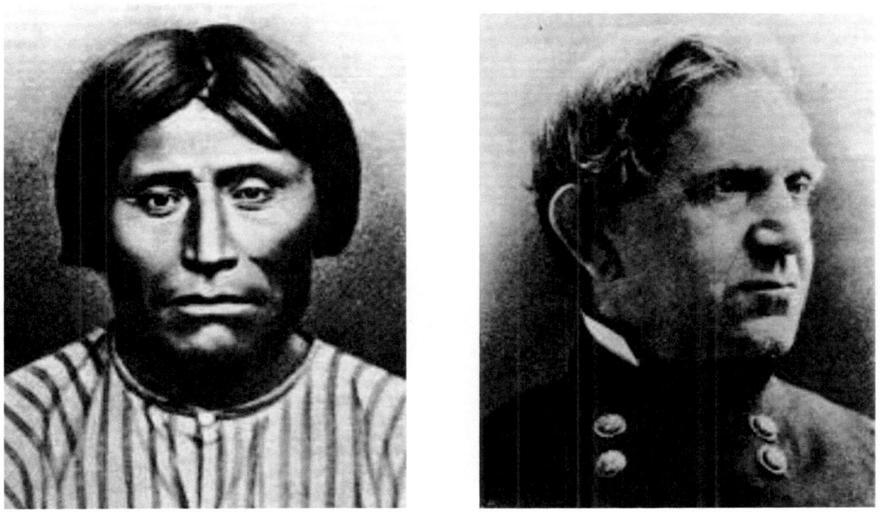

Captain Jack (Kientpos), Unterführer der Modoc, und General Edward Canby [112]

Die Verluste der Armee beliefen sich dabei auf 181 Mann, die vor allem den Scharfschützen der Modoc zum Opfer fielen. Auch General Canby wurde getötet – als einziger General, der jemals durch Indianer auf dem Kriegspfad ums Leben kam – als er während Unterhandlungen

---

[109] https://de.wikipedia.org/wiki/Blackfoot
[110] https://de.wikipedia.org/wiki/Modoc_(Volk)
[111] Siehe Capps 186-191 und ausführlicher und detaillierter Brown, 220-238
[112] Abb. entnommen aus Capps, S. 186.

am 11. April von Kientpos mit Hilfe eines versteckten Revolvers erschossen wurde, da Captain Jack der Meinung war, dass die Armee durch den Verlust ihres Kommandanten der Führung beraubt und dadurch hilflos sei.[113] Daraufhin unternahm wenige Tage später eine tausend Mann starke Armee, darunter auch Artillerie und 72 indianische Scouts, einen drei Tage andauernden Angriff, der jedoch am schwierigen Gelände scheiterte und nur einem einzigen Modoc das Leben kostete.
Inzwischen hatte sich jedoch der Modoc-Unterführer Hooker Jim, der in der Vergangenheit einige abgelegene Ranchhäuser angegriffen hatte und dabei zwölf unbeteiligte Siedler aus Rache für einen vorangegangenen Angriff der Soldaten auf sein Lager hatte umbringen lassen, mit seinen Gefolgsleuten den Soldaten ergeben und angeboten, der Armee bei der Suche nach Captain Jack zu helfen, wenn ihnen dafür Straffreiheit versprochen würde. Captain Jack blieben infolgedessen zum Kampf gegen tausend Soldaten nur siebenunddreißig Krieger.[114]
Schließlich gelang es der Armee, die Modoc dadurch in die Flucht zu schlagen, dass sie diese von ihrer Nahrungs- und Wasserversorgung abschnitt. In der Folge wurde eine regelrechte „Treibjagd“ auf die kleine Schar Flüchtlinge abgehalten, die nach General Jefferson C. Davis, dem neuen Kommandeur der US-Soldaten, eher einer „Jagd auf wilde Tiere“ ähnelte, bei der die verschiedenen Einheiten miteinander wetteiferten, die Indianer zu töten“.[115] Deren Verluste durch Tod, Verwundung und Aufgabe waren schließlich so groß, dass ihr Kampfgeist gebrochen war und Kientpos schließlich mit den letzten ihm bis zum Ende verbliebenen Kriegern am 01. Juni 1873 endgültig kapitulieren musste. Er wurde ohne Rechtsbeistand vor ein Militärgericht gestellt und zusammen mit dreien seiner Männer zum Tod durch Erhängen verurteilt. Anschließend wurde sein Kopf zur wissenschaftlichen Untersuchung in den Osten geschickt[116] und sein Leichnam in den dortigen Städten gegen einen Eintrittspreis von zehn Cent in Schaubuden ausgestellt.[117]

Zur Unterstützung der Offensive in Stellung gebrachte Feldhaubitzen [118]

Ausschau nach den Modoc-Scharfschützen

Indianer Army Scout beim Anvisieren der Modoc [119]

[113] Ebenda, 189.
[114] Brown, 221-239..
[115] Ebenda, 237.
[116] Capps, 190.
[117] Brown, 238.
[118] Abb. entnommen aus Capps, S. 188
[119] Beide Abb. entnommen aus Ebenda, S. 189

Warten auf ihren Prozess vor dem Militärgericht
Modoc Chief Kientpos (rechts) und ein weiterer Rebellenführer [120]

Nach ihrer Niederlage wurden 155 gefangene Modoc (darunter 59 Frauen und 54 Kinder) über 2.000 Meilen mit der Eisenbahn in die Quapaw-Reservation ins Indianer-Territorium nach Oklahoma transportiert. Dort begann für sie ein verzweifelter Überlebenskampf in einem ihnen völlig fremden Gebiet mit unbekannter Flora und Fauna. Auch spirituell, religiös und kulturell mussten sich die Modoc neuen Herausforderungen stellen: So durften sie ihre traditionelle Religion nicht ausüben sowie ihre Sprache nicht sprechen und standen einem aggressiv auf Missionierung ausgerichteten Christentum sowie einer einzig das American English fördernden Sprachpolitik der USA gegenüber, die hierdurch ihre Assimilierung fördern wollten, die das Endziel verfolgte, das „Indianertum" zu eliminieren.
Infolge der misslichen Lebensumstände in der Reservation verbreiteten sich unter den Modoc neue Krankheiten, darunter Malaria, gegen die sie keine Immunität aufwiesen. Daher starben in nur einem einzigen Jahr 33 Menschen, und um die Jahrhundertwende (27 Jahre später) waren weniger als 50 Stammesmitglieder auf den Listen der Quapaw-Agentur verzeichnet.
Die Modoc bewiesen ihre historische Widerstandskraft, indem sie durch den Anbau ihnen bisher fremder Feldfrüchte hart daran arbeiteten, das Land produktiv zu machen und ihre Viehherden zu vergrößern. Um die ihnen zugeteilten Rationen zu ergänzen, arbeiteten sie in den Grenzsiedlungen für Weiße, verkauften Volkskunst und das Kunsthandwerk anderer ansässiger Stämme, bis sie später hier selbst produktiv tätig wurden. Die Modoc wurden auf Bundesebene als „The Modoc Tribe of Oklahoma" offiziell als Stamm anerkannt, verloren diesen Status jedoch in den 1950er-Jahren zusammen mit den *Klamath Tribes* (Klamath, andere Modoc und Yahooskin) wieder, wodurch die Bundeshilfe für die beiden Stämme beendet wurde. Im Mai 1978 erlangten sie jedoch erneut ihren Status als auf Bundesebene anerkannter Stamm. Während des Modoc-Krieges war die Mehrheit des Stammes niemals in den Konflikt verwickelt gewesen, weswegen er nicht nach Oklahoma ins Exil geschickt wurde. Jedoch sahen sich die Modoc gezwungen, sich in der Klamath-Reservation niederzulassen, welche im Heimatland ihrer Klamath-Nachbarn eingerichtet worden war, zu denen ein äußerst gespanntes Verhältnis bestand. Wie allen Ureinwohnern Amerikas im 19. Jahrhundert war es auch ihnen verboten, ihre traditionelle Religion auszuüben oder ihre Muttersprache zu sprechen. 1909 wurden auch die letzten Stammesangehörigen außerhalb der Reservation gezwungen, sich dort anzusiedeln. [121]

[120] Abb. entnommen aus Capps, S. 191
[121] https://de.wikipedia.org/wiki/Modoc_(Volk)

Die Endkämpfe der Teton-Oglala-Sioux:

Red Cloud Krieg (1866-1868), Little Big Horn (Juni 1876) und Wounded Knee (1891)

Die Folgen des Santee-Aufstandes des Jahres 1862[122] ebenso wie das Massaker von Sands Creek im Jahr 1864[123] hatten den noch freien Angehörigen der Plains-Nationen nur zu deutlich vor Augen geführt, dass selbst friedliche Indianer, die sich mit dem Leben in den Reservationen abzufinden versuchten, Opfer einer US-Aggression werden konnten. „Jene Plainsindianer, die es ablehnten, ‚wie die Rinder des weißen Mannes in einer Herde' gehalten zu werden, sahen sich in ihren Ansichten und Befürchtungen bestätigt. Hinzu kam, dass bereits unter der Präsidentschaft Abraham Lincolns (1861-1863) der republikanisch dominierte Senat Weichenstellungen vorgenommen hatte, „die den Westen endgültig für eine ‚weiße Besetzung' öffneten und den schon in Gang befindlichen Untergang der Plains-Nationen beschleunigen sollten.[124] Bereits im Mai 1862 wurde im Kongress der „Homestead Act" beschlossen, nach dem jeder US-Bürger oder derjenige der es werden wollte, der „nie die Waffen gegen die Union erhoben hatte und bereit war, den Boden fünf Jahre lang in Wert zu setzen, (…) vom Staat ein Landstück von 160 Acres (rund 64,75 Hektar) geschenkt" erhielt.[125] Außerdem beschloss der Kongress parallel dazu auch, den Westen an das nationale Eisenbahnnetz anzuschließen, wobei die Union Pacific ab dem Sommer 1865 bis 1869 durch tausende von Arbeitern, viele aus China und Irland, Hunderte von Meilen durch das Gebiet der Plains-Nationen verlegte, was den Untergang der Indianer mit besiegelte.[126]

So folgten schließlich zwangsläufig die Indianerkriege der folgenden Jahre bis 1876, welche nach zeitweiligen Erfolgen schließlich mit dem endgültigen Untergang der widerständigen Sioux und der mit diesen verbündeten Cheyenne und Arapaho enden sollten. Nicht zuletzt die Erinnerung an das Massaker am Sands Creek hatte mehr als jeder andere Vorfall dieser Zeit dazu geführt, dass sich einige Nationen der zentralen und nördlichen Great Plains gegen die USA zusammenschlossen. „Um Vergeltung zu üben, überfielen Cheyenne und Arapaho, bald darauf auch Lakota einzelne Gehöfte, Siedlertrecks, Postkutschenstationen und Militärstützpunkte. Am 07. Januar 1865 griff eine Gruppe aus Cheyenne, Arapaho und Lakota nahe von Fort Rankin eine Kavallerieeinheit an und tötete 15 Soldaten. Weitere Attacken folgten."[127]

In Verbindung mit diesen Ereignissen stehen mit Machipiya-luta, Tatanka-yotanka und Tashunka-witko die damaligen drei großen Oberhäuptlinge der Sioux, die in die – nicht nur indianische und in Geschichtsbüchern überlieferte – US-amerikanische Historie eingehen sollten. Nach den Auseinandersetzungen mit den Santee-Sioux in Minnesota im Jahr 1862 war das Gebiet an der kanadischen Grenze jahrelang zu einem Schauplatz wechselvoller blutiger Auseinandersetzungen zwischen den Truppen der Vereinigten Staaten und Teilen der Lakota, der nördlichen Cheyenne sowie nördlichen Arapaho geworden, die schließlich einen ersten Höhepunkt im **Red-Cloud-Krieg** (engl. Red Cloud's War) der Jahre 1866 bis 1868 fanden.[128] Dieser Kampf wurde um die Kontrolle des Powder-River-Gebietes im nordzentralen heutigen Wyoming geführt, welches entlang der Strecke des Bozeman Trail lag, einer Hauptzugangsstrecke zu den Goldfeldern des heutigen Montana. Er endete schließlich mit dem Vertrag von Fort Laramie 1868, welcher zunächst einen vollständigen Sieg der Indianer unter deren Häuptling Red Cloud („Rote Wolke") zu bedeuten schien.

---

[122] Siehe S. 22ff. unserer Arbeit

[123] Siehe S. 27ff. unserer Arbeit

[124] Mattioli, 242. Siehe hierzu auch Capps 192-233.

[125] Ebenda, 244.

[126] Ebenda, 245.

[127] Ebenda, 258.

[128] Siehe hierzu v.a. Brown, 127-149.

Machipiya-luta („Red Cloud") [129]

Red Cloud/Matchipiya luta (* 1. Dezember 1822 an der Gabelung des Platte River im heutigen Nebraska; † 10. Dezember 1909 im Pine-Ridge-Reservat, South Dakota) war Anführer der Bad Faces (Ite Sica), einer militanten Gruppe der Oglala-Lakota-Indianer, und einer der größten militärischen und politischen Führer der Prärie-Indianer. Seine Mutter war eine Oglala-Lakota, sein Vater ein Brulé-Lakota. In der alten Kriegergesellschaft mit deren speziellem Ehrenkodex verinnerlichte er die kulturellen Grundwerte der Nation, Tapferkeit, Standhaftigkeit, Großzügigkeit und Weisheit und wurde schon früh auch in die Kriegstechniken der Oglala eingeweiht. So konnte er bereits als 14-Jähriger an seinem ersten Kriegszug teilnehmen und sich alsbald auch als gefürchteter Krieger einen Namen machen und bei seinen Leuten höchstes Ansehen erlangen, nachdem er etliche Feinde seines Volkes – hier vor allem Pawnee und Crow – im Kampf hatte töten können. Schließlich stieg er zum Chief auf und galt von da an für einige Jahre als mächtigster indianischer Anführer in den nördlichen Plains, bevor er darin von Tatanka yotanka und Tashunka Witko abgelöst wurde, nachdem es ihm zwischen 1866 und 1868 gelungen war, in dem nach ihm benannten Red Cloud-Krieg die USA zu besiegen, was vorher keinem anderen Chief jemals gelungen war.[130]1868 weigerte sich Red Cloud beharrlich, den Vertrag von Fort Laramie zu unterzeichnen, solange die Forts entlang des Bozeman-Trails von der Armee nicht vollständig geräumt und zerstört wurden. Er bekämpfte auch vehement jeden Versuch der Weißen, eine Eisenbahnlinie durch das Powder-River-Gebiet zu bauen, und war dabei so erfolgreich, dass die Auseinandersetzung nach ihm Red-Cloud-Krieg genannt wurde. 1870 kam er erstmals nach Washington D. C.; von da an setzte er sich für den Frieden ein, da er von der Vergeblichkeit eines weiteren Widerstands überzeugt war. So beteiligte er sich in der Folgezeit nicht mehr an kriegerischen Aktionen und wollte vor allem diplomatisch für sein Volk tätig sein, was vor allem von den jüngeren Aktivisten der Nation auf das Heftigste kritisiert wurde, die Sioux Nation spaltete und zudem die Aufteilung der Lakota-Reservation nicht verhinderte. Als Red Cloud 1909 entkräftet, desillusioniert und halb blind starb, war die Lakota-Reservation bereits in fünf kleinere Teilreservate zersplittert. Red Clouds Grab befindet sich in der Ortschaft Pine Ridge der gleichnamigen Reservation in South Dakota.[131]

---

[129] Abb. entnommen aus https://de.wikipedia.org/wiki/Red_Cloud sowie Jeier, 151.
[130] Mattioli, 261f. Siehe hierzu auch Dillon, 152-162.
[131] https://de.wikipedia.org/wiki/Red_Cloud.

Bereits in den 1850er- und frühen 1860er-Jahren waren die Lakota immer stärker nach Westen abgedrängt worden, wobei dies zunächst zu Auseinandersetzungen mit den Crow geführt hatte, die schließlich ihrerseits von den Lakota aus dem Gebiet östlich der Bighorn Mountains verdrängt werden konnten. Doch auch dieses letzte große Rückzugs- und Jagdgebiet drohte den Lakota verloren zu gehen, als im Jahre 1862 in Montana Gold gefunden und Straßen zu den Goldfeldern gebaut wurden. Innerhalb eines Jahres strömten tausende Goldgräber und Händler entlang des neuen „Bozeman Trails", der nahe Fort Laramie vom Oregon Trail abzweigte, zur Fundstelle. Dies führte zu vielen kriegerischen Auseinandersetzungen, da die Lakota die Vernichtung ihrer Lebensgrundlage fürchteten. Unter der Führung von Red Cloud griffen indianische Kriegstruppen immer wieder vorbeiziehende Trecks an, woraufhin der Bozeman Trail nur noch „Bloody Bozeman" (*Blutiger Bozeman*) genannt und schließlich wieder geschlossen wurde.[132]
Die US-Regierung sah sich im Juni 1866 schließlich zu Verhandlungen mit den Sioux-Stämmen gezwungen. Die betroffenen Häuptlinge begaben sich nach Fort Laramie, die Friedensverhandlungen verliefen friedlich. Zunächst hatte es den Anschein, als ob die Indianer bereit wären, den Trail zu gewähren, solange die wilden Büffelherden nicht verscheucht oder abschossen würden. Als Red Cloud aber erfuhr, dass bereits eine Garnison geplant war, die entlang des Bozeman Trails Forts errichten sollte, wendete sich das Blatt. Noch ehe der Übersetzer Red Clouds Worte übersetzt hatte, stürmte Red Cloud mit anderen einflussreichen Häuptlingen davon, wonach nur einige weniger bedeutende Häuptlinge blieben und den Vertrag unterzeichneten. Dennoch zog Oberst Carrington mit seinen Truppen nach Norden, um mit dem Bau der Forts zu beginnen.
Dies hatte zur Folge, dass sich in den folgenden Monaten Krieger aus allen Gebieten des Powder River um Red Cloud versammelten. Bald hatte er 4000 berittene Krieger der Sioux, Arapaho und Cheyenne hinter sich versammelt, mit denen er einen ständigen, guerillaähnlichen Krieg gegen die Garnisonen, Trecks und Forts führte, waren die Indianer sich doch darüber völlig im Klaren, dass sie nicht überleben könnten, wenn sie diese Jagdgründe verlören. Jetzt ging es darum, den heiligen Grund der Ahnen gemeinsam gegen die „Watchitschun" zu verteidigen. Der Bozeman Trail wurde in der Folge zu einer regelrechten Todesroute, auf der in der zweiten Hälfte des Jahres 1866 auf Grund der zahlreichen Attacken 154 Soldaten und Zivilisten den Tod fanden. Da sich auch die drei Außenposten der Armee in einem dauernden Belagerungszustand sahen, schien die Lage so bedrohlich, dass es von Seiten der US-Armee während der ersten Monate zu keinerlei Offensivoperation kam.[133]
Am 21. Dezember 1866 lockten Lakota-Krieger ein aus Fort Phil Kearny ausgerücktes, 80 Mann starkes Kommando unter Captain William Fetterman in einen Hinterhalt mit zehn Sioux-Kriegern, die unter Tashunka Witkos Leitung als Lockvögel fungierten und zum Vorgehen provozierten. Fetterman setzte den Sioux weiter nach, als es der Befehl von Colonel Carrington vorgesehen hatte. Daraufhin fiel er mit all seinen Männern im Kampf mit der plötzlich auftauchenden Übermacht von 2000 Kriegern der Lakota, Cheyenne und Arapaho, bevor aus dem Fort Verstärkung herangeführt werden konnte. Die Weißen wurden dabei im Nahkampf Mann gegen Mann niedergemetzelt. Ein aus Deutschland stammender Trompeter namens Adolph Metzger kämpfte mit dem Mut der Verzweiflung gegen die ihn bedrohende Übermacht, wobei er die Angreifer zunächst mit seinem Vorderlader auf Distanz hatte halten können. Als er aber keine Zeit mehr zum Nachladen fand, wehrte er die gegen ihn heranstürmenden Krieger ein paar Mal mit Schlägen seiner Trompete ab, bevor auch er dahingestreckt wurde. Sein tapferer Widerstand nötigte den Angreifern so viel Respekt ab, dass Metzgers Leiche in der Folge die einzige war, die im Blutrausch der Krieger weder skalpiert noch sonstwie verstümmelt, sondern mit einem Büffelfell bedeckt wurde. Bei den Indianern erhielt diese Schlacht den Namen die „Schlacht der Hundert Toten", die Weißen nannten sie das „Fetterman

[132] Bungert 135.
[133] Mattioli, 261f.

Massaker", dies eine Bezeichnung, unter der sie in die US-Geschichte eingegangen ist. In der Folge wurden die US-Grenztruppen mit dem Springfield-Gewehr Modell 1866 ausgestattet, dem ersten Repetiergewehr überhaupt, mit dessen gesteigerter Feuerkraft die indianischen Kriegstruppen leichter auf Distanz gehalten werden konnten, sodass ihre Pfeile einen Großteil ihrer Wirkung verloren.[134]

Fetterman Massaker
Red Cloud (Machipiya luta), Crazy Horse (Tashunka Witko) und ihre Krieger lockten die Soldaten in eine Falle[135]

In aller Eile wurden neue Soldaten aufgeboten, und der Kampf rund um das Powder River Gebiet – bekannt als Red Clouds Krieg – ging weiter. Sämtliche Forts im Gebiet der Lakota wurden ständig belagert, so dass deren Insassen unter Hunger und Durst litten. Auch riskierte jeder Weiße, der seinen Fuß auf den Bozeman Trail setzte, sein Leben. So sah sich die US-Regierung im April 1868 ein weiteres Mal gezwungen, eine Friedensverhandlung in die Wege zu leiten. Red Cloud schickte jedoch alle Unterhändler mit der Botschaft zurück, er werde nicht eher zu den Verhandlungen kommen, als bis alle Soldaten das Gebiet der Lakota verlassen hätten. Ohne Zustimmung von Red Cloud aber war der Vertrag wertlos. Im nächsten Sommer wurden daher schließlich alle Soldaten aus dem indianischen Gebiet abgezogen und Red Clouds Krieger brannten die Forts nieder. Red Cloud ließ sich aber Zeit und kam erst am 6. Dezember 1868 nach Fort Laramie, um den Vertrag zu unterzeichnen, in welchem verbindlich festgehalten worden war, dass das Gebiet rund um den Powder River von nun an „uneingeschränktes Indianerterritorium" sei. Die US-Regierung erfüllte im Friedensvertrag von Fort Laramie, der nach langwierigen Verhandlungen ihrerseits schließlich am 6. November 1868 unterzeichnet worden war, letztendlich fast alle Forderungen Red Clouds, darunter auch die Räumung aller Forts und befestigten Plätze, welche die US-Armee entlang des Bozeman-Trails errichtet hatte. Der Vertrag legte zudem das Gebiet des gesamten heutigen US-Bundesstaates South Dakota westlich des Missouri, einschließlich der Black Hills (von der Nordgrenze in Nebraska bis zum 46. Breitengrad und vom Missouri im Osten bis zum 104. Meridian im Westen) als Indianerland zur uneingeschränkten und unbehelligten Nutzung und Besiedelung durch die Great Sioux Nation fest.[136] Landabtretungen sollten nur dann möglich sein, wenn dem mindestens drei Viertel aller erwachsenen männlichen Sioux, die auf Reservationsgebiet lebten, zustimmten. Machipiya-luta und viele andere Sioux-Häuptlinge erkannten daraufhin die Bedingungen an und zogen sich in die Reservation zurück.

134 Mattioli,264f., Bungert, 134f., Brown, S. 140f.
135 Abb. entnommen aus Jeier, 147.
136 Siehe auch Bungert, 135.

Während eines nachfolgenden Besuchs im Osten der USA war Red Cloud von der Macht der Weißen aber dermaßen beeindruckt worden, dass er schwor, nie wieder gegen sie zu kämpfen. Doch wurde dieser Vertrag im Lauf der kommenden Jahre immer wieder gebrochen, sodass die Lakota-Reservation, als Red Cloud 1909 hochbetagt und halb blind starb, bereits in fünf kleinere Teilgebiete aufgesplittert war. Dennoch hatte Machipiya-luta trotz der ständigen Wortbrüche der US-Regierung bis zu seinem Tod eine konsequent friedliche Politik verfolgt, wenn er auch niemals zu einem Freund der Weißen wurde.

Wegen dieser seiner Haltung wurde er von vielen Stammesgenossen harsch kritisiert und angefeindet, vor allem viele jüngere Stammesangehörige wandten sich von ihm ab, waren sie doch der Meinung, er habe sich an den weißen Mann verkauft und von ihm beeindrucken lassen. Obwohl auch große Häuptlinge wie Sitting Bull und Crazy Horse ihn verspotteten, ließ Red Cloud sich dadurch nicht von seinem einmal eingeschlagenen Weg abbringen. So betätigte er sich nach der Beglaubigung des Vertrages als Diplomat für sein Volk. Er weilte insgesamt acht Mal in Washington, um mit dem US-Präsidenten über verschiedene Dinge zu reden, auch strebte er eine Aussöhnungspolitik mit den Weißen an. Doch musste er nur zu rasch erkennen, dass eine Aussöhnung niemals stattfinden würde. Andere Häuptlinge stritten seit der Vertrags-Unterzeichnung mit den Beamten, denn ihnen war nicht klargemacht worden, was die angehängten zwölf Artikel aussagten. So sahen sich die Lakota bereits 1876 gezwungen, das Land am Powder River, für das sie so sehr gekämpft hatten, endgültig herzugeben. Das neue, viel kleinere Reservat schrumpfte ständig, da viel Land an weiße Siedler verkauft wurde. Dennoch weigerte Red Cloud sich sogar in dieser Situation, an einem geplanten Aufstand teilzunehmen. Was er von der Welt und der Macht des weißen Mannes gesehen hatte, hatte ihn in der Überzeugung bestärkt, dass bewaffneter Widerstand vergeblich war. Er setzte sich aber umso mehr auf friedliche Weise für die indianischen Interessen im diplomatischen Sinne ein, wehrte sich zum Beispiel hartnäckig gegen die Verkäufe von weiterem indianischem Reservationsboden und überprüfte die zuständigen Agenturen genauestens, bis schließlich der Agent McGillycuddy den mittlerweile alten Lakota-Häuptling seines Amtes enthob.[137] Nunmehr zeigten sich Sitting Bull, der in der Folge zur dominanten Führungsfigur der jüngeren Lakota geworden war, Crazy Horse und Gall fest entschlossen, an ihrer alten Lebensweise festzuhalten und ihre Kultur mit allen Mitteln zu verteidigen. Ihnen schlossen sich zunächst zwischen 3000 und 5000 hauptsächlich Hunkpapa und Oglala Lakota an, um sich ebenfalls dem drohenden Reservationsleben zu entziehen und der Konzentrationspolitik zu widersetzen und jenseits der „Great Sioux Reservation" im „nicht abgetretenen Indianergebiet" ihrer traditionellen Lebensweise als Bisonjäger nachzugehen,[138] wobei sich die ökonomische Lage für sie durch die von den Behörden unterstützte planmäßige Ausrottung der Büffel immer schwieriger gestaltete. Letztere wurde als strategisches Mittel gesehen, um den noch widerständigen Indianern der Plains endgültig die Existenzgrundlage zu entziehen.

Der große Indianerkrieg (1876/77)[139]

Mitte der 1870er_Jahre plante die US-Armee unter General Philip Henry Sheridan die Errichtung eines Militärpostens in den Black Hills, um zukünftige Eisenbahnprojekte schützen zu können, weswegen bereits 1874 mit Billigung von Präsident Ulysses S. Grant und unter dem Protest von Red Cloud in dem besagten Gebiet eine von George Armstrong Custer geleitete Expedition durchgeführt wurde. Nachdem dabei Goldvorkommen entdeckt worden waren, strömten tausende Goldsucher in das den Lakota heilig geltende Territorium. Die US-Regierung ihrerseits war nicht bereit, diesen Vertragsbruch zu verhindern und unterbreitete den Sioux verschiedene Kaufangebote, die von diesen jedoch abgelehnt wurden. Dies führte zum Entschluss, den Lakota die Black Hills mit militärischer Gewalt endgültig zu entreißen, weswegen an alle Indianer, die sich geweigert hatten, in der Reservation zu leben, die ultimative

---

[137] Mattioli, 266ff., Jeier, 140ff.

[138] Mattioli, 41.

[139] Siehe hierzu v.a. Brown, 269-305, dsgl. Dillon, 203-212.

Aufforderung erging, in diese überzusiedeln. Als ein von ihr gesetztes Ultimatum verstrichen war, bezeichnete die US-Regierung alle noch außerhalb der „Great Sioux Reservation" lebenden Sioux, Cheyenne und Arapaho als Staatsfeinde der USA und erklärte ihnen den Krieg. Nachdem es im Juni 1876 am Little Bighorn in Montana noch zu einem letzten Sieg der Indianer gekommen war, mussten diese schließlich dennoch aufgeben, wobei einige von ihnen sich unter Sitting Bull nach Kanada absetzen konnten.[140]
Während die Freiwilligenarmee des US-Bürgerkriegs von 1861-1865 sich noch zumeist aus Siedlern zusammengesetzt hatte, rekrutierte sich das Heer der Nachkriegszeit, die gegen die aufständischen Indianer eingesetzte „Grenzarmee", vor allem aus Angehörigen des städtischen Proletariats und hier nicht zuletzt aus Einwanderern aus Europa. Hatte schon vor dem Bürgerkrieg fast die Hälfte der regulären Armee aus Iren und Deutschen bestanden, blieb es auch nach dem Krieg bei diesem hohen Prozentsatz. Besonders hoch war dabei der Anteil irischer und deutscher Soldaten im Unteroffizierskorps, von denen viele schon in ihrer alten Heimat Militärdienst geleistet hatten und deswegen – wenn auch vielleicht nicht gerade für die Kämpfe gegen die Indianer – gut ausgebildet und gerüstet zu sein schienen.

George Armstrong Custer[141] **Totanka-yotanka (Sitting Bull)**[142] **Pizi (Gall)**[143]

Tashunka—Witko[144]

[140] Menrath, 41f., siehe hierzu aber v.a. auch Capps, 192-233.
[141] Abb. entnommen aus Richard H. Dillon: Große Schlachten und berühmte Krieger in der Geschichte Nordamerikas. Cyprus 1994, S. 170.
[142] Abb. entnommen aus Capps, S. 194.
[143] Abb. entnommen aus Ulrich W. Hiesinger: Indianer in Nordamerika. New York-München 1994, S. 50.
[144] Freundlicherweise am 27.10.2021 per E-Mail zugesandt von Detlev Schöntag aus William B. Matson: Crazy Horse – Das Leben und Vermächtnis eines Lakota-Kriegers. Traumfänger-Verlag 2018.Text zum Bild: „Tashunke Witko gezeichnet von einem eingewanderten Künstler nach der Beschreibung seiner Schwester Iron Ceder, Als sie die fertige Zeichnung sah, weinte sie wegen der Ähnlichkeit. Mit freundlicher Genehmigung der Edward-Clown-Familie".

George Armstrong Custer (* 5. Dezember 1839 in New Rumley, Ohio; † 25. Juni 1876 am Little Bighorn, Montana), schon zu Lebzeiten eine umstrittene und dubiose Gestalt. Zunächst Oberstleutnant des US-Heeres und Generalmajor des Unionsheeres im Sezessionskrieg, diente er nach dem Bürgerkrieg in den Indianerkriegen gegen die Sioux und wurde vor allem durch seine Niederlage und seinen Tod in der Schlacht am Little Bighorn bekannt. Custers Familie lebte dabei bereits in der dritten Generation in den USA. George Armstrong Custers Vorfahren väterlicherseits waren der hessische Offizier Paulus Küster und seine Frau Gertrude, die um das Jahr 1693 vom Niederrhein im Gefolge der ersten dreizehn Einwandererfamilien aus Krefeld und Umgebung (1683, Gründung von Germantown, Pennsylvania) in die späteren USA auswanderten.
Sitting Bull (englisch für „Sitzender Bulle", eigentlich Tȟatȟáŋka Íyotanka – „Sich setzender Bulle"; um 1831 am Grand River, South Dakota; † 15. Dezember 1890 in seinem Lager am Grand River in der Standing Rock Reservation, North Dakota) war seinerzeit der bedeutendste spirituelle Führer und Medizinmann der Hunkpapa-Lakota-Sioux. Als vor allem spiritueller Anführer leistete er jahrelang Widerstand gegen die US-amerikanische Regierungspolitik. Nach der Niederschlagung der letzten militärischen Aufstände der indianischen Bevölkerung, zu denen er wesentlich beigetragen hatte, konnte er 1877 zunächst ins Exil nach Kanada flüchten, kehrte aber 1881 in seine Heimat zurück. Nachdem er in der Wildwestshow von Buffalo Bill aufgetreten war, lebte er im Standing Rock Reservat. Dort wurde er bei seiner versuchten Verhaftung in einem Handgemenge 1890 von Reservationspolizisten erschossen. Tatanka Yotanka wurde in einem mit ungelöschtem Kalk gefüllten Sarg in einem abgelegenen Winkel des Militärfriedhofs von Fort Yates begraben[145]. Noch heute aber wird er von vielen Sioux-Indianern – aber wohl nicht nur von diesen - als Vorbild angesehen und verehrt.[146]
Pizi („Gall"), führender Kriegshäuptling der Hunkpapa-Sioux, ein Waisenjunge und Sitting Bulls Adoptivbruder, führte zusammen mit Tashunka-witko am 25. Juni 1876 den erfolgreichen Angriff auf Custers Verbände in der Schlacht am Little Bighorn durch.
Tashunka-witko („Crazy Horse"), Ratsmitglied der Hemdenträger der Oglala-Sioux, ein genialer Stratege, der viel von der Kriegsführung der Weißen gelernt hatte, hatte einen großen Anteil am letzten Sieg am Little Bighorn. Von ihm existiert kein Foto, da er sich niemals fotografieren ließ. Er trug wegen seiner Kraushaare als Kind den Namen Curly. Für Tashunka-Witko war dabei das am 08. Januar 1855 nur wenige Meilen von Ash Hollow entfernte Massaker am Blue Water Creek ein einschneidendes Schlüsselerlebnis gewesen, wo, während Verhandlungen des Häuptlings Conquering Bear mit den Soldaten liefen, ein Lager der Brulé niedergemacht wurde, wobei mindestens 68 Lakota gnadenlos niedergemacht sowie 70 Frauen und Kinder gefangen wurden und anschließend deren Tipis in Flammen aufgingen. Als der damals 14-jährige Tashunka-Witko, der sich zu diesem Zeitpunkt auf der Jagd befunden hatte, am Abend dieses Tages in sein Dorf zurückkehrte und dort die schrecklich zugerichteten Leichen seiner Verwandten vorfand, gelobte der junge Krieger, die Amerikaner für den Rest seines Lebens zu bekämpfen. Als er zu einem gefürchteten Anführer der Lakota geworden war, wehrte er sich von daher entschieden dagegen, dass sein Volk in eine Reservation eingepfercht wurde, um es dort zu christlichen Farmern umzuerziehen.[147] 1877 kapitulierte er schließlich dennoch, da er inzwischen zur Überzeugung gelangt war, dass eine weitere Kriegsführung aussichtslos war, und zog sich widerwillig zu Red Cloud in die Reservation zurück. Als er gegen seine Arretierung in Fort Robinson erbittert Widerstand leistete, wurde er im Handgemenge ermordet, wobei auch sein 14-jähriger Sohn Crow Foot von den Indianer-Polizisten regelrecht hingerichtet wurde.

Die äußerst erfolgreiche, auf Crazy Horse zurückzuführende, Blitzangriffstaktik der Sioux hatte US-General William Tecumseh Sherman bereits 1876 dem amerikanischen Kriegsminister gegenüber mit den folgenden Worten kommentiert: „Meine Meinung ist: Wenn zwischen dem Arkansas River und dem Platte River auch nur fünfzig Indianer übrigbleiben, dann müssen wir jede Poststation, jeden Zug und alle Eisenbahntruppen bewachen. Mit anderen Worten: Fünfzig feindliche Indianer werden dreitausend Soldaten matt setzen".[148]

---

[145] Capps, 222.
[146] Mattioli, 241
[147] Ebenda, 241.
[148] Hiesinger, 53.

1867 war George Armstrong Custer, ein gewissen- und skrupelloser Ehrgeizling, wegen fortgesetzter Disziplinlosigkeit unter Arrest gestellt worden. Nach Abschluss der Ermittlungen wurde ein Militärgerichtsverfahren gegen ihn eröffnet und er wurde ohne Sold für zwölf Monate suspendiert. 1868 „rehabilitierte" er sich in den Augen der US-Öffentlichkeit, als er während des Winterfeldzuges an den Ufern des Washita ein Dorf der Südlichen Cheyenne unter Black Kettle im Morgengrauen angriff und zerstörte, wobei bei dem Angriff eine große Zahl von indianischen Nichtkombattanten getötet wurde. Darstellungen der Schlacht belegen, dass die US-Kavallerie von den Cheyenne freundlich begrüßt wurde, die Soldaten dann jedoch plötzlich völlig unerwartet das Feuer eröffneten. Dieser „Sieg" sollte im Übrigen der einzige Erfolg Custers im Kampf gegen die Indianer bleiben.

1873 wurde Custer in die nördlichen Plains abkommandiert, wo er einige kleinere Scharmützel gegen die Sioux im Gebiet des Yellowstone führte. 1874 schließlich führte er eine 1200 Mann starke Expedition in die Black Hills, die, noch bevor die Weißen kamen, von den Sioux als Heiligtum verehrt wurden, sahen diese hier doch den Ursprung ihres Volkes. Noch im Jahr 1867 war ihnen außerdem unter Häuptling Red Cloud von der Regierung der Vereinigten Staaten der Besitz der Che Sapa sogar offiziell garantiert worden. Als allerdings 1874 im Tal des French Creek nahe der heutigen Stadt Custer einer der Erkundungstrupps Gold entdeckte, ließ Custer unverzüglich dementsprechende Erfolgsmeldungen in Zeitungsberichten verbreiten und löste damit ganz bewusst den Goldrausch in den Black Hills aus. Mit diesen Berichten sollten die Goldsucher in das den Sioux zugesprochene Gebiet gelockt werden, um Angriffe der Indianer wegen ihres unrechtmäßigen Eindringens in dieses ihnen zugesprochene Territorium zu provozieren, was ein militärisches Eingreifen der Armee gegen sie rechtfertigen würde. Letzterer Plan aber schlug fehl, weil die Sioux sich nicht zu Gewalttaten hinreißen ließen.

Little Bighorn (25. Juni 1876)

Immerhin hatten patrouillierende Kavalleristen zunächst, wenn auch mit wenig Erfolg, versucht, die Goldsucher am Zugang des Territoriums in den Black Hills zu hindern. Und die Regierung in Washington bot den Sioux 1875, um eine weitere Eskalation zu verhindern, an, ihnen die Black Hills abzukaufen, was für die überwiegende Mehrheit von ihnen aber unmöglich war, da die Che Sapa für sie ein heiliges Territorium darstellten. Erbittert über die Ablehnung wurde von der Grant-Administration in der Folge auf einen militärischen Showdown hingearbeitet und es erging die ultimative Aufforderung an die Sioux, dass sich alle Stammesangehörigen bis zum 31. Januar 1876 bei einer Agentur ihrer Reservation zu melden hätten oder sich widrigenfalls einer großen Militäraktion gegenübersehen würden.[149]

In dieser Situation stieg Tatanka Yotanka endgültig zum unbestrittenen Chief all jener auf, die sich auf keine Kompromisse mehr einlassen wollten. Schließlich hatten sich bis zu 10000 Indianer um ihren charismatischen Anführer geschart, woraufhin Washington eine große Militäroperation in Angriff nahm, welche die gewaltsame Internierung der Dakota in der „Großen Sioux Reservation" oder ihre Niederlage auf dem Schlachtfeld zum Ziel hatte. An dieser waren drei Verbände unter dem Kommando von General George Crook, Oberst John Gibbon und General Alfred Terry beteiligt. Dabei erwiesen sich die verbündeten Lakota, Cheyenne und Arapaho der US-Kavallerie immer wieder als überlegen. So gelang es dem genialen Strategen Tashunka Witko am 17. Juni, eine Einheit unter General Crook in der Schlacht am Rosebud Creek zu besiegen. Nur eine Woche später, am 25. Juni 1876, kam es schließlich zur Schlacht am Litte Bighorn, wo es Tashunka Witko und Gall gelang, der US-Armee die schwerste Niederlage zuzufügen, welche die US-Armee in den Kriegen um die Great Plains erlitt. Hier hatte Custer mit seinem aus vielen Deutschen bestehenden 7. Kavallerieregiment das Lager der verbündeten Sioux, Cheyenne und Arapaho angegriffen, die

[149] Mattioli, 284, 317f., siehe auch Brown, 283-290.

von den Häuptlingen Sitting Bull, Gall, Two Moons, Crazy Horse und Spotted Elk alias Big Foot angeführt wurden. Dort hatten sich inzwischen ungefähr 2.000 Krieger versammelt, sodass die US-Soldaten zahlenmäßig, und erstmals in der Geschichte auch waffentechnisch, stark unterlegen waren. Custer hatte sein Regiment zudem in drei Teile aufgeteilt, um das Lager von mehreren Seiten aus anzugreifen. Die überlegene Streitmacht der Indianer trieb Custers Truppenteil schnell zurück und konnte ihn bei seinem Rückzug auf einem Hügel stellen, auf dem Custer und seine Männer ausnahmslos getötet wurden. Zu den Gefallenen gehörten auch Custers Brüder Thomas und Boston sowie zahlreiche weitere deutschstämmige Kavalleristen. Dennoch konnte dieser Sieg nichts am Schicksal der Indianer ändern. Präsident Grant entsandte weitere Truppenverstärkungen in die nördlichen Plains und ließ die Black Hills annektieren. Um der drohenden Vergeltung zu entgehen, brach die bis dahin siegreiche indianische Koalition auseinander, wobei sich einzelne Gruppen wieder in die Reservationen begaben und andere vorerst in die Weite der Plains zurückzogen. Tatanka Yotanka und Gall sowie andere traditionelle Lakota Chiefs konnten sich im Jahr darauf an der Spitze von bis zu 5000 Gefolgsleuten dem drohenden Zugriff der Armee durch die Flucht nach Kanada entziehen und dort einige Jahre im Exil verbringen, bis die sich auch dort ständig verschlechternden Lebensbedingungen sowie die Sorge um ihre in der Reservation verbliebenen Verwandten sie schließlich zur Rückkehr bewogen. Als sich Tatanka Yotanka im Juli 1881 mit der zusammengeschmolzenen Gruppe seiner verbliebenen Gefolgsleute der Armee in Fort Bulfort ergab, war dies der Endpunkt der Geschichte der freien nördlichen Plains-Nationen .[150]

Auch die verbündeten Cheyenne sahen nach der Niederlage keinen anderen Ausweg als die Flucht nach Norden [151]

Die in den Plains verbliebenen Indianer wurden von den US-Einheiten unter den Generälen George Crook und Nelson Miles in den Jahren 1876/77 weiterhin unnachgiebig verfolgt, wobei man sich beim Vorgehen gegen die verbliebenen Widerstandsnester wieder der bewährten „Strategie der verbrannten Erde“ bediente. So wurde am 25. November 1876 auch das Cheyenne-Dorf von Dull Knife und Little Wolf dem Erdboden gleich gemacht, dessen Überlebende nach drei bitterkalten Wochen der ständigen Flucht im Lager von Tashunka-Witko

[150] Mattioli, 284ff. Siehe hier aber auch Capps, S. 194-225 sowie Bungert, 135ff.
[151] Abb. entnommen aus Jeier, 187.

Aufnahme fanden. Schließlich mussten sich, geschwächt von Hunger und Kälte im Frühjahr 1877 zahlreiche Gruppen, so auch die des Letzteren, ergeben.
Bereits 1876 hatte John O. Smith, Beauftragter für Indianerangelegenheiten, sich bezüglich der einzuschlagenden Politik dahingehend geäußert, dass die Zivilisierung, anderenfalls die völlige Vernichtung der Indianer unumgänglich sei. Die nächsten 25 Jahre würden das Schicksal ihrer Rasse bestimmen. Falls sie sich nicht belehren ließen, die Unausweichlichkeit ihrer Situation anzunehmen und ernsthaft für ihre Bedürfnisse durch Arbeit nach zivilisierter Art aufzukommen, seien sie zu einer raschen Ausrottung verurteilt.[152]

Das Ende: Wounded Knee (03. Januar 1891)[153]

Das Massaker von Wounded Knee (im Lakota-Dialekt: *Chankpe Opi Wakpala*) fand am 29. Dezember 1890 auf dem Gebiet der heutigen Ortschaft Wounded Knee in der Pine Ridge Reservation in South Dakota statt. Dabei wurden 300 wehrlose Angehörige verschiedener Sioux-Indianerstämme von Angehörigen des 7. US-Kavallerie-Regiments ermordet. Das Massaker brach den Widerstand der indigenen Bevölkerung in den Dakotas endgültig. Auch dieser Exzess war dabei, wie so viele andere an den Indianern begangene Massaker, kein historischer Unfall oder eine singuläre Tragödie, sondern letztlich die Konsequenz amerikanischer Landeroberung und der damit verbundenen „Indianerpolitik“. [154]
Nach der Ermordung Sitting Bulls durch eigene Stammesangehörige waren viele Lakota, darunter viele Geistertänzer, die der Lehre Wowokas anhingen, aus der Reservation Standing Rock geflüchtet, deren Ziel Pine Ridge, etwa 200 Kilometer im Südwesten, war. Den Flüchtenden schloss sich auch Häuptling Spotted Elk (im Lakota-Dialekt Unpan Gleškál), in der Geschichte meistens als Big Foot bekannt, mit Geistertanzanhängern seiner Gruppe aus der südlich von Standing Rock gelegenen Cheyenne River Reservation an. Der schwer an einer Lungenentzündung erkrankte Häuptling selbst war mit einem Planwagen unterwegs, der weiße Fahnen trug. Die Flüchtenden versuchten, die Pine Ridge Reservation im Südwesten von South Dakota, das Zentrum der Bewegung und die einwohnermäßig größte und stärkste Reservation im Süden von South Dakota, zu erreichen, da sie sich hier Schutz seitens der Oglala-Sioux unter Häuptling Red Cloud erhofften. Die US-Armee befürchtete nach der Zerschlagung der Great Sioux Reservation ein Wiederaufflammen von Kämpfen und erklärte alle Indianer, die außerhalb der Reservate angetroffen wurden, als feindselig. Daher verfolgten die Soldaten die Flüchtenden und konnten sie schließlich in den Badlands stellen, einem unwirtlichen Ödland nördlich der Pine Ridge Reservation, also außerhalb der Reservation, wo sie anschließend mit Lebensmitteln versorgt und zum Wounded Knee gebracht wurden, einem Nebenfluss des White River, etwa 20 Kilometer nordöstlich des Lagers der Oglala-Sioux, acht Kilometer von den Badlands entfernt und innerhalb der Pine Ridge Reservation gelegen. Dort schlugen sie ihr Lager auf und mussten auf eine Entscheidung der Heeresführung warten, was mit ihrer Gruppe passieren sollte.
Zunächst wurden die Sioux darüber informiert, dass sie alle mitgeführten Feuerwaffen auszuhändigen hätten. Unzufrieden mit der Anzahl der freiwillig abgegebenen Waffen, begannen die Soldaten die Zelte zu durchsuchen. Da Forsyth, ihr Befehlshaber, mit dem Ergebnis noch immer unzufrieden war, wurde eine Leibesvisitation aller Indianer angeordnet. Auch dies ließen diese widerstandslos über sich ergehen – alle bis auf den Medizinmann Yellowbird, der heftigst gegen diese Maßnahme protestierte. Darob alarmiert suchten die US-Soldaten weiter. Als sie bei Black Coyote fündig wurden, der eine neue Winchester unter seiner Kleidung versteckt hatte und sich weigerte, das Gewehr abzugeben – immerhin habe er viel Geld dafür bezahlt und die Wegnahme des Gewehrs durch die US-Soldaten wäre endgültig gewesen –, kam es zu einem Gerangel, bei dem sich ein Schuss löste. Hierauf begannen die US-Soldaten zu feuern, woraufhin die Indianer sich ihrer bereits abgegebenen Waffen wieder

[152] Menrath, 41. Siehe auch Dillon, 216ff.
[153] Siehe hierzu v.a. Brown, 423-427. Siehe auch Dillon, 244-250.
[154] Menrath, 41f. und 156ff,.Siehe hierzu auch Bungert, 166f.

bemächtigten und mit dem Mut der Verzweiflung das Feuer auf die überlegenen US-Kräfte erwiderten. Von den verschossenen Granaten der von den Soldaten mitgeführten und auf den umgebenden Anhöhen positionierten 42-mm-Hotchkiss-Gebirgskanonen wurden zahlreiche Indianer, darunter auch Dutzende wehrloser Frauen und Kinder, getötet. Den Flüchtenden setzten die Kavalleristen nach und brachten einige der Fliehenden noch Kilometer von Wounded Knee entfernt planmäßig um. Alsbald schon war das Gelände mit vielen Dutzenden von Leichen übersät, die von der Armee im einsetzenden Schneetreiben einfach liegen gelassen wurden, so dass sie in der Kälte binnen kürzester Zeit zu Eismumien erstarrten.[155] Unter den Hingemordeten befand sich auch Häuptling Big Foot. Auf Seiten der Armee kamen 25 Kavalleristen ums Leben, zumeist getötet von den Granaten der eigenen Seite. Nach dem Massaker wehte ein eisiger Blizzard drei Tage über dem Schlachtfeld. Die Körper der meisten Toten konnten erst nach dessen Abflauen geborgen werden. Sie wurden in Massengräbern am Wounded Knee verscharrt. Insgesamt hatten nur wenige Mitglieder von Spotted Elks Gruppe überlebt. Diese wurden in die Pine Ridge Agency des BIA gebracht, wo sie in einer katholischen Missionsstation versorgt wurden. Über die Anzahl der Toten gibt es widersprüchliche Angaben. Die Zahl schwankt zwischen 150 und 300. Bezeichnenderweise wurden im Anschluss an dieses Massaker 20 Kavalleristen für ihre „Tapferkeit" mit der „Medal of honour", der höchsten Militärauszeichnung der USA ausgezeichnet, obwohl „Wounded Knee nichts mehr als eine weitere Schandtat" darstellte, „welche die Ehre der Armee befleckten. Für die 240 000 überlebenden American Indians geriet das brutale Massaker bald zum Symbol für all die Ungerechtigkeit und Unmenschlichkeit, die ihnen durch die Westexpansion der USA im langen 19. Jahrhundert widerfahren war." [156]

Das Schlachtfeld am Wounded Knee mit gefallenen Leichen, 03. Januar 1891[157]

Die Leiche des Miniconjou-Häuptlings Big Foot[158] **Indianer-Massengrab**[159]

[155] Mattioli, 319f.
[156] Mattioli, 320.
[157] Abb. entnommen aus Hiesinger, 115.
[158] Abb. entnommen aus Ebenda,116
[159] Abb. entnommen aus Capps , 231.

Dieses Massaker markierte die endgültige Niederlage der nordamerikanischen Plainsindianer und verdeutlichte noch einmal, mit welcher Konsequenz die US-Armee dabei bei ihrem de facto-Rachefeldzug vorging. „Nur ein toter Indianer ist ein guter Indianer", diese legendären Worte des General Philip H. Sheridan wurden als Befehl verinnerlicht und legitimierten das brutale und rücksichtslose Vorgehen der Siebten Kavallerie, die auch am Wounded Knee nicht davor zurückgeschreckt war, mit Kanonen, Gewehren und Bajonetten sogar gegen wehrlose Frauen und Kinder vorzugehen. Wo an jenem 29. Dezember 1890 die tödlichen Schüsse fielen, erhebt sich heute ein Massengrab, die letzte Ruhestätte der über 250 Männer, Frauen und Kinder, die von der rachsüchtigen Siebten Kavallerie ermordet wurden. Es handelte sich um dieselbe Einheit, die unter Lieutenant Colonel George Armstrong Custer am Little Bighorn ihr Waterloo erlebt hatte.[160]

Kämpfe der Nez Percé (1877)

Inmut-to-yah-lat-lat („Donner vom Berge") alias Chief Joseph, der Rote Napoleon[161]

Eine weitere indianische Nation, die der Goldgier der Weißen hatte weichen müssen, waren die Nez Percé, die friedlich in Erdhütten und Langhäusern auf den Plateaus des amerikanischen Westens, in den Bergtälern der heutigen Bundesstaaten Idaho, Washington und Oregon, zunächst als Jäger und Sammler lebten und später vor allem als Pferdezüchter der Appaloosas berühmt wurden. In dieser Zeit lebten sie bereits in Tipis und näherten sich auch sonst der Lebensweise der Büffelkultur der nördlichen Plainsindianer an. Dabei begegneten sie den Weißen, mit denen sie in Berührung kamen, immer freundlich und hilfsbereit, auch als immer mehr in ihrem Gebiet auftauchten. Sie sahen in einer friedlichen Koexistenz mit den weißen Zuwanderern die bessere Zukunft, zumal etliche von ihnen nach 1836 durch Reverend Henry Spalding und dessen Frau christlich missioniert und sesshaft geworden waren. Nicht zuletzt aus diesem Grund hatten sie auch im Juni 1855, nach ausführlichen Beratungen beim „Walla Walla Council" gegen die einmalige Zahlung von 200000 Dollar auf große Teile ihres Stammesgebietes verzichtet und waren in die für sie geschaffene Reservation umgesiedelt.
Mit den Goldfunden in ihrem Territorium in den frühen 1860er-Jahren, als weiße Goldsucher, ohne den Vertrag von 1855 zu respektieren, in ihr Gebiet eindrangen und den Nez Percé 1863 durch Gouverneur Stevens ein neues Abkommen präsentiert wurde, durch das sie auf weiteres Land und ihr als Zentrum angesehenes Wallowa Valley verzichten sollten, sollte aber auch ihr Schicksal eine tragische Wendung nehmen. Obwohl nur eine kleine Minderheit der Nez Percé dieses Papier unterschrieben hatte, wurden alle Stammesmitglieder in die ungeliebte Lapwai Reservation in Idaho abgedrängt. Auch in der folgenden Zeit strömten weiterhin vermehrt Goldsucher und Siedler ins Land, was das Klima zwischen den Nez Percé und den Weißen weiter belastete. Kurz vor seinem Tod nahm Chief „Old Joseph", der Vater von Inmut-to-yah-lat-lat, seinem Sohn das Versprechen ab, dass dieser niemals sein Heimatland verkaufen würde, in welchem seine Eltern begraben seien. Letzterer war – zumal als überzeugter Christ – fest entschlossen, diesen letzten Wunsch seines Vaters zu erfüllen, blieb daher auch in seiner geliebten Heimat, dem Wallowa Valley, und weigerte sich beim Lapwai Council (1876) zunächst, den Vertrag von 1863 anzuerkennen. Schließlich gab er dann aber nach, als ihm seitens der US-Regierung ein Jahr später mit Krieg gedroht wurde, falls er sich nicht binnen 30 Tagen mit seinen Gefolgsleuten in die Reservation begeben würde. [162]

[160] Jeier, 268. Dillon, 224-230.
[161] Siehe hierzu auch Jeier, 240-249, Bungert, 139f., Capps,162-191 sowie Brown, 308-321.
[162] Brown, 309-312.

Inmut-to-yah-latlat (Chief Joseph)[163]

Chief Joseph oder **Inmut-to-yah-latlat** (auch *Hinmuuttu-yalatlat* - „Donner-der-den-Berg-herunterrollt“ oder *Hinmatóoyalahtq'it* - „Donner-der-zu-höheren-Gebieten-wandert“, * 3. März 1840; † 21. September 1904) war der Häuptling der Wal-lam-wat-kain (meist als *Wallowa* bezeichnet)-Gruppe der Nez-Percé-Indianer aus dem Wallowa-Flusstal im nordöstlichen Oregon. Er machte sich gegen Ende der Indianerkriege während des Nez-Percé-Krieges einen Namen als kluger Taktiker.

Doch wurde dieses Vorhaben durch die unüberlegte Bluttat einiger seiner jungen Krieger, die im Sommer 1877 drei Weiße getötet und einen weiteren verwundet hatten, vereitelt, als US-Soldaten das Nez Percé-Lager im Wallowa Valley überfielen und die Indianer gewaltsam in die Reservation treiben wollten. Im Mai dieses Jahres war Inmut-to-yah-latlat bedeutet worden, dass er das Land binnen eines Monats zu verlassen und mit seinen Leuten in die zugewiesene Reservation zu gehen habe, weil nach der Schlacht am Little Bighorn seitens der US-Armee die Besorgnis bestand, die Nez Percé könnten sich den aufständischen Sioux und deren Verbündeten anschließen. Inmut-to-yah-latlat sah in dieser Situation keine andere Wahl, als den Versuch zu unternehmen, mit seinen Leuten nach Kanada zu Sitting Bull zu flüchten. Damit begann der „Nez Percé-Krieg von 1877“, und eine der bemerkenswertesten militärstrategischen Leistungen, die jemals von einem Indianer vollbracht wurden, trug Chief Joseph bei den Weißen den Ehrennamen „Roter Napoleon“ ein.[164]

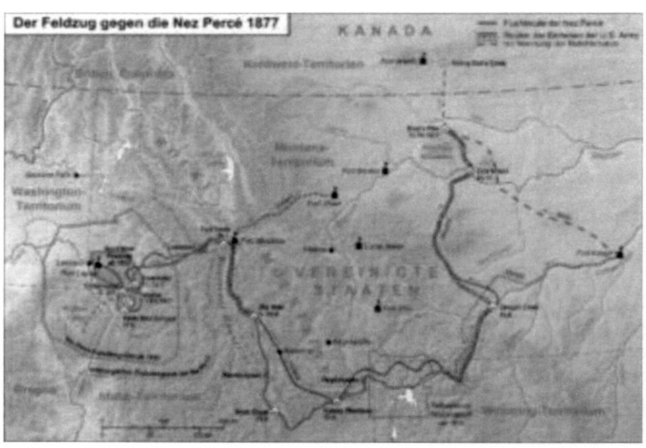

Karte des Feldzugs gegen die Nez Percé
Die Fluchtroute der Nez Percé [165]

[163] Abb. entnommen aus Der Große Bildatlas Indianer. Die Ureinwohner Nordamerikas – Geschichte, Kulturen, Völker und Stämme. Gütersloh/München 1992, S. 116.

[164] Siehe hierzu auch Bungert, 139f., dsgl. Brown, 314-319.

[165] Abb. entnommen aus Capps, S. 176. Siehe auch Dillon, 226.

Zusammen mit seinem Unterhäuptling Looking Glass führte er seine Leute auf einer Route von 2000 Kilometern über schroffe Berge, weite Plateaus und durch tiefe Schluchten bis an die kanadische Grenze, und es gelang den Flüchtenden immer wieder, selbst erfahrene Offiziere der Verfolger an der Nase herumzuführen, was selbst einem überzeugten Indianerhasser wie General Sherman größten Respekt abnötigte: „Einer der außergewöhnlichsten Indianerkriege, den es jemals gegeben hat. Sie nahmen keine Skalps, ließen gefangene Frauen frei, ermordeten nicht, wie sonst üblich, friedliche Familien und kämpften mit fast wissenschaftlicher Präzision, mit Vor- und Nachhut, Schützenlinien und Befestigungen".[166]
Dennoch unterlief den Nez Percé am 07. August 1877 ein entscheidender und folgenreicher Fehler, der zu ihrer letztendlichen Niederlage beitragen sollte. Als sie das Big Hole Valley in Montana erreichten, versäumte es Looking Glass, Unterführer von Chief Joseph und der Militärstratege der Nez Percé, Wachen aufzustellen, da er General Howard und dessen sie verfolgende Soldaten weit hinter sich wähnte und er nicht wissen konnte, dass eine durch den Telegraphen informierte Abteilung der 7. US-Infanterie mit 183 Mann unter Colonel John Gibbon aus Fort Shaw von Norden her nahte, um einen Sperrriegel zu bilden und damit die weitere Flucht zu verhindern. Diese Soldaten erreichten das Nez Percé-Lager unbemerkt am späten Nachmittag und gingen zunächst in Deckung, um im Morgengrauen des 08. August anzugreifen, wobei bei einem erbitterten Schusswechsel viele Frauen und Kinder der Nez Percé getötet wurden. Immerhin gelang es Looking Glass und White Bird, die Angreifer über den Fluss zurückzutreiben und für die nächsten vierundzwanzig Stunden festzuhalten, nachdem es den Nez Percé zudem gelungen war, die von den Soldaten mitgeführte Haubitze zu stehlen und zu zerstören.

Looking Glass, Unterführer der Nez Percé[167]

Während Inmut-to-ya-latlat das Lager abbrechen lassen und sich mit den Frauen und Kindern ungehindert absetzen konnte, setzte die Hauptstreitmacht der Nez Percé unter Looking Glass

[166] Jeier, 243. Zu diesen Ereignissen siehe auch Capps, S. 164-185.
[167] Abb. entnommen aus Ebenda, 179.

die Belagerung der Soldaten fort, um den Flüchtenden am 10. August zu folgen. Zwar hatten sie die Soldaten schlagen können, doch waren dreißig Krieger und sechzig Frauen und Kinder den feindlichen Gewehrsalven zum Opfer gefallen. Bei dem Gefecht waren zudem auch die meisten ihrer Tipis sowie die mitgeführten Vorräte von den Soldaten verbrannt worden. Ihr Marsch nach Norden Richtung Kanada ins rettende Asyl zu Tatanka Yotanka gestaltete sich daher immer beschwerlicher und der Hunger wurde immer größer. Trotzdem gelang es ihnen weiterhin mehrfach, ihren Kopf aus der Schlinge zu ziehen, nachdem sie im Gebiet der Crow hatten feststellen müssen, dass sich ihre ehemaligen Verbündeten inzwischen auf die Seite der Weißen geschlagen hatten, der US-Armee als Scouts dienten und sie sogar in Kampfverbänden angriffen. Als sie schließlich am 29. September 1877 die Bear Paw Mountains, keine vierzig Meilen und damit nur mehr einen Tagesmarsch von der kanadischen Grenze entfernt, erreichten, wurden sie bei widrigsten Wetterbedingungen – es war eisig kalt und inzwischen hatte auch ein Schneetreiben eingesetzt – erneut von den US-Truppen, diesmal vierhundert Soldaten und fünfzig Crow-Scouts unter General Nelson A. Miles unmittelbar vor ihrem Lager überrascht. Da es den Soldaten gelang, ihre Pferdeherden davonzutreiben, war den Nez Percé eine weitere Flucht unmöglich. Zwar gelang es ihnen unter großen Verlusten noch einmal, die Soldaten fünf Tage lang auf Abstand zu halten, doch waren sie nunmehr von allen Seiten eingeschlossen und durch Scharfschützen daran gehindert, ihre Stellungen zu verlassen und ihre Toten, unter denen sich auch Looking Glass befand, zu bergen, bis sie am 5. Oktober 1877 wegen der Kälte und des Hungers endgültig kapitulieren mussten. An diesem Tag, um vier Uhr nachmittags, ritt Inmut-too-yah-lat-lat in Begleitung von fünf Kriegern, die ihn zu Fuß begleiteten, zur Aushandlung der Kapitulationsbedingungen zu den gegnerischen Befehlshabern General Howard und Oberst Miles.[168]

Militärische Gegenspieler [169]
General Oliver Otis Howard sowie Chief Inmut-to-yah-latlat im Häuptlingsornat

Colonel John Gibbon – Colonel Samuel Sturgis – Colonel Nelson Miles

[168] Jeier, 246f.
[169] Abb. entnommen aus Capps, 174, 175.

General Oliver Otis Howard hatte die Nez Percé von Idaho nach Montana verfolgt. Colonel John Gibbon, einem Veteran im Krieg gegen die Sioux, war es zwar gelungen, ein Nez Percé-Lager zu überrumpeln, doch wurde er dabei verwundet und seine Truppe erlitt Verluste in Höhe von 40 Prozent. Colonel Samuel Sturgis, ein Indianerhasser, seitdem die Sioux seinen Sohn getötet hatten, hetzte die Nez Percé durch die Absaroka Mountains, doch gelang es auch ihm nicht, sie zu stellen. Colonel Nelson Miles schließlich konnte den Zug der Nez Percé nur 60 Kilometer vor ihrer kanadischen Zuflucht zum Stehen bringen. Später sollte er jedoch Inmut-to-yah-latlats Kampf um die Rückkehr in die alte Heimat unterstützen.

Chief Joseph und General John Gibbon nach ihrer Versöhnung 1888[170]

„Chief Joseph rides to surrender" [171]
(Ausschnitt des Bildes)

[170] Abb. entnommen aus Capps, 182.
[171] Ausschnitt eines Gemäldes von Howard Terpning, 1979, Abb. entnommen aus Werner Petermann: Die Welt der Indianer. Geschichte Kunst, Kultur von den Anfängen bis zur Gegenwart, Frederking & Thaler,.S. 350. Es wurde offensichtlich nach dem 1877 von John H. Fouch aufgenommenen Porträtfoto nach der Kapitulation gemalt. Das Original findet sich in https://www.artcountrycanada.com/terpning-howard-chief-joseph-rides-to-surrender.

Bei der Kapitulation hielt Chief Joseph seine oftmals zitierte Rede:

„Ich bin des Kämpfens müde. Unsere Häuptlinge sind gefallen. Looking Glass ist tot. Toohoolhoolzote ist tot. Alle alten Männer sind tot. Es sind die jungen Männer, die ja oder nein sagen. Der Anführer der jungen Männer ist tot. Es ist kalt und wir haben keine Decken. Die kleinen Kinder erfrieren. Einige meiner Leute sind in die Berge geflohen und haben keine Decken und nichts zu essen. Niemand weiß, wo sie sind. Vielleicht erfrieren sie. Ich möchte Zeit, um meine Kinder zu suchen und zu sehen, wie viele von ihnen ich finden kann. Vielleicht finde ich sie unter den Toten. Hört mich an, meine Häuptlinge! Ich bin müde. Mein Herz ist krank und traurig. Von dort, wo die Sonne steht, werde ich niemals mehr kämpfen".[172]

Noch am Nachmittag desselben Tages gaben seine Krieger ihre Waffen ab. Immerhin hatten sich noch ungefähr hundertfünfzig Krieger unter der Führung White Birds ihrer Gefangennahme durch die Flucht über die kanadische Grenze entziehen können.

Das Militär, das den Nez Percé zugesagt hatte, sie in ihre Heimat zurückkehren zu lassen, brach das gegebene Versprechen. Die Überlebenden wurden zunächst in die Ponca Reservation verbracht, wo viele von ihnen an Malaria und anderen Krankheiten sowie Hunger starben, und anschließend ins Indian Territory nach Süden verbannt. Erst 1885, nach einer längeren Unterredung mit dem Präsidenten, durften Inmut-to-yah-latlat und seine Nez Percé immerhin in den Nordwesten zurückkehren, mussten sich dort allerdings mit der Colville Reservation im Staat Washington zufriedengeben, da man anderenfalls in Idaho neue Unruhen befürchtete, falls sie dorthin zurückkehren würden. Der „Rote Napoleon" starb daher am 21. September 1904 an „gebrochenem Herzen" auf der Colville Reservation.[173] Ein Großteil ihres Besitzes, einschließlich der von ihnen gezüchteten Appaloosa-Pferde, welche das Militär nach der Kapitulation beschlagnahmt hatte, wurde den Nez Percés übrigens niemals zurückgegeben.[174]

„Nichts wäre für die USA leichter gewesen, als die 250 Krieger und 450 Frauen und Kinder in Frieden ziehen zu lassen. Sie waren in Kanada willkommen. Aber am Beispiel dieser kleinen Gruppe bis dahin loyaler, freundlicher und unkriegerischer Indianer zeigt sich die Einstellung der US-Politik. Es ging nicht darum, sie aus einer Reservation zu vertreiben und sie in lebensfeindlichere Landstriche umzusiedeln, es ging auch nicht darum, amerikanische Zivilisten oder Soldaten zu schützen. Die Indianer wären kein Problem mehr gewesen, hätten keinerlei Kosten mehr verursacht und hätten niemanden bedroht, verletzt oder getötet. Es ging ganz einfach um die Durchsetzung selbstherrlicher Vorstellungen. Die US-Regierung wollte lediglich durchsetzen, dass unterprivilegierte Bevölkerungsgruppen einmal gegebene Befehle unter allen Umständen auszuführen hätten".[175]

Es sollten anschließend 144 Jahre vergehen, ehe die Nachkommen der damaligen Nez Percé vor wenigen Monaten in ihre alte Heimat zurückkehren konnten, nachdem sie ein Areal ihres alten Landes zurückgekauft hatten.

---

[172] Brown, 319, Jeier, 247f.
[173] Jeier, 248f.
[174] Bungert, 140.
[175] H. J. Stammel: Indianer – Legende und Wirklichkeit von A-Z. Leben – Kampf – Untergang, Gütersloh-Berlin 1992, S. 191.

Heimkehr der Nez Percé in ihre alte Heimat [176]

„Homecoming": 100 years after forceful removal. Nez Percé people celebrate reclaimed land".
„JOSEPH, Oregon — Vice-Chairman Shannon Wheeler has been dreaming about this day for years. On Thursday, more than 150 Nez Perce (Niimiipuu) people returned and blessed part of their homeland, a hundred years after the U.S Army drove them from the Wallowa Valley in eastern Oregon.
In direct violation of the 1855 Treaty of Walla Walla, the Nez Perce in 1877 were forced from their 7.5 million-acre homeland to a 750,000-acre reservation in Idaho.
For years, the tribe has worked to keep a connection to the ancestral land they were driven from. Last year, they successfully reclaimed part of that land."

(Dianne Lugo in STATESMANJOURNAL.COM, 03. Aug. 2021) [177]

Hintergrund der Flucht der Cheyenne aus Oklahoma in ihre alte Heimat in Montana (1878)

Carl Schurz, als der für die Indianer-Politik verantwortliche amerikanische Innenminister unter Präsident Ulysses Grant in der Zeit unmittelbar nach dem entscheidenden Endkampf gegen die Dakota und die mit diesen verbündeten Cheyenne und Arapaho, war ein ehemaliger '48er, der 1849 den siegreichen preußischen Truppen aus der Festung im badischen Rastatt hatte entkommen und sich seiner drohenden Verhaftung und eventuellen Hinrichtung in der alten Heimat entziehen können. Von 1869 bis 1875 hatte er zunächst den Staat Missouri als Senator vertreten, bevor er in den Jahren von 1877 bis 1881 unter Präsident Grant zeitweise als Innenminister Verantwortung für die Innenpolitik der USA trug. Immerhin reformierte er in dieser Zeit das sogenannte Indianeramt, das angeblich dem Schutz der nordamerikanischen Indianer dienen sollte, de facto aber durch die Umleitung der für die Reservationsbewohner bestimmten Vorräte und Geldmittel in die Taschen der weißen Agenten und der mit diesen verbündeten Indianerpolizisten erheblich zur Ausbeutung und Verelendung der internierten Ureinwohner beigetragen hatte. Schurz hielt dabei selbst dann noch an seiner unpopulären Politik der humanitären Hilfe fest, als die anti-indianischen Ressentiments nach der verlorenen Schlacht gegen die Sioux unter Sitting Bull und Crazy Horse enorm anwuchsen. In der Folge versuchte er immer wieder, weiße Siedler und Bodenspekulanten daran zu hindern, weiterhin in die Reservationen der Indianer vorzudringen und sich deren Land anzueignen.[178] In seine

[176] Abb. entnommen aus STATESMANJOURNAL.COM, 03. Aug. 2021.
[177] Ebenda.
[178] Siehe auch S. 39ff. der vorliegenden Arbeit.

Zeit fällt auch die Flucht der Cheyenne, der vormaligen Bündnispartner der aufständischen Sioux, unter deren Häuptlingen Little Wolf und Dull Knife aus dem Indianerterritorium sowie ihre Rückkehr in ihr angestammtes Gebiet, die – nicht zuletzt auf sein Betreiben hin - seitens der US-Regierung sanktioniert wurde.[179]

Dull Knife und Little Wolf. Häuptlinge der Cheyenne [180]

Tahmelapashme/Stumpfes Messer, Oberhäuptling der Northern Cheyenne, der von seinen Leuten Morning Star genannt wurde.
Oh-cum-ga-che/Little Wolf, zuweilen auch **Red Bird** (* um 1820 im Gebiet der Black Hills, South Dakota; † 1904 im Lame-Deer-Reservat, Montana), war ein Häuptling der Himoweyuhkis (*Crooked Lances* oder *Elk Horn Scrapers*), einer Kriegergesellschaft der Cheyenne-Indianer. Er war Mitunterzeichner des Vertrags von Fort Laramie (6. November 1868) und Teilnehmer der Schlacht am Little Bighorn. Als die US-Armee nach dem Red Cloud-Krieg von 1866 bis 1868 laut Friedensvertrag vom August 1868 Fort Phil Kearny verlassen musste, wurde Little Wolf damit beauftragt das Fort zu zerstören. Dieser Aufgabe widmete er sich, der sich in diesem Krieg durch Tapferkeit ausgezeichnet hatte, mit voller Hingabe. Am 24. November 1876 stellte Colonel Randall Slidell McKenzie am Crazy Woman Creek (Wyoming) die geflohenen Reservats-Cheyenne unter Little Wolf, Dull Knife und Yellow Nose und am 30. September 1878 besiegten US-Truppen die Cheyenne unter Little Wolf am Sappa Creek (Kansas).

Anstatt nach der Schlacht am Little Bighorn eine Siegesfeier zu veranstalten, zerstreuten sich die einzelnen Horden in alle Himmelsrichtungen, um den rachsüchtigen Blauröcken zu entkommen. Am 26. November ließ Colonel Mackenzie ein unbewachtes Lager der Cheyenne im Morgengrauen angreifen, wo Pawnee-Scouts viele der völlig überraschten Cheyenne erbarmungslos niedermetzelten. Jedoch gelang es den Letzteren noch, die Familien in Sicherheit zu bringen, weil Little Wolf und Dull Knife mit ihren Kriegern zunächst erbitterten hinhaltenden Widerstand leisteten, bis auch sie sich wegen Munitionsmangels zurückziehen mussten. Während dieses Kampfes wurde Little Wolf beim geordneten Rückzug von sieben Kugeln getroffen. Die Cheyenne hatten auch nicht verhindern können, dass die Soldaten, erneut ihrer „Strategie der verbrannten Erde" folgend, das Lager und all ihre Vorräte vernichteten. Drei Tage später erreichten die flüchtenden Cheyenne das Lager von Crazy Horse am Box Elder Creek, wo sie Nahrung, Decken und eine neue Unterkunft erhielten. Einen Vergeltungsangriff mussten die verbündeten Stämme wegen des Munitionsmangels ausfallen lassen.

[179] Siehe hierzu v.a. auch Brown, 324-340, dsgl. Dillon, 216-224.
[180] Abb. entnommen aus https://www.indianerwww.de/indian/dull-knife.htm

Die Hälfte der Northern Cheyenne ergaben sich im Frühjahr des Jahres 1877 - der Oberhäuptling Dull Knife, Little Wolf, Standing Elk und Wild Hog im Fort Robinson und Two Moon, der zweite Oberhäuptling der Northern Cheyenne, der am Tonque River entlang gezogen war, im Fort Keogh.

Dull Knife und Little Wolf hatten sich der Hoffnung hingegeben, gemeinsam in einer Reservation leben zu können, wie es im Vertrag von 1868 vereinbart worden war. Doch teilten die Indianer-Agenten den Häuptlingen mit, dass sie sich nur noch zwischen ihren südlichen Vettern oder den Teton zu entscheiden hätten. Offiziere des Fort Robinsons versuchten zudem einige Cheyenne-Krieger als Scouts anzuwerben, denen die Aufgabe zukommen sollte, noch zerstreute Gruppen aufzuspüren und sie zur Kapitulation zu bewegen. Auch Little Wolf sollte dabei als Scout gewonnen werden, zog es aber, als die Anordnung der Regierungsbehörden aus Washington eintraf, die Cheyenne nach Oklahoma zu überführen, vor, bei seinem Volk zu bleiben. So brachen die Cheyenne im Mai 1877 von Fort Robinson auf. Von den 972 Stammesangehörigen kamen auf dem 100-tägigen Marsch nur 937 in Fort Reno bei der Southern-Cheyenne-Arapaho-Reservation an, wo den Deportierten auf Anweisung von Colonel Mackenzie die Pferde und Waffen abgenommen wurden.

Durch Hunger, Malaria und andere Krankheiten wurde ihre Zahl weiterhin stark dezimiert, weswegen Häuptlinge Dull Knife, Little Wolf und andere den Entschluss fassten, in ihre alte Heimat nach Norden zurück zu ziehen. Vorher informierten sie den Agenten John Miles, der sie für ein weiteres Jahr hinzuhalten versuchte. Little Wolf lehnte jedoch ab, da er nicht noch mehr Cheyenne sterben sehen wollte, und so brachen die Cheyenne unter Little Wolfs und Dull Knifes Führung in der Nacht des 9. September 1878 heimlich ihre Zelte ab und verließen die Reservation. Als die Flüchtenden am 13. September am Cimarron von zwei Kavallerie-Kompanien unter Captain J. Rendlebrock gestellt wurden, lehnte Little Wolf eine Rückkehr kategorisch ab. Daraufhin rückten die Soldaten auf Befehl Rendlebrocks vor und eröffneten das Feuer, doch konnten die Cheyenne die Soldaten einen Tag und eine Nacht lang hinhalten, bevor sie sich am nächsten Morgen in kleinen Gruppen zurückzogen und in der Folge durch Kansas und Nebraska - immer wieder in Kämpfe verwickelt - direkt in ihre heimischen Jagdgründe zurückzogen. Inzwischen waren von allen nahegelegenen Forts weitere Soldaten zusammengezogen worden, um die Cheyenne aufzuhalten, so dass schließlich 10.000 Soldaten unter dem Kommando von General Crook und 3.000 Zivilisten Kansas und Nebraska auf der Suche nach den Geflohenen durchkämmten. Diejenigen der Letzteren, die bei dem Marsch das Tempo nicht mithalten konnten, wurden von den Weißen gnadenlos niedergemetzelt. Fünfmal wurden die Cheyenne eingeholt, doch immer wieder gelang ihnen die Flucht. So konnten sie bei Oglala am Platte River in der Nacht auch die Sperrlinien der Soldaten durchbrechen und einige Tage später weiter nördlich am Platte River, nahe der Mündung des White Clay Creek, ihre Zelte wieder aufschlagen. Auf dem vorangegangenen Zug hatten von 297 Männern, Frauen und Kindern 34 ihr Leben lassen müssen oder waren versprengt worden. Während Little Wolf sich in der Folge in das Land der Northern Cheyenne begeben wollte, beabsichtigte Dull Knife mit 150 Stammesgenossen zur Red Cloud Agentur nach Nordwesten zu ziehen. Es waren schließlich 53 Männer, 43 Frauen und 38 Kinder, die Little Wolf schließlich zum ausgetrockneten Sand Hills Creek folgten, wo sie den Winter friedlich in Erdhöhlen am Ufer des Chokecherry Creek - einem Nebenfluss des Niobrara – verlebten, wo die Natur ihnen auch genug Nahrung zum Überleben bot. Von dort zog die Gruppe im März weiter nach Norden zum Box Elder Creek, wo Little Wolf erfuhr, dass der mit ihm befreundete Lieutenant Clark immer noch nach ihnen suchte, um mit ihm zu verhandeln. Nach diesen Unterhandlungen kapitulierte Little Wolf, und die Gruppe wurde schließlich nach der Übergabe all ihrer Waffen nach Fort Keogh geleitet, wo immer noch Colonel Miles das Kommando hatte. Nachdem sie auch ihre Pferde abgegeben hatten, versuchte man die Krieger erneut als Scouts anzuwerben. Little Wolf forderte aber eine dreitägige Bedenkzeit, ehe die Cheyenne-Krieger in den Dienst der US-Armee traten. Nach mehreren Monaten des Wartens wurde den Northern Cheyenne von Dull

Knife und Little Wolf seitens der Washingtoner Behörden schließlich eine Reservation am Tonque als Aufenthaltsort zugewiesen.[181]

Präsident Ulysses Grant in den 1870er Jahren[182]

Carl Schurz nach seiner Amtseinführung als US-Innenminister[184]

„Geduld, bis der Indianer sozialisiert ist – sozusagen"[183]

Das beruhigende Zitat unterhalb der rechten Karikatur legte der ebenfalls deutschstämmige Zeichner Thomas Nast dem Innenminister in den Mund, der zu einem frisch skalpierten Siedler spricht, dessen Angehörige, von Indianerpfeilen dahingestreckt, tot auf dem Boden liegen, während seine Heimstätte niederbrennt. Mit dieser Zeichnung stellt sich Nast gegen die von Präsident Grant eingeleitete und von seinem Innenminister Schurz fortgeführte Friedens- und Reformpolitik gegenüber den Indianern und befürwortet wie nur zu viele – wohl auch deutschstämmige – Zeitgenossen eine auf die Armee gestützte Politik der unnachgiebigen Stärke.

Carl Schurz befürwortete seinerzeit zwar den Friedensschluss mit den Indianern sowie Reformen und bemühte sich während seiner Amtszeit immer wieder um eine moderatere und wohlwollend-freundliche Politik gegenüber der indianischen Urbevölkerung. Dies vermochte allerdings am elenden Schicksal der Prärieindianer letztendlich aber kaum etwas zu ändern und ihren totalen und endgültigen Untergang nicht aufzuhalten, zumal der Minister sich von Seiten einiger der Cheyenne-Häuptlinge, die mit ihm in Washington verhandelt hatten, eine erstaunliche Unkenntnis bezüglich der Angelegenheiten der Indianer vorwerfen lassen musste.[185] Auch war er zunächst als ein Befürworter der Verbringung der Cheyenne in die ihnen zugewiesene Reservation aufgetreten.[186]

Präsident Ulisses S. Grant (1869-1877) und sein Innenminister Carl Schurz waren es auch, die in Carlisle, Pennsylvania das erste Internat für Kinder von Reservationsindianern, sprich: die erste Boarding School [187] einrichten ließen und 1869 die sogenannte Friedenspolitik initiierten. Dabei wurden zwar korrupte Indianeragenten zumeist durch Geistliche ersetzt, die sich allerdings weiterhin oftmals ebenfalls als sehr autoritär und intolerant erwiesen und zudem nicht selten auch völlig unerfahren und inkompetent waren. Die Reservationen wurden außerdem

---

[181] https://de.wikipedia.org/wiki/Cheyenne_(Volk)

[182] Abb. entnommen aus https://de.wikipedia.org/wiki/Ulysses_S._Grant.

[183] Abb. entnommen aus Marcus Junkelmann: Die Eroberung des Westens. Die USA nach dem Bürgerkrieg 1865-1890, Augsburg 1993.

[184] Abb. entnommen aus Carl Schurz: Lebenserinnerungen. Vom deutschen Freiheitskämpfer zum amerikanischen Staatsmann, Zürich o.J.

[185] Siehe Brown, 328, 336.

[186] Siehe Ebenda, 336,

[187] Mattioli, 298.

unter den Kirchengemeinschaften aufgeteilt, unter Einschluss von Katholiken, wobei dabei keinerlei Rücksicht auf frühere Missionierungen geschweige denn Religionszugehörigkeiten der Indianergruppen genommen wurde. Durch diese Politik wurde letztendlich die Politik der Amerikanisierung und damit de facto der Ethnozid der indianischen Bevölkerung eingeleitet,[188] „ein im Sinne der Aufklärung zu verstehender, aus heutiger Sicht höchst problematischer Versuch, die Indianer sesshaft zu machen, sie zu ‚zivilisieren' und ihnen wie seine Vorgänger im Amt Land als Reservate zuzuweisen. Immerhin verfolgte Schurz die Politik der Akkulturation der Indianer mit größerer Kompromissbereitschaft als seine Vorgänger. In diesem Zusammenhang wurde er sogar zu einer von Edward G. Robinson gespielten Figur im John-Ford-Western *Cheyenne* von 1963".[189]
Nicht zuletzt die katholische Kirche bzw. deren zu einem großen Teil aus Deutschland stammenden Missionare setzten in der Folge alles daran, sämtliche indianischen Kulturelemente auszumerzen und durch einen westlichen, vor allem katholischen Lebensstil zu ersetzen.[190] Die politischen Parteien nutzten daneben die Agenturpositionen oftmals vor allem dazu, verdiente Parteimitglieder zu versorgen. Ein „National Board of Indian Commissioners", bestehend aus zehn Zivilisten, der bis 1933 bestand, sollte die Qualität der Versorgung in den Reservationen kontrollieren. Gouverneure vor Ort sollten nicht mehr das Recht haben, Milizen gegen indigene Nationen einzusetzen. Im Gegenzug dazu sollten die Indianer US-amerikanische Bauern werden. Außerdem sollten die Reservationen kleiner und lokaler werden, beherbergten aber nach wie vor häufig mehr als eine Gruppe oder waren weit entfernt vom ursprünglichen Siedlungsort ihrer Bewohner.[191]

Die Kämpfe der Apache[192] bis zu Geronimos endgültiger Niederlage (1849-1886)[193]

Die Plains-Apachen waren wahrscheinlich um 1500 in den Südwesten des nordamerikanischen Kontinents vorgedrungen, wobei ihre Krieger bis nach Mexiko vordrangen und einen ständigen Krieg gegen die Mexikaner führten.[194] Zu ihren Anführern um die Mitte des 19. Jahrhunderts gehörte Manas Coloradas („Red Sleeves"), der 1844 während des Krieges der USA mit Mexiko einen Friedensvertrag mit der US-Regierung abschloss, der es der US-Armee erlaubte, durch das Apache-Territorium nach Mexiko zu ziehen.
Bereits fünf Jahre später, als Gold in den Santa Rita Mountains gefunden worden war, kam es jedoch zum Krieg zwischen den Apachen und den amerikanischen Siedlern, da diese vermehrt in ihr Land drängten, wobei Cochise, der neue Anführer der Chiricahuas, 1855 mit US-Major Enoch Stehen einen erneuten Friedensvertrag schloss, der es den Amerikanern auch nach dem Krieg gegen Mexiko gestattete, weiterhin das Apache-Gebiet zu durchqueren. Jedoch kam es fünf Jahre später zu einem Überfall auf eine Ranch, für den fälschlicherweise Cochise und fünf seiner Krieger verantwortlich gemacht wurden. Bei den folgenden Verhandlungen von Cochise und dessen Kriegern mit dem unerfahrenen Leutnant George N. Bascon ließ Letzterer die Indianer, die eine weiße Parlamentärs-Flagge mit sich geführt hatten, wider jegliches - auch damalig gültiges - Völkerrecht einsperren. Bei einem Ausbruchsversuch konnte Cochise zwar entkommen, doch einer seiner Begleiter wurde getötet. Daraufhin nahm Cochise drei Weiße als Geiseln, um sie gegen die anderen Apachen auszutauschen, tötete sie jedoch, als Bascom den

---

188 Siehe hierzu auch Menrath, 45f.
189 Uwe Timm: Carl Schurz – deutscher Revolutionär und amerikanischer Staatsmann. Essay als Vorspann von Carl Schurz: Lebenserinnerungen, 2 Bde (hrsg.v.) Daniel Göske, Göttingen 2015, hier Bd. 1, S. XXXII. Leider endet der zweite Bd. mit dem Jahr 1870, weswegen uns über das hier behandelte Geschehen leider keinerlei Äußerungen von ihm selbst vorlagen. Zum Film „Cheyenne" siehe S. 135 der vorliegenden Arbeit.
190 Menrath, 249.
191 Bungert, 130f.
192 Siehe hierzu Brown, 193-217 sowie Dillon, 232-244.
193 Ebenda, 379-399. Siehe v.a. auch Elmar Engel: Geronimo und die Apachen. Göttingen 1994.
194 Jeier, 220.

Gefangenenaustausch ablehnte. Stattdessen ließ Bascom die Gefangenen, unter denen sich auch Cochises Bruder und zwei seiner Neffen befanden, aufhängen.[195]
Das zog zwangsläufig erneut Krieg nach sich. Am 15. Juli 1862 überfielen fünfhundert Chiricahuas im Apache Pass eine Armeeeinheit unter Colonel J. H. Carleton, konnten jedoch zurückgeschlagen werden. Dabei wurde Mangas Coloradas, der Schwiegervater von Cochise, schwer verwundet und später zu den verlassenen Minen von Pinos Altas gebracht, wo die Reisighütten seines Stammes standen. Daraufhin ließ Carleton diesen durch einige Soldaten unter dem Kommando von Captain Edmond D. Shirland in Gewahrsam nehmen und in Fesseln nach Fort McLane zu General R. West bringen, wo er in der folgenden Nacht von einigen Soldaten gefoltert und schließlich mit mehreren Schüssen ermordet wurde. Nachdem ein Soldat ihn skalpiert und ein anderer ihm den Kopf abgeschnitten hatte, wurde Letzterer gekocht und das Fleisch von ihm entfernt, damit man ihn einem Phrenologen im Osten verkaufen konnte. Der kopflose Körper wurde in einen Graben geworfen.[196] Als die Nachricht davon Cochise erreichte, trieb dieser seine Krieger zu noch größerer Wildheit und Grausamkeit an, die wie ein Sturmwind über das Land kamen und mehrere Ranches und Farmen niederbrannten. Dabei hatten die Apachen insofern ein leichtes Spiel, als die US-Regierung zu dieser Zeit wegen des gerade beginnenden Bürgerkrieges gegen die Konföderierten fast alle Soldaten aus Arizona abgezogen hatte. Dennoch gelang es General George Crook, einem erfahrenen Indianerkämpfer, mit Unterstützung gefangener und „friedlicher" Apachen, die er als Fährtensucher angeheuert hatte, Cochise zunächst zur Aufgabe zu überreden. Als dieser aber erfuhr, dass er in eine Reservation fern des Apache-Territoriums gebracht werden sollte, entschloss er sich zur Flucht und Fortsetzung des Krieges gegen die weißen Siedler. Zu einem Friedensvertrag Cochises mit General Oliver Otis Howard kam es schließlich im Herbst 1866 nach Verhandlungen, die Thomas J. Jeffords, der Posthalter von Tucson, der das Vertrauen von Cochise besaß und mit diesem sogar Blutsbrüderschaft hatte schließen können, im Vorfeld mit dem Apache-Chief in den Graham Mountains geführte hatte.[197] Mitte der 1870er-Jahre waren die meisten Apachen in die große White Mountain-Reservation mit der Agentur San Carlos eingesperrt oder hatten sich diesem Schicksal unter der Führung Geronimos durch die Flucht ins benachbarte Mexiko entzogen.[198]
Der ranghöchste deutschstämmige Offizier im Südwesten der USA war Generalmajor August-Valentin Kautz (* 5. Januar 1828 in Ispringen, Großherzogtum Baden, Deutschland; † 4. September 1895 in Seattle), Sohn deutscher Einwanderer. In Georgetown, Ohio, aufgewachsen hatte er eine Privatschule besucht, wobei einer seiner dortigen Mitschüler der spätere Präsident Ulysses S. Grant war.

Generalmajor August Valentin Kautz[199]

[195] Brown, 196f.
[196] Derselbe, 200.
[197] Jeier, 219-223. Siehe auch Brown, 200.
[198] Ebenda, 216 sowie 380ff.
[199] Abb. entnommen aus https://de.wikipedia.org/wiki/August_Kautz

Als Soldat kam Kautz im Frühjahr 1853 zunächst im Rang eines Leutnants in Oregon zum Einsatz, wobei er bei Kämpfen mit dortigen Indianer zweimal verwundet wurde. Dabei war er seit 1856 nicht-standesamtlich in erster Ehe mit Tenas Puss Nisualli, der Tochter eines Indianerhäuptlings verheiratet, mit der er zwei Kinder. Auch sonst zeigte er immer wieder Verständnis für die Lage der Indianer. Nach seiner Teilnahme am US-Bürgerkrieg (1861-1865) übernahm Kautz am 15. März 1869 das Kommando über das 15. US-Infanterie-Regiment und führte in New Mexico bis 1874 mehrere Feldzüge gegen die Mecalero-Apachen durch. Nach deren erfolgreichen Abschluss wurde er zum Kommandeur des 8. US-Infanterie-Regiments ernannt und zum Oberst befördert.
Jedoch sollte es alsbald zu erneuten blutigen Auseinandersetzungen kommen, diesmal mit Chief Victorio, der inzwischen die Nachfolge des ermordeten Mangas Colorados angetreten hatte und ursprünglich, eigentlich fest zum Friedensschluss entschlossen, in die ihm zugewiesene Reservation gegangen war. Da sich die dortigen Lebensbedingungen aber als äußerst unerträglich herausstellten, brach er von dort wiederholt aus und wurde schließlich in seiner Abwesenheit wegen Mordes und Raubes zum Tode verurteilt. Daher zog Victorio im September 1877 mit über dreihundert Chiricahua- und Mescalero-Apachen in einen dreijährigen Krieg, der im Territorium von Arizona, Texas und Mexiko geführt wurde und über zweihundert Amerikaner und Mexikaner das Leben kostete. Dabei gelang es den über zweitausend Soldaten und mehreren hundert auf ihn angesetzten Scouts niemals, den genialen Militärstrategen überhaupt zu Gesicht zu bekommen, bis seine Apachen im Spätsommer 1878 in den Sierra Diablo Mountains von einer Armeeabteilung überrascht werden konnten. Victorio selbst konnte dem Zugriff mit seinen Anhängern zunächst in die Carizzo Mountains und anschließend über die Grenze nach Mexiko entkommen. Erst als die amerikanische und mexikanische Armee gemeinsam gegen die Apachen vorgingen, ereilte diese am 14. Oktober 1880 schließlich das Schicksal, als sie von mexikanischen Truppen in der unzugänglichen Berggegend südlich von El Paso angegriffen wurden. Zunächst konnten sich die Apachen zwar ihrer Angreifer die ganze Nacht hindurch erfolgreich erwehren, mussten sich aber ergeben, nachdem Victorio gefallen und ihnen die Munition ausgegangen war. Nana, einem siebzigjährigen kampferfahrenen Krieger, der schon unter Mangas Coloradas gekämpft hatte, gelang es jedoch, die Überlebenden über die Grenze zurückzuführen und anschließend zwischen Juli 1881 und April 1882 im Territorium von Arizona einen erneuten blutigen Krieg gegen Goldsucher, Rancher, Schafhirten und Farmer zu führen. Selbst einer riesigen Übermacht von über 1400 US-Soldaten gelang es nicht, ihn zu stellen. Noch als die allermeisten seiner Gefolgsleute schließlich doch in die Reservation gingen, gab er selbst nicht auf und schloss sich stattdessen Geronimo, dem führenden Chief des letzten Krieges in den amerikanischen Plains, an.[200]
Das allerletzte Aufbäumen der Native Americans Mitte der 1880er-Jahre fand mit den Chiricahua-Apachen unter deren Anführer Geronimo statt. Als am 04. September 1886 im Skeleton Canyon Gohklayeh, bekannter unter seinem Namen Geronimo, zusammen mit seinen ihm noch verbliebenen letzten 36 Chiricahua-Kriegern den Truppen von General A. Miles die Waffen streckte, endete damit in den im Grenzland zwischen Arizona und New Mexico gelegenen Peloncillo-Bergen das Zeitalter der Indianerkriege.[201] Insgesamt dreißig Jahre lang hatte Geronimo sich mit seinen Anhängern gegen den Verlust ihres Landes aufgelehnt und einen erbitterten und grausamen Kleinkrieg im nördlichen Mexiko und südlichen Arizona geführt. Er kämpfte schon insofern unerbittlich gegen die Weißen, als seine Eltern von weißen Skalpjägern getötet worden waren. In der Zeit der Kämpfe gelang es Geronimo und seinen Kriegern dreimal, aus der 1871 geschaffenen San Carlos-Reservation auszubrechen, in der so elende Lebensbedingungen herrschten, dass dort Dutzende Apachen zugrunde gingen. Mit Geronimos Kapitulation erlosch der bewaffnete Widerstand gegen die weiße Besiedlung des

---

[200] Jeier, 224f.. Siehe auch Brown, 388-388.
[201] Siehe hierzu auch Bungert, 137ff.

Westens endgültig. Nunmehr hatten die USA die ganze Landmasse zwischen Atlantik und Pazifik endgültig unter ihre Kontrolle gebracht und dem Kontinent ihr Gesellschafts- und Wirtschaftsmodell oktroyiert. Allein in den Jahren 1889 und 1890 traten der Union mit North Dakota, South Dakota, Montana, Washington, Idaho und Wyoming sechs neue Bundesstaaten bei, Territorien, die erst wenige Jahre zuvor von der Grenzarmee „befriedet" worden waren[202].

Goklayeh (Geronimo)[203]

Gokhlayeh (eigentlich auf Chiricahua Goyaałé „der Gähnende", * 16. Juni 1829; † 17. Februar 1909 in Fort Sill, Oklahoma), später Geronimo genannt, war der Kriegshäuptling und Medizinmann (Diyin) eines Gruppen-Verbandes von Bedonkohe-Apachen. Sein lang andauernder Kampf wegen der von ihm als Unrecht empfundenen Besetzung seines Landes und sein erfolgreicher Widerstand gegen Truppen der USA und Neu Mexikos machten ihn zu einem der bekanntesten Indianer Nordamerikas.[204]

Bekannt durch seinen Einsatz gegen die aufständischen Apachen unter Geronimo wurde vor allem der 1843 im badischen Mingolsheim im Kraichgau als Albert Sieber geborene Al Sieber. Dieser hatte nach seiner Auswanderung in die USA während des dortigen Bürgerkriegs zunächst als einfacher Soldat der Nordstaaten-Armee gegen die Konföderierten gekämpft und diente anschließend während der langjährigen Kämpfe gegen die Apachen im Südwesten der USA als Chef-Scout und Dolmetscher in der United States Army. In dieser Zeit wurde Sieber unter anderem mit der Gefangennahme der Häuptlinge der Chiricahua-Apachen Cochise und Geronimo beauftragt. Er wurde zu den großen Gestalten der Grenzgeschichte Arizonas gezählt, der die bedeutendsten Führer und Persönlichkeiten der Apachen persönlich kannte: Massai, Eskiminzin, Cochise und dessen Sohn Naiche, Chiricahua-Loco, Geronimo und Chato, die ihm ihr Vertrauen schenkten und ihn als Verhandlungspartner akzeptierten.[205]

Al Sieber, Chief der US- Apache Scouts [206]

Apache Scouts[207]

[202] Mattioli, 289f.
[203] Abb. entnommen aus Capps: S. 94.
[204] Siehe hierzu die umfang- und detailreiche Darstellung in Capps, S. 63-99.
[205] https://de.wikipedia.org/wiki/Al_Sieber
[206] Abb. entnommen aus Jeier, 229.
[207] Abb. entnommen aus Ebenda, 230.

Geronimo inmitten von Gefolgsleuten[208]

Geronimo kapitulierte nach den Verhandlungsgesprächen am 04. September 1886 mit von ursprünglich 500 nur noch 36 verbliebenen Chiricahua-Kriegern und stellte sich der US-Armee unter dem Kommando von General A. Miles, die ihm jahrelang vergeblich mit 5000 Soldaten, einem Heliografensystem, 500 Apache-Scouts unter deren Chefscout Al Sieber sowie mit 100 Navajo-Scouts und 3000 mexikanischen Soldaten nachgestellt hatte. Die gefangenen Chiricahua-Apachen wurden zusammen mit Geronimo in die Sumpfgebiete Floridas deportiert. Al Siebers zwei Apache-Scouts, die bei der Kapitulation Geronimos dabeigewesen waren, teilten das Schicksal der Deportierten. In Fort Sill baute Geronimo Kürbisse an, schnitzte Pfeile, verkaufte auf der Weltausstellung in St. Louis 1904 Postkarten mit seinem Porträt und nahm zwischendurch auch an Buffalo Bills Wildwestshows teil. Obwohl ihm, der später sogar Christ wurde, bei seiner Gefangennahme eine Rückkehr in seine alte Heimat versprochen worden war, sollte er diese, ebenso wie seine Leidensgefährten, bis zu seinem Tod im Jahr 1909 niemals wiedersehen. Neun Jahre nach seinem Tod wurde zudem 1918 sein Grab geschändet und ausgeraubt. Mitglieder der „Skull and Bones Society" der Universität von Yale sollen Geronimos sterbliche Überreste seinerzeit aus seinem Grab in Fort Sill gestohlen haben, wobei zu den Grabräubern dem Vernehmen nach auch Prescott Bush gezählt haben soll, der Großvater des früheren US-Präsidenten George W. Bush.[209] Immer wieder auftauchenden Gerüchten zufolge werden Geronimos Gebeine bis heute am Sitz der Organisation auf dem Campus der Universität versteckt gehalten.

Nachdem ihr Anführer Geronimo 1909 gestorben war, sollte es noch fünf Jahre dauern, bis die Letzten seiner übrig gebliebenen Chiricahuas 1914 aus ihrer fast dreißig Jahre andauernden Haft in Fort Sill/Florida freigelassen wurden und die Möglichkeit erhielten, in die Reservation der Mescalero-Apachen nach New Mexico umzusiedeln, was von zwei Dritteln auch wahrgenommen wurde.[210]/[211] Mitentscheidend für diese Umsiedelung war die Tatsache, dass die Reservation von der US-Armee als Artillerie-Schießplatz vorgesehen war.[212] Die heutige Reservation der „Eastern Apache", der Jicarilla, liegt im nördlichen, das der Mescalero im südöstlichen Mexiko, während die sogenannten „Western Apache" beiderseits des Salt River in der sogenannten San-Carlos und der White Mountain- oder Fort-Apache-Reservation leben.[213]

---

[208] Abb. entnommen aus https://de.wikipedia.org/wiki/Geronimo.

[209]https://www.derstandard.at/story/1234507391310/geronimos-nachfahren-fordern-seine-gebeine-zurueck.Siehe hierzu aber auch dewiki.de/Lexikon/Geronimo.

[210] Mattioli, 291.

[211] Bungert, 139.

[212] Engel, 211.

[213] Ebenda, 211.

Das Indianerterritorium im heutigen Oklahoma

Das Oklahoma-Territorium war vom 2. Mai 1890 bis zum 16. November 1907 historisches Hoheitsgebiet der Vereinigten Staaten. Zu dieser Zeit wurde es mit dem Indianer-Territorium vereinigt und als 46. Bundesstaat mit dem Namen Oklahoma in die Union aufgenommen. Die territoriale Hauptstadt war Guthrie.

Das Gebiet erstreckte sich dabei zwischen 33° 35' und 37° nördlicher Breite sowie 94°20' und 98° westlicher Länge und umfasste damit ursprünglich etwa 81.320 km² und damit neben dem heutigen Bundesstaat Oklahoma auch Teile von Kansas und Nebraska.[214]

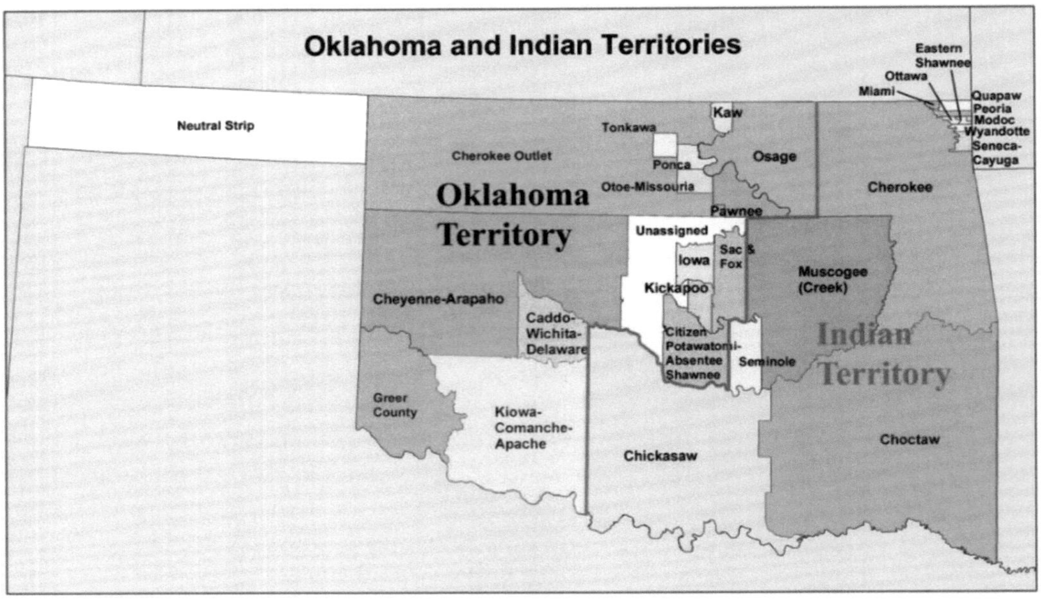

Das Indianerterritorium auf dem Gebiet des heutigen Oklahoma um 1890.[215]

Durch Königliche Proklamation von 1763 war das Siedlungsgebiet der europäischen Einwanderer noch auf das Gebiet östlich der Appalachen begrenzt worden. Diese Regelung ließ sich jedoch nicht lange aufrechterhalten und diese Siedlungsgrenze wurde nach dem Amerikanischen Unabhängigkeitskrieg und insbesondere nach dem Louisiana Purchase und dem Adams-Onís-Vertrag immer weiter nach Westen vorgeschoben, war man doch der Annahme, dass die Gebiete westlich des Mississippi River im Gegensatz zum östlichen Teil für weiße Siedler unbewohnbar seien („Great American Desert"). Von daher plante US-Präsident Thomas Jefferson in diesem Gebiet eine Siedlungszone ausschließlich für Indianer. Dabei sollte der Mississippi die Einwanderer, die östlich des Stroms leben sollten, von den Ureinwohnern trennen. Im gesamten 19. Jahrhundert verfolgten die US-amerikanischen Regierungen das Ziel, die amerikanischen Ureinwohner auf einem immer kleiner werdenden Territorium zusammenzudrängen. Besonders aggressiv ging hierbei Präsident Andrew Jackson in den 1830er-Jahren vor, unter dessen Regierung 1830 der *Indian Removal Act* Gesetzeskraft erlangte, der die Vertreibung aller Indianer aus den Territorien östlich des Mississippi legitimierte. Die Umsiedlung fand dabei in einer quasi-legalen Weise statt, d.h. offiziell wurden Umsiedlungsverträge mit den Indianern abgeschlossen, wobei kein Indianer dem Wortlaut des Gesetzes nach gezwungen war, seine Heimat aufzugeben. Tatsächlich aber wurde insbesondere von den lokalen Autoritäten erheblicher Druck ausgeübt, und so entschlossen sich die meisten der bedrängten indianischen Nationen zur Umsiedlung. Viele fühlten sich jedoch hintergangen, da die Verträge zum Teil von Nicht-Bevollmächtigten ausgehandelt worden waren.

---

[214] https://de.wikipedia.org/wiki/Indianerterritorium und https://de.wikipedia.org/wiki/Oklahoma-Territorium

[215] Abb. entnommen aus Ebenda. Siehe auch Dillon, 251.

Die Umsiedlungsaktionen verliefen zudem zum Teil unter katastrophalen Bedingungen, sodass beispielsweise auf dem Pfad der Tränen (*Trail of Tears*) der Cherokee Tausende Tote zu beklagen waren.[216] Auch erwiesen sich die neuen Siedlungsgebiete als weniger fruchtbar als die alten und so kam es in Folge immer wieder zu Indianeraufständen, die militärisch niedergeschlagen wurden.
Als nach dem Kansas-Nebraska Act 1854 die Territorien Kansas und Nebraska gebildet wurden, blieb nur das Gebiet des heutigen Oklahoma als *Unorganized Territory* übrig, es bürgerte sich der Sprachgebrauch „Indianerterritorium" dafür ein. Die einzelnen Stammesregierungen hatten hier jeweils nur eine eingeschränkte Hoheitsverwaltung über bestimmte Gebiete, die der jeweiligen Indianernation zugeteilt waren.
Die größten und wichtigsten waren die Gebiete der sogenannten Fünf zivilisierten Nationen: Cherokee (Regierungssitz in Tahlequah) - Creek oder Muskogee (Regierungssitz in Okmulgee) - Seminolen (Regierungssitz in Wewoka) - Choctaw (Regierungssitz in Tuskahoma) - Chickasaw (Regierungssitz in Tishomingo).
Kleinere Gebiete hatten auch andere Indianervölker aus dem Osten inne, etwa die Miami, Delaware oder Shawnee, aber auch einheimische Gruppen wie die Ponca.
Entgegen den Zusagen, dass das Land auf ewig den Indianern gehören sollte, wurde der Westteil 1889 für weiße Siedler geöffnet (Oklahoma Land Run) und 1890 als Oklahoma-Territorium organisiert. In den Jahren 1902 bis 1905 gab es seitens der in der Reservation ansässigen Nationen Bestrebungen, den Ostteil von Oklahoma als eigenständigen neuen Bundesstaat Sequoyah zu organisieren. Dies stieß jedoch bei Präsident Theodore Roosevelt auf energische Ablehnung und 1907 wurde mit der Aufnahme Oklahomas in die Union auch der Rest des Indianerterritoriums abgeschafft. Dieses neue Oklahoma wurde als Einheitsstaat verwaltet, die Stammesregierungen verloren ihre Hoheitsrechte.
Im Juli 2020 entschied der Oberste Gerichtshof im Fall McGirt versus Oklahoma, dass dieses Gebiet bis heute als Indianer-Reservat gilt, dabei auch das Land, auf dem ein großer Teil von Tulsa liegt, der zweitgrößten Stadt Oklahomas. Für das Strafrecht gilt damit Bundesgerichtsbarkeit. Für zivilrechtliche Angelegenheiten wird infolge des Urteils zwischen dem Staat Oklahoma und den Fünf Stämmen eine geteilte Gerichtsbarkeit ausverhandelt.[217]

Die planmäßige Politik des Ethnozids an den Plains-Indianern ab den 1880er-Jahren

Die meisten Angehörigen der geschlagenen Plains-Indianer sahen sich nach der endgültigen Niederlage ihrer Nationen zum Leben in einer der zahlreichen Reservationen verbannt, in „Schutzgebieten", die meistens aus wertlosem, ödem Land bestanden und in unzähligen Berichten als „Gefangenen- bzw. Umerziehungslager" beschrieben wurden. Hier waren sie außerdem völlig abhängig von den Lebensmittelrationen der Regierung und dem Gutdünken und der oftmaligen Willkür der Indianeragenten und der Armee, die in den Reservationen das Sagen hatten.[218] Anders, als ihre euphemistische Benennung glauben macht, waren sie eben keine Schutzzonen, in denen die First Peoples ihre ureigene Kultur ungestört leben konnten, sondern sie entpuppten sich nur zu rasch als Orte einer neuen Sozialtechnik, durch die man den Indianern all das auszutreiben versuchte, was sie zu Indianern machte. Dabei weisen die Bundesstaaten Arizona, Kalifornien, South Dakota, Montana, New Mexico, Oregon und Washington bis in unsere Gegenwart die größte Anzahl von Reservationen auf, für die fast ausnahmslos Landstriche mit kargen Böden oder mit Wüstenklima ausgesucht worden waren, an denen weiße Rancher oder Farmer ohnehin keinerlei Interesse gehabt hatten. Diese Enklaven im amerikanischen Siedlungsteppich waren also tatsächlich nichts anderes als Institutionen der kolonialen Fremdbestimmung, nach Michel Foucault eigentliche „Dispositive der Macht, die

[216] Siehe S. 26 der vorliegenden Arbeit.
[217] https://de.wikipedia.org/wiki/Indianerterritorium.
[218] Jeier, 272.

bis weit ins 20. Jahrhundert hinein die Grundlage der US-Indianerpolitik blieben[219] und Jahrzehnte der Gefangenschaft, Fremdbestimmung und Unfreiheit deren Bewohner einläuteten".[220] Bezeichnenderweise gehörten zu ihrer Grundausstattung Modellfarmen, Schulen, Internate, christliche Missionskirchen und indianische Polizeikorps unter dem Kommando der jeweiligen Indianeragenten.[221]

Als 1887 in Washington mit dem „General Allotment Act" ein Landaufteilungsgesetz verabschiedet wurde, welches die Integration der indigenen Völker der USA beschleunigen und sie zu US-Amerikanern machen sollte, fand diese Absicht auch bei nicht wenigen Angehörigen der Indianer Unterstützung, die der Auffassung waren, dass es nur auf diese Weise möglich wäre, längerfristig in der Neuen Welt zu überleben. Bereits wenige Jahre vorher, 1881, hatte Carl Schurz das jedoch eigentlich zugrunde liegende Problem mit den Worten beschrieben: „Die größte Gefahr, die über der indianischen Rasse schwebt, rührt von der Tatsache her, dass sie mit ihren großen und wertvollen territorialen Besitzungen, die ungenutzt daliegen, dem im Wege stehen, was gemeinhin die ‚Entwicklung des Landes' genannt wird."[222] Kritik an dem am 08. Februar zur Abstimmung stehenden Gesetz kam nur von Senator Henry M. Teller aus Colorado, „weil es die Native Americans ihres Landes berauben und sie in absehbarer Zeit zu ‚Vagabunden' auf der Erdoberfläche machen würde".[223] Infolge dieses Gesetzes sollten die Reservationen aufgeteilt und in Privatbesitz umgewandelt werden. Etwaiges „Überschussland" aber sollte für einen möglichen Erwerb durch weiße Siedler reserviert sein. Diese Politik aber war von vorneherein zum Scheitern verurteilt, weil die Indianer keinen Privatbesitz kannten und dem unfruchtbaren Land ohnehin keine Erträge abgewinnen konnten.[224] So verschlechterten sich deren Lebensbedingungen in den Reservationen in der Folge in einer Weise, die seitens der Reformer nicht vorgesehen war. Kaum vorbereitet darauf, als selbstständige Bauern in der kapitalistischen Welt zu bestehen, verloren viele Indianer ihren Grund und Boden rasch wieder und standen damit ökonomisch vor dem Nichts. Die meisten Reservationen verwandelten sich somit sehr schnell zu Orten der Verelendung und der daraus resultierenden Verzweiflung. Viele ihrer Bewohner gerieten in eine Welt des sozialen Elends, des Alkoholismus und des frühzeitigen Todes.[225] Auch die Administration unter Präsident Roosevelt (1901–1909) fand sich nicht dazu bereit, auf eine Verbesserung der Lebensbedingungen der Native Americans hinzuwirken. Vielmehr löste sie das „Indian Territory" auf, das 1834 als Landreserve für die durch die damalige Umsiedlungspolitik entwurzelten indianischen Nationen eingerichtet worden war, auf dessen Gebiet 1907 in der Folge der Bundesstaat Oklahoma installiert wurde. Roosevelt ging es dabei vor allem auch darum, die Schaffung eines künftigen eigenen, d.h. indianischen Bundesstaates Sequoyah, welcher 1905 von den gewählten Delegierten der „fünf zivilisierten Stämme" (Cherokee, Creek, Choktaw und Seminole) in Muskogee für den östlichen Teil des „Indian Territory" vorgeschlagen worden war, zu verhindern.
Insgesamt sollte Nordamerikas viele Tausende Jahre alte indianische Geschichte hier ihren absoluten Tiefpunkt erreichen – nicht nur demographisch und wirtschaftlich, sondern nicht zuletzt auch kulturell, sozial und politisch.[226]

---

[219] Mattioli, 290. Hier bezieht sich Mattioli auf Michel Foucault: Dispositive der Macht. Über Sexualität, Wissen und Wahrheit, Berlin 2008, S. 119ff.
[220] Mattioli, 292.
[221] Jeier, 290f.
[222] zitiert nach Mattioli, 306, der sich dabei bezieht auf Carl Schurz: „Present Aspects of Indian Problem", 1881 - In: Francis Paul Prucha: Americanizing, S. 137.
[223] zit. nach Mattioli, 307, Bezugnahme auf Henry M. Teller: „Debate in the Senate on Land in Severalty" – In: Francis Paul Prucha Americanizing, S. 137.
[224] Jeier, 272f.
[225] Siehe hierzu ausführlich Mattioli, 306-310.
[226] Ebenda, 343ff.

Vermarktung der Indianer in Wildwestshow-Tourneen in den USA und in Deutschland

Zur Zeit der auf den endgültigen Untergang der nordamerikanischen Plains-Indianer folgenden Jahre erfolgte vor allem gerade auch in Deutschland deren Popularisierung, dies nicht zuletzt auch durch die Beliebtheit, derer sich hier die in den USA spielenden Reiseerzählungen Karl Mays zu erfreuen begannen, in denen der, allerdings fiktive, Apache-Häuptling Winnetou zu einem Prototyp des edlen Wilden und zu einem Edelmenschen stilisiert wurde. Dabei geht es hier aber realiter um nationalistisch geprägte Erzählungen zu erfundenen „deutschen Helden". „Bei Karl Mays ‚Westmann-Gesellschaft' auf den nordamerikanischen Prärien handelt es sich bei den positiven Gestalten und Identifikationsträgern immer wieder, ja man kann getrost sagen fast ausschließlich, um Deutsche (‚Old Shatterhand', ‚Old Firehand' und andere) oder wenigstens Trapper und Helden deutscher Abstammung, quasi ‚mit Ariernachweis', die zumindest einen deutschen Großvater bzw. eine deutsche Großmutter unter ihren Vorfahren aufzuweisen haben (z.B. Sam Hawkins). Sie und vielleicht noch einige Helden angelsächsischer, d.h. wohl ‚nordischer' Abstammung werden – abgesehen von eventuellen kleinen sie charakterisierenden Eigenheiten, ‚Spleens', die sie wohl noch liebenswerter machen, durchwegs positiv dargestellt, während beispielsweise Franzosen oder Vertreter südlicher Länder vorwiegend Negativfiguren bilden. (…) Auffällig und ebenfalls ablehnenswert ist auch das krasse ‚Führerprinzip' das den May'schen ‚Reiseromanen' eignet: Ein junger, zumeist als Greenhorn verkannter Deutscher zeichnet sich in der Wildnis als allwissender und gleichsam omnipotenter Überheld und ‚Universalgelehrter' aus, der immer recht behält und schier unglaubliche Heldentaten begeht. Seine Gegner, Kritiker oder all diejenigen Menschen, die sich seinen Ratschlägen widersetzen, werden im Verlauf der Geschichte vom ‚Schicksal' bitter bestraft und erleiden einen oftmals qualvollen Tod, wenn sie sich nicht im Verlauf der Handlung eines Besseren besinnen und der Sichtweise des unfehlbaren Helden unterordnen. (…) Karl Mays Winnetou stellt dabei den Prototyp des ‚Edlen Wilden' schlechthin dar, dies aber ‚nur zu verständlich', sind seine Apachen doch schon in des jungen Häuptlings Jugendzeit von einem weißen Missionar – natürlich ebenfalls deutscher Abstammung! - ‚humanisiert' und zivilisiert worden. Vor diesem Hintergrund nimmt es denn auch nicht Wunder, wenn der von meuchlerischer Mörderhand niedergestreckte Winnetou dann auch unter den Klängen eines katholischen Marienliedes, von einem sächsischen Männerchor gesungen, noch auf dem Totenlager zum Christentum konvertiert. Seine letzten Worte: „Mein Bruder Charly, Winnetou ist Christ". Andere Indianer, soweit sie sich nicht ‚im Dunstkreis der deutschen Helden' bewegen und als Feinde auftreten, entsprechen dagegen immer wieder dem Klischee der blutrünstigen, heimtückischen und unbarmherzigen Wilden, die demzufolge gerechterweise bestraft werden müssen. Humanistische Passagen, die Karl May den Protagonisten seiner frühen Reiseerzählungen bisweilen in den Mund legt, und in denen Verständnis und Mitgefühl für den ‚Roten Mann' gefordert wird, bleiben dagegen an der Oberfläche."[227] Immerhin wurden die Mayschen „Reiseerzählungen" in Deutschland über mehrere Generationen hinweg, und dies bis in die 1960er/1970er-Jahre, zu regelrechten Bestsellern, die mit Winnetou das Bild des edlen Prärieindianers in zahllosen Köpfen junger – und oftmals auch älterer – Menschen prägten und verankerten. Zu Anfang war es dabei der bis heute in Regensburg ansässige streng katholische Friedrich-Pustet-Verlag gewesen, in dessen 1874 gegründete Wochenzeitschrift „Deutscher Hausschatz in Wort und Bild" von 1878 bis 1891 die ersten auf dem amerikanischen Kontinent spielenden Abenteuer-Fortsetzungsgeschichten Eingang fanden, und dies zur Zeit des endgültigen Untergangs der nordamerikanischen Prärieindianer, der den meisten der damaligen Zeitgenossen durchaus geläufig gewesen sein dürfte. Ab 1892 wurden zudem auch, zusammengesetzt aus älteren

---

[227] Uli Otto & Till Otto: Auf den Spuren der Söhne der großen Bärin. Untersuchung zum historischen und kulturgeschichtlichen Hintergrund der Jugendbücher „Die Söhne der großen Bärin" von Liselotte Welskopf-Henrich. Regensburg 2001, S. 15ff.

Zeitschriftenbeiträgen und neu Hinzugeschriebenem, von Friedrich Ernst Fehsenfeld die „Gesammelten Reiseerzählungen“ Mays als komplette Romane herausgegeben. Der Autor erreichte hier den Höhepunkt seines Schaffens und stilisierte sich in der Folgezeit immer mehr als ein „wirklicher und wahrhaftiger Reiseschriftsteller“, der vor seiner staunenden Leserschaft seine „tatsächlich erlebten Abenteuer“ ausbreitete und ab 1896 schließlich sogar massenhaft Fotos von sich in „Old-Shatterhand“- bzw. „Kara-Ben-Nemsi-Kostümierung“ in alle Welt verschickte.

Linkes Bild: **Karl May – Selbststilisierung im Westmann-Kostüm.**[228]
Rechte Bilder: **Zeitgenössische Karikaturen auf den „Reiseschriftsteller“ Karl May.**[229]

Für diese Selbststilisierung Karl Mays, die irgendwann einmal als Täuschungsversuch auffliegen musste, hat wohl eine entscheidende Rolle gespielt, dass es sich bei ihm, aufgrund seiner schwierigen familiären Verhältnisse und seiner daraus resultierenden gestörten Entwicklung von jüngster Jugend an, um eine labile und psychisch nicht gefestigte Persönlichkeit mit einem ausgeprägten Hang zum Hochstaplertum gehandelt hat, die sich zeitweise in eine Traumwelt versetzte, um auf diese Weise der tristen und misslichen Realität seines Lebens zu entgehen.
Hans Wollschläger, seinerzeit einer der besten Kenner der Karl Mayschen Biographie und Werke, hat in seinem Standardwerk zu Karl May bereits in den 1970er-Jahren dessen schwere seelische Störungen, d.h. seinen Narzissmus und hochneurotischen Charakter herausgearbeitet und nachgewiesen.[230] Für Mays schriftstellerisches Schaffen mag seine damalige Flucht in eine Traumwelt durchaus hilfreich gewesen sein. Aber einmal in dieser Rolle und durch sie festgelegt, wurde es für ihn, zumal vor dem Hintergrund der Blütezeit des Wilhelminischen Militarismus und aufkommenden deutschen Imperialismus, immer schwieriger zuzugestehen, dass er, während die meisten seiner männlichen Zeitgenossen auf irgendeine Weise in die - vor allem in der Erinnerung heldenhaften - Kämpfe der deutschen Einigungskriege (1864-1871) involviert gewesen waren, eben im Zuchthaus gesessen hatte, anstatt an der Seite Winnetous über die amerikanischen „dark and bloody grounds“ oder mit Hadschi Halef Omar durch die Wüsten Arabiens oder die Schluchten des Balkans zu reiten und heldenhafte Abenteuer zu

---

[228] https://www.ecosia.org/images?=Karl%20May%20. Interessante Hinweise zu Karl May finden sich u.a.auch bei Hans Hintze: Liebe Leid und Größenwahn. Eine integrative Untersuchung zu Richard Wagner, Karl May und Friedrich Nietzsche. Würzburg 2007.
[229] Abb. entnommen aus Klaus Hoffmann: Kurzführer durch die Ausstellungen „Indianer Nordamerikas“ und „Karl May: Leben und Werk“. Ausstellung in der Villa „Shatterhand“, Radebeul 1992, S. 24 sowie Derselbe: Karl May. Leben und Werk, S. 88
[230] Hans Wollschläger: Karl May. Grundriss eines gebrochenen Lebens. Zürich 1976, Aufl. von 1989 mit Interpretationen zu Leben und Werk.-

bestehen, sowie implizite christliche Missionierungsversuche der deutschen Protagonisten in deren Umfeld in Angriff zu nehmen und somit „Entwicklungshilfe“ im Sinne des Deutschen Kaiserreiches sowie der katholischen Kirche zu leisten.

Karl May war dabei im Gegensatz zu Liselotte Welskopf-Henrich[231] ein bloßer „Schreibtischautor bzw. -täter“, der sein Wissen über die Indianer und andere Völker fast ausschließlich aus älteren und zeitgenössischen Büchern bezog und darauf seine Phantasiegeschichten aufbaute. Die einzigen wirklichen Indianer, denen er jemals in ihrem Umfeld begegnete, besuchte er anlässlich einer rein touristischen USA-Reise, die ihn am 04. September 1908 von Bremen aus zunächst nach Bremerhaven führte, wo May zusammen mit seiner Frau Klara am folgenden Tag den Luxusdampfer „Großer Kurfürst“ bestieg, der schließlich am 15. September New York erreichte. Hier verweilte das Paar knapp eine Woche und stattete in dieser Zeit u.a. der Kirche der „Christian Scientists“ einen Besuch ab. Vom 21. bis zum 27. September 1908 fuhren die Mays sodann mit dem Dampfer "*New York*" den Hudson-River hinauf bis nach Albany, wo sie alte Bekannte besuchten. Von dort aus ging es weiter nach Buffalo und zu den Niagara-Fällen, wo die Mays einige Tage im Hotel Clifton House auf der kanadischen Seite Logis nahmen. Tagesausflüge führten die Mays unter anderem in die Reservation der Tuscarora-Indianer, die bei ihm jedoch keinen bleibenden Eindruck hinterließen …

Das einzige Foto von Karl May mit Indianern (bei den Tuscaroras)[232]

Die heute als unsäglich und unerträglich erscheinende paternalistisch-überhebliche Attitüde und das christlich-katholisch-missionarische Gehabe Karl Mays, wie es in dessen häufigen Belehrungen seinen Gefährten, etwa im Orient Hadschi Halef Omar, gegenüber immer wieder auch in der Ablehnung anderer Religionen bzw. religiöser Auffassungen zum Ausdruck kommt, entspricht durchaus dem Zeitgeist dieser vom Imperialismus geprägten Epoche in Deutschland und ähnelt derjenigen, wie sie seinerzeit auch in den nordamerikanischen und kanadischen Indianerinternaten an den Tag gelegt wurden, in denen im Übrigen oftmals gerade deutschstämmige Missionare, Erzieher und Nonnen tätig waren.[233]

---

[231] Siehe S. 88 der vorliegenden Arbeit.

[232] Abb. entnommen aus https://www.karl-may-wiki.de/index.php/Amerikareise.

[233] Siehe hierzu Menrath in seinen Schlussbetrachtungen, 248ff.

Das Ende des 19. Jahrhunderts war zudem vor allem der Höhepunkt des Imperialismus in Deutschland und parallel dazu auch die Zeit einer wachsenden Exotenbegeisterung überall in Europa. So wurden bereits auf der Weltausstellung in Paris Angehörige kolonialer Völker in Käfigen präsentiert, wobei „die Wilden" irgendwo auf einer Grenzlinie zwischen Tier und Mensch angesiedelt waren.
„Just in den 1880er-Jahren, als die politische Elite ihre aggressive Assimilationskampagne gegen die Reservationsindianer auf den Weg brachte und damit eine ‚Periode der kulturellen Unterdrückung in ihrer schwersten Form' einläutete, legte die heterogene, von zahlreichen inneren Konflikten zerrissene US-Gesellschaft eine in dieser Form nie dagewesene Faszination für die Eroberung des Westens an den Tag".[234] Was die „Erinnerungen" an die realen Indianer anbelangt, sollten hierbei vor allem die damals aufkommenden Wildwestshows eine nicht zu unterschätzende Rolle spielen, als diese in den Jahren von 1870 bis 1920 in den USA sowie in Europa zur Aufführung kamen. Ursprünglich waren diese Darbietungen als bloße Theaterbühnen-Produktionen geplant worden, die sich in der Folge jedoch zu aufwändigen open-air-Veranstaltungen entwickeln sollten und romantische Stereotypen zu Cowboys, Prärie-Indianern, Armee-Scouts, Gesetzlosen und wilden Tieren des nordamerikanischen Westens produzierten und verfestigten. Während einige der dargebotenen Stücke dabei auf tatsächlichen Ereignissen basierten, waren andere im Gegensatz hierzu rein fiktional und übertrieben. Hier muss vor allem Bill Cody alias „Buffalo Bill" (*1846 +1917) Erwähnung finden, der die Indianer als Erster nach Europa brachte. William Frederick Cody, so sein richtiger Name, war ein US-amerikanischer Bisonjäger, Soldat und Showman, der für den Pony-Express und als Kundschafter für die US-Armee gearbeitet hatte, ab 1883 mit seiner „Buffalo Bill's Wild West Show" durch die Staaten sowie um die Welt zog und so zu einer der berühmtesten Figuren des legendären „Wilden Westens" wurde. Codys Show stellte ein riesiges Aufgebot an Menschen und Tieren dar, und es gelang ihm sogar, berühmte indianische Häuptlinge wie Sitting Bull als Mitwirkende zu engagieren. Letzterer, der unter anderem durch einige Auftritte bei Wildwestshows in den USA bekannt war und sich für eine Versöhnung mit den ehemaligen Kriegsgegnern einsetzte, zählte dabei nicht – wie ursprünglich geplant – zu den Teilnehmern der Europa Tourneen, da er zuvor, 1890, von Reservationspolizisten bei seiner versuchten Verhaftung erschossen worden war, weil er weiterhin als potentieller „Unruhestifter" und Gefahr galt. Ab 1893 erfolgte in den USA eine Reihe von Wildwestshow-Tourneen, deren Ausgangsort Chicago war. Mit drei Zügen und 60 Eisenbahnwaggons war man unterwegs und gab zwei Aufführungen täglich, jeden Tag in einer anderen Stadt.[235] „In Buffalo Bills Shows, die zu Massenspektakeln gerieten, die, und dies nicht nur in den USA, über Jahre Heerscharen von Zuschauern und Zuschauerinnen anzogen, kamen Pferdeparaden, Alltagsszenen aus indianischen Dörfern, Kriegstänze, Bisonjagden, Scharfschützen, Kunststücke und als dramatischer Höhepunkt jeweils ‚Custers Last Stand' in der Schlacht vom Little Bighorn zur Aufführung", wobei Custers Tod niemals ungesühnt blieb und Buffalo Bill hier selbst die Rolle übernahm, Yellow Hair zu töten und so symbolisch Rache für das militärische Desaster der 7. Kavallerie zu nehmen.[236]
Dabei gelang es Cody mit Sitting Bull zeitweilig eben sogar, „den prominentesten Indianer der USA für seine Show zu engagieren. (…) Der berühmte Anführer der Hunkpapa Lakota wurde zum Star der Tournee und zu einem Kassenschlager",[237] wobei bei ihm wohl „Neugier auf die im Osten der USA und Kanadas entstandene neue Welt eine Rolle" gespielt haben dürfte „und auch die Hoffnung, durch seine Auftritte, Kontakte und Interviews Verständnis für die Anliegen seines Volkes wecken zu können. Durch sein Engagement konnte er überdies die bedrückenden Verhältnisse des Reservationslebens für eine Weile hinter sich lassen. Und gewiss wollte er

---

[234] Mattioli, 321.
[235] Siehe hierzu Ebenda, S. 321-326, dsgl. Jeier, 168f.
[236] Mattioli, 324, Bungert, 145.
[237] Mattioli. 325.

auch die junge Kunstschützin Annie Oakley wiedersehen, die er im Jahr zuvor während eines Aufenthalts in St. Paul kennengelernt hatte. Beeindruckt von ihren sensationellen Schießkünsten hatte er sie als Tochter adoptiert und ihr den Namen Watanya Cecilla (Little Sure Shot) gegeben. Keine entscheidende Rolle scheinen dagegen das üppige Honorar von 50 Dollar pro Woche, der Extra-Bonus von 125 Dollar und das ihm erteilte Recht, seine Porträts und Autografen exklusiv vermarkten zu können, gespielt zu haben. Denn einen Großteil seines plötzlichen Geldsegens verteilte Sitting Bull in den zwölf Städten, in denen Buffalo Bills Tross in den USA und Kanada Halt machte, großzügig an Straßenkinder und Obdachlose. (…) Zwar war er beeindruckt von der Größe der Städte und der schieren Zahl ihrer Bewohner. Doch Lärm, Gestank und Geschäftigkeit der weißen Welt waren Sitting Bulls Sache nicht. Er freute sich auf die Einsamkeit in den Great Plains und kehrte niemals mehr in den Osten zurück".[238] Übrigens diente auch die Teilnahme der Chiefs Geronimo (Apache), Quanah Parker (Comanchen), American Horse und Holloe (Sioux), Sapia (Ute), Little Plume (Blackfeet) an der Spitze einer Blaskapelle mit indianischen Musikern und 350 uniformierten Kadetten der „Carlisle Indian Industrial School" an der Inaugurationsparade vom 04. März 1905 in Washington, die den rassistischen Präsidenten Theodore Roosevelt in dessen 2. Amtszeit einführen sollte, vor allem deren Hoffnung, Positives für ihre unterdrückten Nationen bewirken zu können.[239]
In Deutschland wurde *Buffalo Bill's Wild West Show* erstmals am 19. April 1890 in München aufgeführt, wo sie vom 19. April bis zum 5. Mai 1890 auf der Theresienwiese gastierte. Extra hierfür war ein etwa 6.000 Zuschauer fassendes Zelt aufgebaut worden. Die stets ausverkauften, dreistündigen Nachmittagsvorstellungen wurden noch von Menschen verfolgt, die sich auf umliegenden Hausdächern postiert hatten. Dabei zählten auch Prinz Ludwig, der spätere König Ludwig III. von Bayern, und sein Hofstaat zu den Ehrengästen.
Vom 16. bis 21. Juli 1890 campierte Cody in Braunschweig auf dem Leonhardplatz. Es folgten sodann unter anderem Auftritte in Bremen Anfang September 1890 sowie im darauffolgenden Jahr in Karlsruhe. Während einer weiteren Europatournee trat Buffalo Bill am 16. Juni 1906 in Trier auf. Nach der Jahrhundertwende flaute das Publikumsinteresse an seiner Show allmählich ab – das neue Medium war das aufkommende Kino. Auch Cody orientierte sich daher um und gründete nunmehr eine Filmgesellschaft, der aber kein anhaltender Erfolg beschieden war. Investitionen in nicht vorhandene Silberminen sowie seine Freigebigkeit sollten ihn schließlich vollends ruinieren. 1906 ging es allerdings noch einmal durch Europa mit 45 Stationen vor allem in Deutschland, dieses Mal aber auch bis nach Polen und die Tschechoslowakei. Die großen Metropolen standen dabei allerdings nicht mehr auf dem Programm.

Sitting Bull und Buffalo Bill[240]

Buffalo Bill's Wild West Shows[241]

[238] Mattioli, 325f.
[239] Ebenda, 341f.
[240] Abb. entnommen aus Capps, S. 221.
[241] Abb. entnommen aushttps://de.wikipedia.org/wiki/Buffalo_Bill.

In Hamburg tat sich außerdem in jenen Jahren insbesondere der Zoogründer Carl Hagenbeck dadurch hervor, dass er den Besuchern sogenannte „Wilde“ präsentierte, wobei im Jahr 1910 sogar eine Oglala-Sioux-Show unter freiem Himmel angeboten wurde.[242]

Linkes Bild **Adolph Friedländer-Plakat für eine Singhalesen-Völkerschau, 1886**[243]
Rechtes Bild **Kaiser Wilhelm II. bei einer Völkerschau im Tierpark Hagenbeck**[244]

Eine weitere Möglichkeit, echte Indianer zu sehen, boten außerdem die Indianershows des ehemaligen Zirkusclowns Stosch alias „Sarasani“, nachdem dieser 1901 Tiere, Technik und Zeltzubehör eines pleite gegangenen Zirkus ersteigert und binnen nur eines Jahres ein neues Zirkusunternehmen auf die Beine gestellt hatte. „Schon 1902 lädt der junge, geschäftstüchtige Jung-Unternehmer zu einer glänzenden Premiere in Meißen - und wartet mit einer Sensation auf: Es ist der erste elektrisch beleuchtete Zirkus, „der modernste Circus der Jetztzeit", wie er sich selbst bewirbt. Dieser bietet Platz für 3.600 Zuschauer und wartet mit einem „vorzüglich eingerichteten Buffet" auf, wie der Zirkus später in seiner eigenen Chronik festhält. Der einstige Pleitezirkus ist umfunktioniert zum schillernden Palast im Stil der "Belle Epoque" mit Fassaden, die mit italienischen Originalgemälden geschmückt sind. Stoschs Aufführungen sind mehr als ein aneinander gereihtes Nummernprogramm - Sarasani erfindet Gesamtkunstwerke, wo unter anderem auch Sioux-Indianer Anstellung fanden.[245]

Werbeplakate des Circus Sarrasani[246]

---

[242] Siehe hierzu https://de.wikipedia.org/wiki/Carl_Hagenbeck
[243] Abb. entnommen aus Ebenda.
[244] Abb. entnommen aus Ebenda.
[245] https://www.mdr.de/zeitreise/geschichte-circus-sarrasani100.html.
[246] Abb. entnommen aus Ebenda.

Indianershow - Sioux-Indianer vor dem Zirkus Sarrasani in Dresden (1928)[247]

Sioux-Indianer auf Sightseeing-Tour vor dem Heidelberger Schloss[248]

247 Abb. entnommen aus Ebenda.
248 Abb. entnommen aus https://www.mdr.de/zeitreise/geschichte-circus-sarrasani100.html.

Die Herausbildung der ersten panindianischen Bewegungen
Indianer und Indianerpolitik in der ersten Hälfte des 20. Jahrhunderts

Während der ersten Hälfte des 20. Jahrhunderts gerieten die Indian Nations der USA weitgehend aus dem Fokus des Interesses einer breiteren Weltöffentlichkeit, da die Zeit bis 1945 vor allem von den beiden Weltkriegen und dazwischen von der Weltwirtschaftskrise geprägt war.

Zu Beginn des Jahrhunderts hatten sich zwar, ausgehend von der Initiative von in den Indianer-Internaten ausgebildeten Indigenen, die ihre dort erworbenen Fähigkeiten und Kenntnisse dafür nutzten sich für die Belange ihrer Nationen einzusetzen, die ersten zivilgesellschaftlichen panindianischen Organisationen herausgebildet. Obwohl diese nur wenige Jahre bestehen sollten, trugen sie dennoch mit dazu bei, die Indian Americans stärker in die euroamerikanische Gesellschaft einzubinden.[249] Dazu zählte ab 1911 die „Society of American Indians“ (SAI), der zu Spitzenzeiten neben 500 Euroamerikanern auch 600 Indian Americans angehörten, wobei ein Viertel aller Indianer in der Verwaltung tätig waren oder als Ärzte, Architekten oder Anwälte arbeiteten. Die Mitglieder hielten jedes Jahr Konferenzen, gaben Broschüren und seit 1913 eine eigene Zeitschrift heraus, betrieben politische Lobbyarbeit und berieten Indianer bei anfallenden rechtlichen Problemen, bis die SAI 1923 an Konflikten über die Zukunft der Reservationen zerbrach.[250]

Zur Annäherung vieler Indianer an die euroamerikanische Gesellschaft kam es vor allem durch die gemeinsamen Erfahrungen während des Ersten Weltkriegs, zumal es sich bei mehr als der Hälfte der 12.000 indianischen Soldaten um Kriegsfreiwillige handelte. Diese mussten dabei nicht in segregierten Einheiten kämpfen, wenn sie auch aufgrund verbreiteter Stereotype vor allem als Fährtenleser, Kundschafter, Scharfschützen oder Spione eingesetzt wurden, die sich zudem untereinander in ihrer indigenen Sprache verständigen konnten wie etwa die Choctaws und Cherokees. Ihr Ruf als „geborene Krieger“ und daher besonders gute Kämpfer führte zu einer überproportional hohen Gefallenenrate.[251] In dieser Zeit engagierten sich auch viele indigene Frauen als Krankenschwestern oder ersetzten die im Kriegsdienst befindlichen Männer in ihren Reservationen.[252] Während der Krieg einerseits Kontakte zu Euroamerikanern verstärkte und viele Veteranen danach zu Führungspersönlichkeiten in ihren Gruppen aufstiegen, führte er andererseits für die meisten Indigenen nur zu mehr Bürokratie und zu vermehrter Armut. Als folgenreich erwies sich vor allem, dass die Kriegsveteranen bereits 1919, und alle Indianer 1924 als Dank für den geleisteten Kriegsdienst und aufgrund des Krieges für die „Selbstbestimmung aller Nationen“, die US-amerikanische Staatsbürgerschaft erhielten.[253]

Zehn Jahre später kam es auf Initiative von Präsident Herbert Hoover (1929-1933) zur Politik des „New Deals“, wodurch sich die Lebensbedingungen der Indianer nach dem Stopp des Assimilierungsprogramms durch einen neuen Indianerkommissar, der bis 1945 im Amt bleiben sollte, durch verschiedene Arbeitsbeschaffungsmaßnahmen verbessern und die indigene Kultur eine Wiederbelebung erfahren sollte. Außerdem wurde an Verbesserungen der Gesundheitsversorgung gearbeitet, und es gab finanzielle Förderprogramme zum Besuch von Handelsschulen oder Schulen mit handwerklicher Ausbildung, in manchen Fällen auch von High Schools. Zudem wurde die Selbstbestimmung indigener Gruppen auch dadurch gefördert, dass sie in ihren Reservationen Stammesregierungen bilden, sich eine eigene Verfassung geben, wirtschaftliche Korporationen gründen, sowie ihre Belange betreffend mit den Regierungen der einzelnen Bundesstaaten und mit der Bundesregierung in Washington in direkte Verhandlungen treten konnten. Ein weiterer Schwerpunkt bestand in der Förderung indianischer Traditionen

---

249 Bungert, 174.
250 Siehe Ebenda, 168ff.
251 Ebenda, 174.
252 Ebenda, 174.
253 Ebenda, 175.

mit dem Ziel des Erhalts indigener Kultur und Kunst als wertvollen Beitrag zur US-amerikanischen Kultur. Hierbei fand auch indianische Kultur und Geschichte nunmehr Eingang in die Lehrpläne indianischer Schulen. Dennoch sollten sich die Verhältnisse nicht wirklich grundlegend verbessern.
Auch sollte der Zweite Weltkrieg derartige Ansätze beenden, weil die staatlichen Gelder nunmehr für militärische Zwecke gebraucht wurden.[254] Diesmal leisteten ungefähr 25000 Indianer Kriegsdienst, fast 22000 von ihnen bei der kämpfenden Truppe. 550 von ihnen fielen, 700 erlitten Verwundungen. Auch hier hatten sich wieder viele freiwillig gemeldet, deren Motive von Patriotismus über Kriegertraditionen bis hin zu finanziellen Gründen reichten. Besonders bekannt wurden dabei später, nach Aufhebung ihrer Geheimhaltung im Jahr 1969, die „Navajo Code Talkers", ca. 500 Funker im pazifischen Raum, die Nachrichten in einem von den Deutschen und Japanern nicht zu entschlüsselnden Code übermittelten, der auf der athabaskischen Navajo-Sprache beruhte. Außerdem kamen Code-Sprecher auch als reguläre Soldaten zum Einsatz, wobei manche von ihnen von US-Soldaten für Japaner gehalten und deshalb fast von den eigenen Truppen getötet wurden.[255]

Indianer und Indianerbewegung ab der zweiten Hälfte des 20. Jahrhunderts

Die Besetzung von Alcatraz (1969-1971), Mount Rushmore (1970) und Wounded Knee (1973)

Nach dem Zweiten Weltkrieg wurden seitens der Politik erneut die alten Assimilationspläne aufgegriffen. Infolgedessen wurden vom neuen Indianerkommissar Dylon S. Myer elf Regionalbüros des Indian Departements eingerichtet, um den Einfluss von höheren Beamten in Washington zu vermindern. Unter Myers Ägide wurden auch wieder vermehrt indigene Kinder aus vorgeblich schwierigen Familienverhältnissen in die Obhut euroamerikanischer Pflegefamilien gegeben, wo sie ihre indianische Identität vergessen sollten. Auch auf dem Schulsektor war als Leitbild wieder die Assimilierung an euroamerikanische Standards angesagt, wodurch der Schwerpunkt sich dementsprechend von Tagesschulen in den Reservationen auf Internate verlagerte, dies insbesondere für traditionell ausgerichtete Indianer gedacht, die in öffentlichen Schulen oftmals stark diskriminiert wurden. Allmählich wurde diesen auch der Abschluss der High Schools ermöglicht, den in den 1960er-Jahren immerhin ein Drittel aller indigenen Schüler erlangte. Ab 1957 existierte außerdem auch ein Stipendienprogramm, durch das mehr Indianerkindern auch eine Universitätsausbildung ermöglicht wurde.[256] Auf der anderen Seite unterlagen die Indianer nunmehr denselben Gesetzen wie alle anderen Amerikaner auch, so etwa der Steuerpflicht, und sie sollten aus ihrem Mündelstatus entlassen werden. Dies entsprach der konservativen Politik der Republikanischen Partei, die für einen Rückzug des Staates unter Einsparung von Bundesgeldern votierte, ihr Vertrauen auf Individualismus und Kapitalismus setzte und deren Ziel in Zeiten des Kalten Krieges die größtmögliche Konformität aller Bürger war.[257] Zudem versprachen sich viele vor Ort lebende Euroamerikaner durch diese Politik einen für sie möglichst günstigen Erwerb von Ländereien, die sich noch im Besitz von Indianern befanden.[258]

Die widersprüchliche und letztlich unentschlossene Politik der darauffolgenden Jahre, die Mischung aus neuen Möglichkeiten panindianischer Arbeit bei gleichzeitiger Frustration über die weiter bestehende schlechte rechtliche und soziale Lage vieler Indianer, führte zwangsläufig zur indianischen Bürgerrechtsbewegung (Red Power-Bewegung) der 1960er- und 1970er-

[254] Siehe Bungert, 177-184.
[255] Ebenda, 185.
[256] Ebenda, 188.
[257] Ebenda, 199.
[258] Ebenda, 191.

Jahre, die sich nicht zuletzt am Modell der afroamerikanischen Bürgerrechtsbewegung orientierte.[259]

Bereits seit den frühen 1960er-Jahren hatten viele Indianer Aktionen der seit den 1950-ern bestehenden Bürgerrechtsbewegung der Afroamerikaner und Chicanos gegen deren Diskriminierung aktiv unterstützt und sich daher in der Folge 1963 an deren Marsch auf Washington sowie 1964 am Freiheitssommer in Mississippi, an Aktionen Martin Luther Kings in Birmingham, sowie 1968 an der afroamerikanischen „Poor People's Campaign" beteiligt.[260]

Längerfristig planten sie auch eigene Aktionen, etwa die Besetzung der ehemaligen Gefängnisinsel Alcatraz, wobei es ihnen hierbei vor allem um ihre Souveränität und die Einhaltung alter Vertragsrechte ging.

Alcatraz, eine 8,5 Hektar große, etwa 500 Meter lange und bis zu 41 m aus dem Pazifik ragende US-amerikanische Felsinsel in der Bucht von San Francisco, Kalifornien, rund 2 km vor dem Festland, war wegen ihrer Lage in der zweiten Hälfte des 19. Jahrhunderts ursprünglich als Standort für ein befestigtes Fort genutzt worden. Bereits ab 1861 war darin ein Gefängnis integriert worden, das zunächst vor allem für kriegsgefangene Konföderierte während des Sezessionskrieges gedacht war. Anfang der 1930er-Jahre wurde das Fort sodann zur Gefängnisinsel umgebaut und fungierte von 1934 an als das zur damaligen Zeit bekannteste und berüchtigtste Hochsicherheitsgefängnis der USA, das aufgrund zu hoher Betriebskosten 1963 allerdings aufgegeben wurde.[261]

Im Jahr 1964 sowie von Ende 1969 bis Mitte 1971 gelangte die seit der Schließung der Haftanstalt für die Behörden als unbewohnt geltende Insel durch politisch motivierte Besetzungsaktionen der Indianerbewegung AIM zu erneuter öffentlicher Aufmerksamkeit. Die damaligen Besetzer, eine kleine Gruppe von Lakotas aus San Francisco, unter ihnen Walter und Russel Means, die sich bei ihrer Aktion auf den Vertrag von Laramie aus dem Jahr 1868 beriefen, der es den Sioux gestattete, ungenutztes Bundesland in Besitz zu nehmen, wurden jedoch verjagt und unterlagen 1968 auch vor Gericht. Nachdem das indianische Kulturzentrum in San Francisco einem Feuer zum Opfer gefallen war, kam es in November 1969 zur erneuten Besetzung der Insel, die dieses Mal immerhin 19 Monate andauern sollte. Hauptakteure waren indigene Studierende kalifornischer Universitäten und in Kalifornien lebende Indianer-Aktivisten, deren Anführer der Mohawk Richard Oakes, der Chippewa Adam Fortunate Eagle Nordwall, die Shoshone-Bannock LaNada Means Boyer und die Sauk-Fox/Potawatomi Grace Thorpe waren.[262] Die meisten AIM-Mitglieder waren zwar ursprünglich in Städten aufgewachsen und kannten weder die Traditionen noch Sprachen ihrer Stammesgruppen, doch sahen sie sich in der Tradition indigener Krieger und kleideten sich zumeist im Stil der Plainsindianer.[263]

Alcatraz, von Osten aus gesehen[264]

[259] Ebenda, 199.
[260] Bungert 218.
[261] https://de.wikipedia.org/wiki/Alcatraz.
[262] Bungert, 205.
[263] Ebenda, 205f.
[264] Abb. entnommen aus https://de.wikipedia.org/wiki/Alcatraz

So besetzten am 8. November 1969 etwa 40 Sioux die Insel, um, wie ihr Vorgänger 5 Jahre zuvor, für die Durchsetzung des Vertrags von Fort Laramie zu demonstrieren. Sie boten an, die Insel für 47 Cent pro Acre zu übernehmen, dies der Preis, den Kalifornien den Indianern als Ausgleich für die unrechtmäßige Landnahme im vorhergehenden Jahrhundert geboten hatte. Am darauffolgenden Tag verlasen die *Indians of All Tribes*, wie sie sich nannten, vor einem weitgehend gescheiterten Besetzungsversuch ihr ironisches Angebot, die Insel für „24 Dollar in Glasperlen und rotem Tuch" zu erwerben. Ab dem 20. November wurde Alcatraz dann tatsächlich von zunächst knapp 80 Personen aus 20 Stämmen, später von bis zu 400 Indigenen aus 50 Stammesgruppen, besetzt, welche die Forderung nach einer Verbesserung der Lage der Indianer, insbesondere in wirtschaftlicher, gesundheits- und bildungspolitischer Hinsicht, nach einem Ende der Diskriminierung, Religionsfreiheit, Anerkennung aller mit Indianern geschlossenen Verträge sowie vor allem deren Souveränität und Selbstbestimmung erhoben. Dabei bedeutete Souveränität im indigenen Sinn nicht nur soziale, politische und wirtschaftliche Selbstbestimmung, sondern den Bezug auf eine ihnen innewohnende Souveränität, die sich aus den Beziehungen der Regierungen der Indianernationen zur US-Regierung ableitete.[265] Außerdem bestand der Plan, die Insel für ein Zentrum für indianische Studien, ein spirituelles Zentrum, ein ökologisches Zentrum, eine indigene Schule und ein indianisches Museum zu nutzen. In den folgenden Monaten gab es ein großes internationales Presse-Echo und Zulauf von Leuten, die zur Unterstützung für einige Tage bis Monate nach Alcatraz kamen, außerdem weitere Unterstützung durch bekannte Schauspieler wie Anthony Quinn, Jane Fonda oder die Cree-kanadische Liedermacherin und Sängerin Buffy Sainte-Marie.[266]

Im Frühsommer 1971 entschloss sich die Regierung dennoch zur gewaltsamen Räumung, weil zu diesem Zeitpunkt nur 11 bis 15 Indianer auf der Insel ausharrten, diese aber vermutlich mit dem Einsetzen der Semesterferien wieder Zulauf und Unterstützung von anderen Studenten bekommen würden. Daraufhin riegelte die US-Küstenwache die Insel am 11. Juni 1971 hermetisch ab, und etwa 30 FBI-Agenten brachten die auf Alcatraz verbliebenen indianischen Aktivisten, die keinen Widerstand leisteten, zurück aufs Festland.

Besetzung von Alcatraz-Island[267]

Eintreffen von Unterstützern mit Lebensmitteln[268]

[265] Bungert, 206f..
[266] Ebenda, 208.
[267] Abb. entnommen aus Die Welt der Indianer, 435.
[268] Abb. entnommen aus www.spiegel.de/geschichte/alcatraz-besetzung-1969.

Boot der Küstenwache, im Hintergrund ein Boot mit Unterstützern der Besetzer[269]

Die Besetzung des Mount Rushmore (04. Juli 1970) - Die Besetzung von Wounded Knee (27. Februar-07. Mai 1973)

Nachdem im Herbst 1970 auch Sioux von Pine Ridge, Rosebud und Rapid City den Mount Rushmore,und dies ebenfalls wieder unter Berufung auf den Vertrag von Fort Laramie 1868, in dem die Black Hills den Indianern auf ewig zugesprochen worden waren, besetzt und am 04. Juli 1971 indigene Demonstranten einige der fast zwanzig Meter hohen Porträtköpfe der US-Präsidenten Washington, Jefferson, Lincoln und Roosevelt erklettert hatten, unternahmen im darauffolgenden Jahr Tausende von Indianern einen spektakulären Protestmarsch nach Washington, D.C., den „Trail of Broken Treaties“ („Pfad der gebrochenen Verträge“). Dort sollte eine Liste mit 20 Punkten übergeben werden, die unter anderem die Auflösung des Indianerbüros und ein neues „Office of Federal Relation“, mehr Geld für Bildung, Gesundheit und Wohnungsbau, religiöse Freiheit, mehr Gerechtigkeit in Strafverfahren und eine Rückgabe von Land forderten. Zwar wurde seitens der US-Medien ausführlich darüber berichtet, doch wies die Regierung Nixon diese Forderungen in aller Entschiedenheit zurück.[270]

Mount Rushmore National Memorial[271]

---

[269] Abb. entnommen aus www.spiegel.de/geschichte/alcatraz-besetzung-1969.
[270] Bungert, 209f.
[271] Abb. entnommen aus https://de.wikipedia.org/wiki/Mount_Rushmore_National_Memorial.

Hatten die Indianer den ständigen Zickzackkurs der sie bevormundenden Regierung bis in die 1960er-Jahre mit stoischer Geduld und dem Gleichmut eines Volkes ertragen, das sich selbst längst aufgegeben hatte, regte sich mit dem Vietnamkrieg neuer und entschiedener Widerstand. Nunmehr wurde „Red Power“ zum Schlagwort einer militanten Minderheit, die sich als Elitetruppe eines neuen indianischen Widerstands definierte und noch einmal „in den Krieg“ zog.[272] Nicht zuletzt die seitens des US-Militärs während des Vietnamkriegs begangenen Kriegsverbrechen, hier vor allem das Massaker von Mỹ Lai vom 16. März 1968, bei dem die Soldaten der Task Force Baker, die nach ihrer Einnahme und Durchsuchung des Dorfes Sơn Mỹ, Kreis Sơn Tịnh, Provinz Quảng Ngãi nach Kämpfern des Vietcong gefahndet hatten, zunächst etliche Frauen vergewaltigten und anschließend fast alle der friedlichen Bewohner, 504 Zivilisten, darunter auch zahlreiche Frauen, Kinder und Greise bestialisch ermordeten und auch sämtliche Tiere töteten, ließen bei vielen Indianern Erinnerungen an die an ihnen begangenen zurückliegenden Kriegsverbrechen wach werden, hier vor allem an die Massaker am Sand Creek (19.11.1864) und am Washita (27.11.1868) an den südlichen Cheyenne, sowie vor allem an das Massaker am Wounded Knee (03. Januar 1891) an den Sioux. Das Massaker von Mỹ Lai war dabei zunächst vertuscht worden, und Informationen darüber gelangten erst nach Recherchen des investigativen Journalisten Symour Hersh an die Öffentlichkeit, wobei die Veröffentlichung der Reportage, die maßgeblich zum Wandel der öffentlichen Meinung über den Vietnam-Krieg beitragen sollte, zunächst für etwa ein Jahr von sämtlichen Medien abgelehnt worden war.[273] Unmittelbar nach dem Verbrechen hatten führende Offiziere das Massaker noch zu vertuschen versucht. Nach offizieller Darstellung waren in My Lai im Rahmen von Kampfhandlungen gegen den Vietcong (zunächst) „rund 20 Zivilisten unbeabsichtigt ums Leben gekommen“. Der Hubschrauberpilot Hugh Thompson, der seinerzeit einen weiteren Fortgang des Massakers mit Waffengewalt verhindert hatte, sprach in Interviews von 400 bis 500 Leichen, die er gesehen habe. Anschließend wurden jedoch nur vier Soldaten vor ein Militärgericht gestellt. Und lediglich der während des Einsatzes befehlshabende Offizier William Calley wurde während seines Gerichtsverfahrens am 31. März 1971 zu lebenslanger Haft verurteilt, die allerdings durch US-Präsident Richard Nixon bereits am darauffolgenden Tag in Hausarrest umgewandelt wurde, ehe er ihn 1974 vollends begnadigte.[274]

Das neue Bewusstsein der Jugend, deren Protest gegen das Establishment und vor allem den Krieg in Vietnam hatten die Indianer erkennen lassen, welch große Wirkung man mit Demonstrationen und spektakulären Aktionen auf die öffentliche Meinung und die Medien erzielen konnte. Vereinigungen wie das „American Indian Movement“ (AIM), dessen bekannteste Wortführer Dennis Banks, ein Chippewa aus Minneapolis, und Russel Means, der viele Jahre später als Schauspieler in dem Film „Der mit dem Wolf tanzt“ auftrat, suchten sich nunmehr vehement Gehör zu verschaffen.[275]

Am 27. Februar 1973 erfolgte durch Mitglieder des AIM, zusammen mit Sympathisanten aus der Pine-Ridge-Reservation, unter Ausrufung der *unabhängigen Oglala-Nation* die Besetzung der Ortschaft Wounded Knee. Auf diesem geschichtsträchtigen Areal hatte am 29. Dezember 1890 das Massaker von Wounded Knee (im Lakota-Dialekt: *Chankpe Opi Wakpala*) stattgefunden, bei dem dreihundert wehrlose Angehörige verschiedener Sioux-Indianerstämme, darunter wieder zahlreiche Frauen und Kinder, von Angehörigen des 7. US-Kavallerie-

---

[272] Jeier, 283

[273] https://de.wikipedia.org/wiki/Massaker_von_M%E1%BB%B9_Lai. Erst später erschien im Life-Magazin ein ausführlicher Artikel über das Massaker. Anschließend berichteten auch Newsweek und das Time-Magazin über den Vorfall. Die Weltöffentlichkeit reagierte schockiert. Seymour Hersh bekam 1970 den Pulitzer-Preis für internationale Berichterstattung.

[274] https://de.wikipedia.org/wiki/Massaker_von_M%E1%BB%B9_Lai

[275] Jeier, 284.

Regiments ermordet worden waren, wodurch der Widerstand der indigenen Bevölkerung damals endgültig zum Erliegen gekommen war.

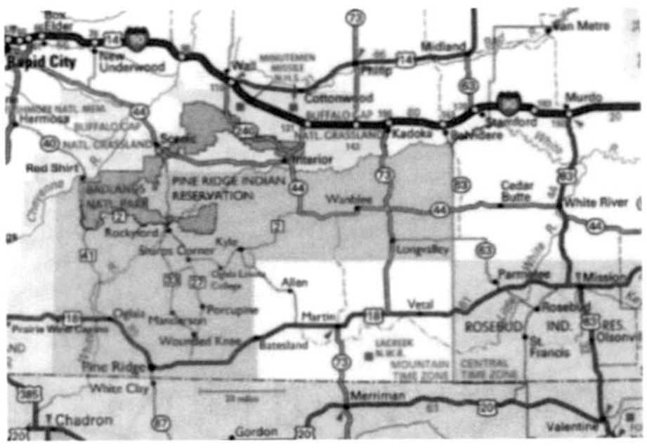

Die Pine Ridge Reservation in South Dakota[276]

Dieses Gebiet, das auch heute nach wie vor zu den ärmsten Gegenden der USA gehört, war in den 1970er-Jahren erneut als Schauplatz bürgerkriegsähnlicher Zustände in die Schlagzeilen geraten, dies vor allem, als Richard Dick Wilson von 1972 bis 1976 als gewählter Stammesvorstand der dort lebenden Oglala fungierte. Wilson installierte in Pine Ridge ein diktatorisches, quasi mafiaartiges System, das sich nicht am Gemeinwohl orientierte, sondern auf einem Netzwerk von ihm treu ergebenen Familienangehörigen und engen Freunden beruhte, die etwa bei Jobvergaben bevorzugt und auch sonst begünstigt wurden. Außerdem wurde jegliche Opposition schon im Ansatz von Wilsons paramilitärischer Privatmiliz, den „Guardians of the Oglala Nation“ (GOONs) mit brutalsten Methoden unterdrückt, die an das Vorgehen der SA während der Hitlerdiktatur erinnerten, dabei aber das stillschweigende Wohlwollen und die Billigung der lokalen Polizeikräfte sowie des FBI besaßen. Während Wilsons Amtszeit kam es daher immer wieder zu einer Reihe von gewaltsamen und bürgerkriegsähnlichen Auseinandersetzungen zwischen dem neuentstandenen American Indian Movement, dessen Aktivisten zumeist nicht aus den Reservationen kamen, und den Behörden.

Diese auch international bekannt gewordene Aktion in der Ortschaft Wounded Knee brachte die Pine Ridge Reservation ins Bewusstsein einer breiteren Weltöffentlichkeit, als am 27. Februar 1973 bewaffnete AIM-Mitglieder diesen geschichtsträchtigen Ort besetzten und elf Geiseln nahmen, um dadurch die Absetzung von Dick Wilson zu erzwingen. Durch die gute Medienarbeit des AIM waren viele Reporter amerikanischer und internationaler Medien vorinformiert am Ort des Geschehens und berichteten täglich für ein weltweites Publikum.[277]

Besetzungsaktion in Washington, 1972[278]

[276] https://de.wikipedia.org/wiki/Pine_Ridge_Reservation
[277] Siehe hierzu ausführlich auch Bungert, 212-215 sowie Jeier, 284-293.
[278] Abb. entnommen aus Die Welt der Indianer, 449.

Szenen der Besetzung von Wounded Knee, 1973

Szenen während der Besetzung von Wounded Knee[279]

Linkes Bild: **Besetzung von Wounded Knee, 1973**[280]
Rechtes Bild: **Der AIM-Aktivist Dennis Banks, der die „Indianer-Schriftstellerin" Liselotte Welskopf-Henrich in den 1970er-Jahren auch in Berlin besuchen sollte, bei einer Aktion in Wounded Knee**[281]

---

[279] Abb. entnommen aus Die Welt der Indianer, 440/441.
[280] Abb. entnommen aus Bungert, 213.
[281] Siehe hierzu auch die Abb. auf S. 87 der vorliegenden Arbeit.

Als die Forderung nach der Absetzung der Regierung von Pine Ridge erfolglos blieb und stattdessen schwer bewaffnete FBI-Agenten einen engen Belagerungsring um die Besetzer in Wounded Knee zogen, riefen diese, nach mehrmaligem Scheitern von Verhandlungen mit einem stellvertretenden Attorney General der USA, schließlich die „Unabhängige Oglala-Nation" aus, wobei sie die Zustimmung und ideelle Unterstützung von vielen Vertretern anderer indianischer Nationen der USA sowie auch von Freunden und Sympathisanten aus vielen anderen Ländern erhielten. Die Besetzung selbst dauerte insgesamt 71 Tage. Am 8. Mai mussten die Aufständischen schließlich kapitulieren, nachdem der besonders in den Nachtstunden aufflackernde Beschuss durch ein Großaufgebot von FBI-Agenten und Nationalgardisten am 26. April 1973 zum Tod des Oglala Lakota Buddy Lamont durch einen Scharfschützen geführt hatte. Es gab weitere Opfer während der Aktion und etwa sechzig Tote in den Jahren danach, als Dick Wilson und seine Anhänger blutige Rache an ihren Opponenten nahmen.[282]

Zur Unterstützung der indianischen Sache während der Belagerung von Wounded Knee lehnte der Schauspieler Marlon Brando den ihm für seine Rolle in „Der Pate" verliehenen Oscar ab. Dies führte zu einem publikumswirksamen Eklat, als an seiner Stelle Sacheen Littlefeather in traditioneller Kleidung der Apachen bei der Preisverleihung auftrat und die Erklärung abgab, Brando werde den Preis im Hinblick auf die „schlechte Behandlung der Native Americans durch die Filmindustrie" nicht annehmen. Nach dem Ende der Besetzung wurden viele der AIM-Aktivisten und deren Unterstützer angeklagt und zu Haftstrafen verurteilt. Marlon Brando nahm an den Gerichtsverfahren als Beobachter teil, um damit die Angeklagten – darunter die AIM-Führer Dennis Banks und Russell Means – öffentlichkeitswirksam zu unterstützen. Neben Marlon Brando war es nicht zuletzt auch die Schauspielerin und Menschenrechtsaktivistin Jane Fonda, die sich neben vielen anderen, neben ihrer Unterstützung auch in den späteren Jahren, immer wieder für die afroamerikanische Bürgerrechtsbewegung, die Black Panthers, und gerade auch für die Landrechte für Indianer und andere Befreiungs- und rechtsbasierte Bewegungen auf der ganzen Welt engagierte.[283]

The Longest Walk, 1978. Muhammad Ali, Buffy Sainte-Marie, Floyd Red Crow Westerman, Harold Smith, Stevie Wonder, Marlon Brando, Max Gail, Dick Gregory, Richie Havens and David Amram at the concert at the end of the Longest Walk, a 3,600-mile protest march from San Francisco to Washington, D.C., in the name of the Native rights.[284]

[282] Ausführlichere und detaillierte Schilderungen der Ereignisse siehe unter Jeier, 284-293 sowie Bungert. 211-215.

[283] https://de.alphahistory.com/kalter-Krieg/Jane-Fonda/

[284] Diese Abb. wurde entnommen aus https://www.si.edu/newsdesk/photos/longest-walk

Von dem von der Bürgerrechtsbewegung um Dr. Martin Luther King organisierten Marsch auf Washington aus dem Jahr 1963, an dem sich auch indigene Aktivisten beteiligt hatten, stammen die folgenden Photos einiger populärer und weltweit bekannter Mitstreiter:

Sidney Poitiers, Harry Belafonte & Charlton Heston, Teilnehmer des March on Washington, 1963[286]

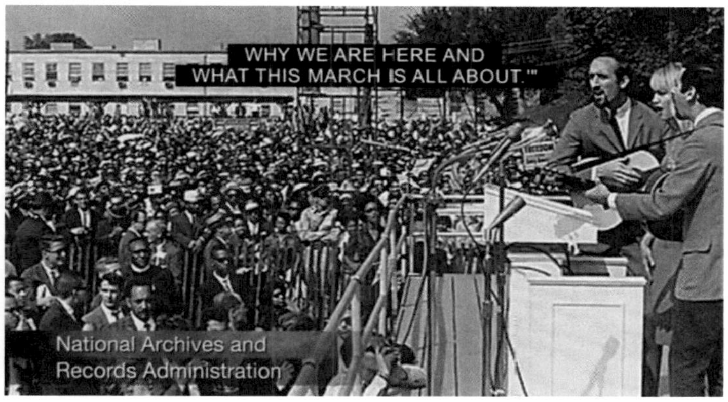

Auftritt von Peter, Paul & Mary mit den Liedern „Blowin in the wind“ und „If I had a hammer“, 1963[285]

Joan Baez & Bob Dylan [287]

Joan Baez & Buffy Sainte-Marie [288]

All diese Aktionen sind vor allem vor dem Hintergrund der US-amerikanischen Bürgerrechtsbewegung („Civil Rights Movement“) zu sehen, dies eine Bewegung, deren Schwerpunkt im Engagement für die Durchsetzung der Bürgerrechte der Afroamerikaner gegen die zu dieser Zeit in Form der „Rassentrennung“ (englisch *Racial Segregation*) gesetzlich festgeschriebenen Diskriminierung der schwarzen Bevölkerung in den Südstaaten der USA lag, und die damals maßgebliche Reformen zur Gleichberechtigung und Gleichstellung mit bis in das amerikanische Verfassungsrecht auswirkender Bedeutung erstritt. Vor allem in den 1960er- und 1970er-Jahren wurden auch von weiteren nationalen oder ethnischen Minderheiten in den Vereinigten Staaten Forderungen der Bürgerrechtsbewegung der Afroamerikaner aufgegriffen. Seinerzeit erlangte das Civil Rights Movement vor allem durch dessen populären Protagonisten Martin Luther King und den von ihm propagierten gewaltfreien Widerstand im zivilen Ungehorsam (englisch Civil Disobedience) weltweite Aufmerksamkeit. Mit der 1964 erfolgten Verleihung des Friedensnobelpreises an King wurde über seine Person hinaus auch die US-

---

[285] Abb. entnommen aus https://de.wikipedia.org/wiki/Datei:Poitier_Belafonte_Heston_Civil_Rights_March _ 1963 .jpg

[286] Abb. entnommen aus https://www.youtube.com/watch?v=pVsxP62Cf0A

[287] Abb. entnommen aus https://de.wikipedia.org/wiki/Datei:Joan_Baez_Bob_Dylan.jpg

[288] Abb. entnommen aus The Buffy Sainte-Marie Songbook, 82.

amerikanische Bürgerrechtsbewegung auf internationaler Ebene gewürdigt. Diese Bewegung mündete in eigenständige Bürgerrechtsbewegungen, die sich gegen Rassismus bzw. rassistische Unterdrückung und soziale Benachteiligungen zur Wehr setzten. So entstanden in der Folge beispielsweise das American Indian Movement oder die Bewegung der Chicanos. Seit 2013 ist Black Lives Matter einer der bekanntesten Bürgerrechtsbewegungen, die 2019/20 international[289] bekannt wurde und auch in anderen Ländern an Bedeutung gewinnen sollte.

Mitte der 1970er-Jahre taten sich auch in Europa – und nicht zuletzt gerade auch sowohl in der Bundesrepublik als auch in der Deutschen Demokratischen Republik – Gruppen zusammen, die in Opposition zum Vietnamkrieg standen, um Dennis Banks und die Bellecourts in den Jahren 1974 und 1975 nach Deutschland einzuladen und AIM ideelle und finanzielle Unterstützung zuteil werden zu lassen. Zu den deutschen Unterstützern bereits in den späten 1960er-/frühen 1970er-Jahren hatte auch die DDR-Indianerschriftstellerin Liselotte Welskopf-Henrich gehört, der aus diesem Grund der Ehrenname „Lakota Tashina" (Schutzdecke der Lakota) verliehen wurde.[290] Im Gegensatz zu Karl May weilte die renommierte DDR-Indianerschriftstellerin Liselotte Welskopf-Henrich (*1901 in München - + 1979 in Garmisch Partenkirchen) in den 1960er/70er-Jahren mehrfach in den USA und in Kanada und hatte hier engere Kontakte zu verschiedenen Indianern, konkret vor allem zu den Nachkommen der nordamerikanischen Sioux in den beiden Ländern sowie der Hopi, die sie in deren Reservationen besuchte und an deren Leben sie aktiv teilnahm. Nicht zuletzt deswegen weisen ihre beiden Romanzyklen, von denen der eine in den Jahren zwischen 1862 und 1877 angesiedelt ist, während der andere Ende der 1960er-/Anfang der 1970er-Jahre spielt, eine große Authentizität und Historizität auf.[291]

Liselotte Welskopf-Henrich zwischen Dennis Banks und Vernon Bellcour, zwei Führern des American-Indian Movement (AIM), die sie Anfang der 1970er-Jahre zu Hause in Berlin-Treptow besuchten.[292]/[293]

[289] https://de.wikipedia.org/wiki/B%C3%BCrgerrechtsbewegung. Siehe hierzu auch Jonathan Rosenberg: *How Far the Promised Land? World Affairs and the American Civil Rights Movement from the First World War to Vietnam.* Princeton University Press, Princeton 2018 sowie John A. Kirk: *The Civil Rights Movement: A Documentary Reader.* John Wiley & Sons, New York 2020,

[290] https://de.wikipedia.org/wiki/Wounded_Knee.

[291] Siehe hierzu Uli Otto: Überlegungen zu Liselotte Welskopf-Henrichs „Die Söhne der großen Bärin". www.uliotto.de, hier unter Aktuelle Projekte 2021.

[292] Abb. entnommen aus Derselbe, 6.

[293] Zur Indianistenszene in der DDR, welche in den 1960er-Jahren die „Opfer des US-Imperialismus" repräsentierte, siehe u.a. Friedrich von Borries und Jens-Uwe Fischer: Sozialistische Cowboys. Der Wilde Westen Ostdeutschlands, Frankfurt a.M. 2008.

Die Jahre zwischen 1962 und 1968 waren eine Zeit, in der das Interesse am Schicksal der nordamerikanischen Prärieindianer gerade auch in der Bundesrepublik Deutschland durch den Boom an hier damals abgedrehten Indianerfilmen prinzipiell sehr groß war, wenngleich dies durch die Verfilmungen der Karl Mayschen de-facto-„Märchenbücher“ geschah, die mit der tatsächlichen Geschichte der nordamerikanischen Plainsindianer realiter nichts zu tun hatten und darüber hinaus auch künstlerisch nicht sehr wertvoll waren.[294] Und auch in der DDR wurden in der Folge zahlreiche Indianerfilme produziert, die sich dabei enger an der tatsächlichen Geschichte verschiedener indigener Nationen der USA orientierten.[295]

Bei uns zumeist nicht einmal eine Fußnote wert:
Leonard Peltier (* 12. September 1944 in Grand Forks, North Dakota), indianischer Aktivist des American Indian Movement (AIM) in den USA. Er wurde 1977 trotz umstrittener Beweislage zuerst wegen Mord erstes Grades an zwei FBI-Offizieren verurteilt, wobei sich ein anderer, inzwischen verstorbener, AIM-Aktivist zwischenzeitlich zu dieser Tat bekannte. Nachträglich wurde das Urteil zu zweifach lebenslanger Haft wegen Beihilfe zum Mord revidiert. Peltier sitzt seitdem in verschiedenen Gefängnissen in den USA – zur Zeit in Florida - ein.[296] Alle Gnadengesuche seitens verschiedener gerade auch europäischer Politiker sowie des Papstes Johannes Paul II. und des Dalai Lama hatten bisher, und dies auch unter den demokratischen Präsidenten Bill Clinton und Barack Obama, keinen Erfolg, sodass Peltier, sollte er dann überhaupt noch am Leben sein, seine Haftstrafe bis zum 11. Oktober 2040 wird verbüßen müssen.

Der Fall Mount Graham, des heiligen Berges der White Mountain Apache

Zu einem weiteren Brennpunkt im Kampf der Native Americans um ihre verbrieften Rechte, für welchen gerade auch die Bundesrepublik Deutschland Mitverantwortung trägt, gerieten die Auseinandersetzungen um die In-Besitznahme und de facto „Entweihung“ des Mount Graham, des heiligen Berges der San Carlos-Apache. Diesen „Dzil Nchaa Si An“ hatte beispielsweise vor seiner Kapitulation im Jahr 1886 auch der letzte Guerillaführer der Apachen, der Medizinmann Geronimo, mehrfach aufgesucht, um den Rat der „Ga’an“, der dort weilenden Berggeister einzuholen.[297]
Ende der 1980er-Jahre war es trotz heftiger Proteste der dortigen indigenen Bevölkerung zur Errichtung des Mount Graham International Observatoriumkomplexes auf dem Mount Graham

[294] Der Schatz im Silbersee (1962) - Winnetou 1. Teil (1963) – Old Shatterhand (1964) – Winnetou 2. Teil (1964) – Unter Geiern (1964) – Der Ölprinz (1965) – Winnetou 3. Teil (1965) – Old Surehand 1. Teil (1965) – Winnetou und das Halbblut Apanatschi (1966) – Winnetou und sein Freund Old Firehand (1966) – Winnetou und Shatterhand im Tal der Toten (1968). Siehe hierzu Michael Petzel: Karl-May-Filmbuch. Storys und Bilder aus der deutschen Traumfabrik. (Sonderband zu den Gesammelten Werken Karl May’s). 2. Erweiterte Auflage Bamberg-Radebeul 1999. Wir haben im Übrigen auf eine Aufnahme der Karl Mayschen Werke in unsere Literaturliste sowie der Filmografie ganz bewusst verzichtet, da es sich hier um reine Fiktionen und Phantasiegebilde handelte.

[295] Siehe hierzu S. 144-150 der vorliegenden Arbeit.

[296] Von Leonard Peltiers Schicksal erfuhren wir erstmals Mitte der 1990er-Jahre anlässlich eines vom AIM organisierten und auch in Europa durchgeführten „Freedom Runs für Leonard Peltier“, der einige Lakota Aktivisten aus der Pine Ridge Reservation seinerzeit auch nach Regensburg führte, wo sie damals von Mitgliedern der „Folk- & Volksmusikwerkstatt Regensburg und Ostbayern e.V.“ sowie der Regensburger „Mütter gegen Atomkraft“ gastfreundlich aufgenommen, betreut und bewirtet wurden. Allerdings fand diese damalige Aktion sowie ein Solidaritätskonzert einiger Regensburger Musiker, zu denen seinerzeit auch der Autor zählte, kaum Resonanz, da sie seinerzeit von der Presse totgeschwiegen wurden. Auch fand sich neben Sepp Bergmann, dem damaligen SPD-Bürgermeister von Langquaid, und der damaligen SPD-Landtagsabgeordneten für unseren Wahlkreis, Johanna Werner-Muggendorfer aus Kelheim, die sogar trotz eines unmittelbar vorher erlittenen schweren Unfalls auf Krücken zur Begrüßung dieser Gäste nach Regensburg kam, ansonsten kein Offizieller der Stadt Regensburg zu einem Willkommen bereit, obwohl seinerzeit seitens des Verfassers diesbezügliche Einladungen und Pressemitteilungen erfolgt waren.

[297] https://de.wikipedia.org/wiki/Mount_Graham_(Arizona)

– MGIO-Projekt – gekommen, dies also ausgerechnet in einem Gebiet der White Mountain-Apache, das der dortigen indigenen Bevölkerung bis heute heilig und von unverminderter Bedeutung für die Ausbildung von Medizinleuten und spirituellen Führungspersönlichkeiten ist. Zudem stellte dieses Areal ein einmaliges und intaktes Ökosystem dar, das einen Lebensraum für 18 einzigartige Pflanzen- und Tierarten bot. Zur Durchsetzung der Inbesitznahme wurden 1988 jedoch seitens der US-Behörden alle zutreffenden Umwelt- und Kulturschutzgesetze ausgesetzt. Als 1989 mit der heimlichen Rodung des dortigen Waldes begonnen wurde, reagierte der Stammesrat der Apachen in den Jahren von 1990 bis 1995 mit fünf einstimmigen Resolutionen, die den Widerstand der indigenen Bewohner des Territoriums gegen die Baupläne zum Ausdruck brachten. Inzwischen hatten darüber hinaus auch verschiedene Lagestudien für den Teleskopbau gezeigt, dass das ausgewählte Gebiet den denkbar schlechtesten Standort in Arizona darstellte, „inakzeptabel“ wegen seines dichten Bewuchses, seiner ungünstigen Topographie und der beschränkten Anzahl von „Sichtnächten“. Daraufhin kam es zeitweilig zu einem Baustopp für weitere Umweltstudien, doch folgte 1996 die Durchsetzung des sog, ‚Mount Graham Riders‘, der die USA erneut von allen gesetzlichen Schutzbestimmungen befreite.
Das MGIO-Projekt, und hier vor allem das größte Teleskop LBT ist noch heute ein internationales Gemeinschaftsprojekt der USA, Deutschlands, Italiens sowie des Vatikan. Letzterer wurde zum Hauptbetreiber eines der beiden anderen Teleskope, nachdem mehr als 15 US-amerikanische Partner das Projekt aufgrund umfangreicher eigener Studien, wegen finanzieller Probleme und nicht zuletzt auch wegen der anhaltenden Proteste der ansässigen Apachen, aufgegeben hatten. Dabei ging es den verbliebenen Betreibern schon lange nicht mehr um die Qualität von Wissenschaft, sondern vor allem um Prestige, Macht, Ansehen und Geld. Der deutsche Anteil entfällt dabei auf die Max-Planck-Institute für Astronomie in Heidelberg und für Extraterrestrische Physik in Garching sowie das Institut für Radioastronomie in Bonn. Außerdem sind auch das Astrophysikalische Institut in Potsdam und die Landessternwarte von Heidelberg am LBT beteiligt.

Verbindungen der widerständigen Native Americans zur Friedens- und Ökologie-Bewegung der 1970er-/80er-Jahre in Europa

Auch nach den spektakulären Ereignissen zu Beginn der 1970er-Jahre sollten die Nationen der widerständigen Native Americans keineswegs zur Ruhe kommen - geschweige denn ihrerseits Ruhe geben. Dabei suchten sie in der Folge immer wieder Verbindungen vor allem zu west- und ostdeutschen Gruppierungen, die ebenfalls in Opposition zum Vietnamkrieg standen und sich zusammengetan hatten, um AIM-Wortführer wie Dennis Banks und die Bellecourts 1974 und 1975 nach Deutschland einzuladen. Bereits Anfang der 1970er-Jahre hatten Dennis Banks und Vernon Bellcour daher die Indianerkennerin und –freundin Liselotte Welskopf-Henrich zu Hause in Berlin-Treptow besucht, die mehrfach in den USA und in Kanada Recherchen angestellt hatte, und deren Indianerbuchzyklen sich von daher sowohl mit dem Untergang der Sioux in der Zeit von 1862 bis 1877 als auch mit deren Gegenwart in Pine Ridge in den späten 1960er- und frühen 1970er-Jahren beschäftigte. So gab es sowohl in der Bundesrepublik Deutschland als auch in der Deutschen Demokratischen Republik viel Sympathie und immer wieder ideelle und finanzielle Unterstützung für AIM.[298]
Auch zur damals aktuell im Entstehen befindlichen internationalen Anti-Atom- und Ökologiebewegung sowie zu diesbezüglichen Bürgerinitiativen suchte man Kontakte, um Möglichkeiten einer gegenseitigen Unterstützung auszuloten, und dies gerade in Deutschland, wo die Anti-Atomkraft-Bewegung sich zwischen 1977 und 1989 in Verbindung mit dem Widerstand in Kalkar, Grohnde, Gorleben und Wackersdorf zu einer echten Massenbewegung entwickelt hatte, aus der 1980 als neue Partei die Grünen hervorgingen. „Mit keinem anderen

[298] Bungert, 219. Siehe hierzu auch S. 88 unserer Ausführungen.

Kontinent unserer Erde ist die Uran- und Atomindustrie so eng verflochten wie mit Nordamerika – und mit keinem anderen Staat der Welt so unheilbar verfilzt wie mit den USA. In unserer vom militärischen und kommerziellen Atom-Fallout verseuchten Welt sind wir inzwischen alle Opfer – zuerst und vor allem leiden die Indianer auf dem Colorado Plateau im Südwesten der USA, im Bundesstaat Washington oder bei den Black Hills: denn in ihren so benannten ‚Reservaten' oder nahebei wird das strahlende Material abgebaut und verarbeitet".[299] Nicht zuletzt auch bundesdeutsche Energiefirmen haben lange Zeit davon profitieren können, dass indianische Bergarbeiter seit fast 50 Jahren in auf ihren Territorien liegenden Minen zu unserem Nutzen Uran gefördert haben und dies auch weiterhin tun, sei es in der kanadischen Subarktis von Saskatchewan oder in der Wüste von New Mexiko. „Sie sterben und wir nehmen es nicht zur Kenntnis."[300] Diese ersten indigenen Atomopfer hatten das Pech, dass in den ihnen seinerzeit zugewiesenen armseligen Reservationen plötzlich Bodenschätze, so oftmals auch Uran und andere, oftmals seltene und wertvolle Erze und Mineralien, gefunden wurden, die auf dem Weltmarkt sehr begehrt waren. In der Folge blieben nach dem Abbau und der Auflassung der Minen an vielen Orten Müllhalden zurück, deren Giftstoffe weiterhin ungehindert in den Boden sickerten und unzählige Erkrankte und Todesopfer zurückließen. Wieder einmal mehr waren, wie schon so oft in der Vergangenheit, Profitinteressen wichtiger als die Menschenleben in den betreffenden Gebieten. Und „was war mit den indigenen Völkern, die selbstverständlich für britische, US-amerikanische und französische Atombombentests geopfert wurden? Sie alle erfüllten nicht die Kriterien der Berichterstattung, waren – wenn überhaupt – nur eine Randnotiz wert. Was war zu tun? Wir müssen die Indianer wieder holen, sagten wir zueinander. Der Kontakt zwischen Menschenrechtlern, Anti-Atomaktivisten und der Friedensbewegung war seit 1977 mehr oder minder intakt geblieben".[301]

Linkes Foto: **Winona LaDuke, Delegierte der Anishinabe aus Minnesota/USA bei der Uno-Konferenz der indigenen Völker beider Amerikas in Genf im September 1977**[302]
Rechtes Foto: **Winona La Duke im Wahlkampf 2008**[303]

[299] Gert Hensel: „Strahlende" Opfer. Amerikas Uranindustrie, Indianer und weltweiter Überlebenskampf. Giessen 1987.
[300] Hensel: „Strahlende" Opfer.
[301] Günter Anders, zit. nach Kap. 12a Claus Biegert: Die Indianer kommen aus der Webpage www.kultur-gegen-die-waa.de, S. 3.
[302] Abb. Foto von Claus Biegert, entnommen aus https://de.wikipedia.org/wiki/Winona_LaDuke
[303] Abb. entnommen aus https://de.wikipedia.org/wiki/Winona_LaDuke

Die Anishinabe/Chippewa/Euroamerikanerin Winona LaDuke - indianischer Name *Bi-Ne-Se-Kwe*, auf Deutsch „Donnervogelfrau" - schaffte es aufgrund ihres beharrlichen und entschlossenen langjährigen Einsatzes für die Landkonservierung und gegen den Uranabbau in Reservationen 1996 und 2000 an der Seite George Naders zur Vizepräsidentschaftskandidatin der Grünen Partei der USA.[304] Bereits 1974 hatte Winona LaDuke außerdem zusammen mit der Tulalip Janet McCloud, der Cheerokee/Choctaw Dr. Constance Redbird Pinkerton-Uri und den Lakotas Madonna Thunder Hawk und Lorelei DeCora Means die Gruppe „WARN" (Women of all Red Nations) gegründet, die sich – „auf der Basis ihres anerkannten Status als Mütter – insbesondere gegen Zwangssterilisationen und Adoptionen indianischer Familien in euroamerikanische Familien (wohin seinerzeit bis zu ein Drittel aller indigenen Kinder vermittelt wurde), aber auch für vertraglich verbriefte Rechte von Indigenen und gegen den Abbau von Bodenschätzen" engagierten. Außerdem zählte sie 1985 – vor dem Hintergrund auch ihrer zahlreichen internationalen, v.a. auch europäischen Kontakte - zu den Mitbegründerinnen einer jnternationalen Organisation indigener Frauen in der westlichen Hemisphäre, das „Indigenous Women's Network". Im Jahr 2008 unterstützte sie die Präsidentschaftskandidatur von Barack Obama. Überdies war sie das erste indigene Vorstandsmitglied bei Greenpeace.

Wie der Journalist Claus Biegert ausführt, war es dabei zunächst diese Indianeraktivistin „Winona LaDuke, eine junge Frau der Anishinabe aus Minnesota, die unser aller Augen öffnete und erzählte, dass gut Dreiviertel des nordamerikanischen Urans aus dem Boden der indianischen Reservate stamme. Eine kurze Begegnung in der Cafeteria der UNO sollte mein Leben als Journalist prägen. Winona kam an meinen Tisch, hatte ein Blatt Papier in der Hand, auf dem hatte sie die Reservate und die Regionen der Urangewinnung skizziert: ‚Wenn du vorhast, weiterhin über uns Ureinwohner zu schreiben', sagte sie, ‚dann solltest du dein Augenmerk auf Uran lenken! – „You should focus on uranium"! – wie ein Mantra blieb diese Aufforderung in meinen Ohren hängen. Ich tat es, und tue es immer noch."[305] Auch in den folgenden Jahren sollten diese Verbindungen nicht abreißen, zumal man auf Seiten der Indianer seit dem Auftritt vor der UNO in Genf um eine engere Partnerschaft bemüht war. Dabei ging es diesen um eine gleichberechtigte „Allianz auf Augenhöhe", „man wollte keine Abhängigkeit Hilfsbedürftiger. Außerdem hatte die AIM-Spitze erkannt, dass sich Gehör im eigenen Land besser über die europäischen Medien und Regierungen erreichen ließ". Das Aufkommen und Anwachsen der westdeutschen Grünen war jenseits des Atlantiks aufmerksam verfolgt worden; ebenso deren Klage gegen die Lagerung von Atomraketen, die ein Jahr später, im Dezember 1984, vom Bundesverfassungsgericht zurückgewiesen wurde. In Telefonaten mit AIM-Mitgründer Dennis Banks waren die Geschehnisse in Deutschland so wichtig wie die Verfolgung indianischer Widerstandskämpfer in den USA."[306]

Das internationale „World Uranium Hearing" vom 13.-18. September 1982 in Salzburg

Nicht zuletzt gerade Tschernobyl wurde dabei zu einem Weckruf, der auch die deutsche Antiatombewegung auf die Barrikaden trieb. Zwar war es bereits vorher zur Planung und Initiierung eines internationalen „World Uranium Hearing" gekommen, das schließlich vom 13. bis 18. September 1982 stattfand – gerade auch unter Beteiligung zahlreicher Delegierter der indigenen Völker, die von den Problemen radioaktiver Verseuchung besonders betroffen waren, sei es, dass es auf ihrem Gebiet zu Atombombenversuchen gekommen war, sei es, dass bei ihnen Uran abgebaut wurde und radioaktive Müllhalden eingerichtet wurden, welche das Grundwasser sowie ihr Land verseuchten und unzählige Opfer forderten. „Vom 12. bis 19. September sprachen die Zeugen des Atomzeitalters (wir vermieden den Begriff Opfer und nannten sie witnesses) in der Aula von Salzburgs Alter Universität vor einem sogenannten

---

[304] Bungert, 233.

[305] zit. nach Kap. 12a Claus Biegert: Die Indianer kommen aus der Webpage www.kultur-gegen-die-waa.de, S. 1.

[306] zit. nach Kap. 12a Claus Biegert: Die Indianer kommen, S. 4 von Anm. 280.

Board of Listeners. Jede Person dieses Boards verpflichtete sich, das Gehörte weiter zu tragen".[307]

Linkes Bild: **Aktivist und Schauspieler Floyd Red Crow Westerman (aus „Der mit dem Wolf tanzt") bei der Eröffnungsfeier auf dem Mönchsberg / Salzburg**[308]
Rechtes Bild: **Hopi-Sprecher Thomas Banyacya erzählt auf der zeremoniellen Eröffnung des WUH von der Prophezeiung seines Volkes**[309]

Immer wieder hatten aber auch vorher schon Delegierte verschiedenster indigener Völker in Zusammenarbeit mit der Gesellschaft für bedrohte Völker gerade auch Deutschland bereist, um hier auf ihre Probleme hinzuweisen, aber auch um die Arbeit der hier tätigen Bürgerinitiativen gegen die Atomkraft - etwa im badischen Wyhl - solidarisch zu unterstützen.[310]

hinten von links: Rainer Schelb, GfbV-Regionalgruppe Freiburg - Alexander Diederich, GfbV-Regionalgruppe Freiburg - Rainer Schelb, GfbV- RG Freiburg - Alexander Diederich, GfbV - RG Freiburg Richard Brooks, Pitjant-jatjara, Süd-Australien, verst. 1990er Jahre - Jan Ihwe, GfbV - RG Freiburg - Lore Haag, Badisch-Elsäs-siche BIs, verst. - Wolfgang Hochbruck, GfbV - RG Freiburg - Joan Wingfield, Kokotha, Australien, verst. - Erhard Schulz, BUND B-W, Freiburg - Faye Ahdemar, Cree, Saskatchewan, Canada - Marion Meutzner, GfbV - RG Freiburg - Meinrad Schwörer, Wyhl, Badisch-Elsäss. BI verst. - Maryln Harris, Hopi, Arizona - Charlie Ching, Tahiti - Jim Garret, Lakota, South Dakota - Günter Wippel, damals GfbV - RG Freiburg - Orlan Tewa, Hopi, Arizona -

[307] zit. nach Kap. 12a Claus Biegert: Die Indianer kommen, S. 8 von Anm. 280.
[308] Abb. entnommen aus Kap. 12a Claus Biegert: Die Indianer kommen, S. 5.
[309] Abb. entnommen aus Kap. 12a Claus Biegert: Die Indianer kommen, S. 7
[310] zit. nach Kap. 12a Claus Biegert: Die Indianer kommen aus der Webpage www.kultur-gegen-die-waa.de

von links:

Maryln Harris, Hopi, Arizona, USA - Faye Ahdemar, Cree, Saskatchewan, Canada - Orlan Tewa, Hopi, Arizona, USA - Adele Ratt, Cree, Saskatchewan, Canada - James 'Jim' Garret, Lakota, South Dakota, USA - Richard Brooks, Pitjantjatjara, Süd-Australien - Joan Wingfield, Kokotha, Australien - Charlie Ching, Tahiti, Polynesien - Pauline Esteves, Western Shoshone, Nevada, USA [311]

Ein Unterstützungsbesuch von Vertretern indigener Völker bei den Oberpfälzer BIs gegen die WAA in Wackersdorf im Sommer 1987

Ein weiterer Besuch erfolgte 1987 – auch diesmal wieder mit tätiger Unterstützung der Gesellschaft für bedrohte Völker sowie des Evangelischen Bildungswerks in Regensburg – in der Oberpfalz, wo sich unter anderem auch die „Mütter gegen Atomkraft“ in Regensburg an der Betreuung dieser Gäste beteiligten, die Regensburg, Schwandorf und das „Marterl“ in Wackersdorf besuchten. Diese Vertreter indigener Völker (Indianer aus Kanada und den USA, Aborigines aus Australien und Südseeinsulaner) berichteten unter anderem vom Uranabbau und von Atomwaffenversuchen auf ihren Territorien und von den dadurch verursachten katastrophalen gesundheitlichen Schäden für ihre Völker und bekundeten darüberhinaus ihre Unterstützungsbereitschaft und tätige Solidarität für den Anti-WAA-Widerstand in der Oberpfalz. Dabei weigerte sich die damalige CSU-Stadtspitze der Oberpfalz-Metropole, diese Gäste auch nur zu empfangen, und auch Bischof Manfred Müller, das damalige Oberhaupt der katholischen Kirche der Region, lehnte einen Empfang mit der Begründung ab, dass diese Besucher nicht seiner Diözese angehörten, was damals ungläubiges Kopfschütteln und Kritik bei nicht wenigen Regensburger Bürgern hervorrief: *„Kommet zu mir, die Ihr mühselig und beladen seid, dies allerdings nur, wenn Ihr meiner Diözese angehört!“* schrieb der Autor dieser Publikation seinerzeit in einem in der Regensburger MZ abgedruckten Leserbrief. Daraufhin wurde er von Manfred Müller zu einem Gespräch eingeladen, was aber leider ohne jegliches Ergebnis blieb, da der Bischof nicht von seiner Position abrückte.[312]

---

[311] Abbildungen entnommen aus Claus Biegert: Die Indianer kommen aus der Webpage www.kultur-gegen-die-waa.de

[312] Uli Otto: www. Kultur-gegen-die-waa.de, Kapitel „Mütter gegen Atomkraft in Regensburg.

Besuch von Vertretern indigener Völker in Wackersdorf am „Marterl" beim Roten Kreuz...

... und am Bauzaun

[313]

Abschließend zu diesem Kapitel ein Zitat des Schauspielers und überzeugten AIM-Aktivisten Russel Means aus der Pine Ridge-Reservation, eines Bekannten und Freundes der Schriftstellerin Liselotte Welskopf-Henrich, welches dessen Naturverständnis auf den Punkt bringt:

„Bevor ich sechs Jahre alt war, hatten meine Großeltern und meine Mutter mir beigebracht, dass es kein Leben geben könnte, wenn all die grünen Dinge, die wachsen, von der Erde genommen werden. Wenn alle vierbeinigen Kreaturen von der Erde genommen würden, könnte es kein Leben geben. Wenn alle geflügelten Kreaturen von der Erde genommen würden, könnte es kein Leben geben. Wenn all unsere Verwandten, die krabbeln und schwimmen und in der Erde leben, weggenommen würden, könnte es kein Leben geben. Aber wenn alle Menschen weggenommen würden, würde das Leben auf der Erde gedeihen. So unbedeutend sind wir."[314]

---

[313] Alle Abb. entnommen aus www. kultur-gegen-die-waa.de, hier Kap. 10 „Evangelisches Bildungswerk in Regensburg", hier S. 11f. sowie Kapitel 11 „Mütter gegen Atomkraft in Regensburg", S. 7 sowie Fundus, S. 32.

[314] Nach handschriftlichen Aufzeichnungen des Verfassers.

Russel Means (Mitbegründer des AIM)[315]

Russell Means (Lakota: **Oyate Wacinyapin**, *Volkshelfer*; * 10. November 1939 in der Pine-Ridge-Reservation in South Dakota; † 22. Oktober 2012 in Porcupine, South Dakota; war seit 1969 ein Mitglied aus der Gründungsphase des American Indian Movement (AIM), einer Organisation, die für die Rechte der Indianer in den Vereinigten Staaten eintritt. Insbesondere in den 1970er-Jahren, als das AIM durch spektakuläre Aktionen wie beispielsweise der Besetzung des Dorfes Wounded Knee auch internationale Beachtung fand, war Means einer der populärsten Sprecher des AIM. Ab 1992 war er auch als Schauspieler und Synchronsprecher tätig. [316]

Die Indianerpolitik der USA in der jüngsten Vergangenheit sowie Gegenwart

Auch in der 2. Hälfte des 20. Jahrhunderts sollte es zu keinen grundlegenden Verbesserungen der Lebensumstände der Native Americans kommen, denen überhaupt erst im Jahr 1924 die US-Staatsbürgerschaft gewährt worden war, wobei nicht wenige allerdings im Ersten Weltkrieg (1914-1918) zu den Waffen gerufen worden waren. Immerhin hatten sie nunmehr die allgemeinen Bürgerrechte zugesprochen bekommen, womit sie auch – zumindest theoretisch – an Wahlen teilnehmen konnten. Zehn Jahre später, 1934, wurde mit dem „Indian Reorganization Act" dann erstmals ein Gesetz verabschiedet, das insofern auf die Tradition der Indianer einging, als es ihnen eine Art Selbstverwaltung aus demokratisch gewählten Häuptlingen und Stammesräten, die im Regelfall allerdings jedoch in Gegensatz zu den traditionellen Mitteln des Macht- und Besitzausgleichs standen, ermöglichte und ihr Selbstbewusstsein und ihre Stellung stärkte, wurde ihnen hier doch das Land als kollektiver Besitz zurückgegeben. Doch wurden diese guten Ansätze mit der sogenannten „Termination"-Politik während der Regierungszeit Präsident Eisenhowers (1953 bis 1961) wieder im Keim erstickt, war es nun erneut das erklärte Ziel, die Indianer zwangsweise in die amerikanische Gesellschaft zu integrieren. Der damit verbundene erneut zunehmende Rückzug der staatlichen Institutionen aus den Angelegenheiten der Indianer ab 1953 führte dazu, dass infolgedessen auch jegliche weitere Förderung der oftmals ländlichen und von dünner Infrastruktur gekennzeichneten Reservations-Regionen entfiel, wodurch eine starke Abwanderung in die prosperierenden Städte einsetzte, die ihrerseits wiederum zu einer weiteren Verelendung der ohnehin vernachlässigternGebiete führte.[317]

---

315 Abb. entnommen aus https://de.wikipedia.org/wiki/Russell_Means
316 Ebenda.
317 https://de.wikipedia.org/wiki/Indianerpolitik_der_Vereinigten_Staaten

Ab Ende der 1960er-Jahre konnten die indianischen Gruppen, vor allem das *American Indian Movement*, immerhin eine größere Eigenständigkeit durchsetzen; manche Stämme wurden ökonomisch sogar überaus erfolgreich. Zahlreiche Gerichte sprachen den misshandelten, vertriebenen und enteigneten Indianern Entschädigungen zu. Manche Gruppen versuchen, ihre traditionellen Gebiete zurückzukaufen.
Erst seit den 1970er-Jahren garantierte unter der Präsidentschaft Nixon (1969 bis 1974) eine Politik der „Self Determination without Termination" wenigstens die Eigenständigkeit der indianischen Kultur. Dennoch gab und gibt es weiterhin große Probleme, weil sich viele Indianer bis heute von der Politik nicht genügend vertreten oder sogar verraten fühlen. Zielpunkt war und ist dabei nach wie vor zumeist das Bureau of Indian Affairs (BIA), eine dem US-Innenministerium unterstellte Behörde, welche das Reservationsland treuhänderisch verwaltet, Schulen einrichtet, Statistiken erstellt und die Indianer in rechtlichen Fragen beraten soll, die sich um die Belange der Indianer kümmern soll. Dabei handelt es aber häufig im Gegensatz hierzu, weil die Spitzen des BIA häufig kein Verständnis für die traditionellen Werte der Native Americans haben.
Alle Bemühungen, eine echte und allgemein erfolgversprechende indianische Interessensvertretung zu schaffen, die diesen Namen auch wirklich verdient, sind somit bisher letztendlich gescheitert.[318] Dabei ging und geht es bei den weiteren, oftmals bis heute ungelösten, Konflikten der zweiten Hälfte der 1960er-Jahre wegen anstehender Probleme oftmals gerade auch um Fragen der Ökologie. So begann 1968 ein vor allem juristisch und publizistisch geführter Kampf der Western Shoshone um ihre Landrechte und die für sie verheerenden Folgen der Atombombentests in der Nähe der Nevada National Security Site in Nevada, der 1990, wenn auch erst einmal nur vorläufig, beendet wurde. So befinden sich die Western Shoshone auch gegenwärtig wieder im Widerstand gegen die Wegnahme ihrer überkommenen Landrechte, d.h. die weitere Ressourcen-Ausbeutung sowie die nukleare Verseuchung des Yucca Mountain-Gebietes. Einen fast dreißig Jahre andauernden Kampf, von 1977 bis 2006, führten die Hopi und Navajo in Süd-Arizona gegen die Grundwasserabsenkung durch den Kohletagebau auf der Black Mesa sowie ihre damit verbundene Zwangsumsiedelung.

Und auch Kanada sah erneut verschiedene Konflikte. So leisteten im Norden Quebecs die kanadischen Cree in den Jahren von 1973 bis 1975, und erneut von 1985 bis 1991, erbitterten Widerstand gegen die Baie-James-Staudämme, die eine massive Bedrohung ihrer Rechte auf die Jagd und Fallenstellerei in ihrem Gebiet darstellten. Von 1984 bis 2005 dauerten die Proteste der Innun gegen die in Labrador konzentrierten Tiefflugübungen der NATO-Staaten, und hier gerade auch der deutschen Luftwaffe, an, die erhebliche negative Einflüsse auf die Tierwelt hatten und damit eine Bedrohung ihrer traditionellen Lebensweise darstellten. 1990 kam es in Quebec zur „Oka-Krise", ausgelöst durch eine bewaffnete Blockade zwischen den dort ansässigen Mohawk und der Gemeinde Oka. Die Jahre 1990-1992 sahen einen erbitterten Widerstand der St'at''imc gegen den Ressourcen-Abbau auf ihrem Territorium, der in einer 100-tägigen Blockade im Süden British-Columbias gipfelte, während sich die Piegan-Blackfoot am Oldman River in Süd-Alberta gegen einen Dammbau auf für sie heiligem Areal zur Wehr setzten. 1995 kam es zum „Gustafsen Lake Standoff", einem bewaffneten Landrechtskonflikt der Shuswap, der in einer einen Monat andauernden Belagerung im Süden British-Columbias seinen Höhepunkt fand. Der Jahrtausendwechsel sah 1999 bis 2001 Konfrontationen um die althergebrachten Fischereirechte der Mi'kmag in New Brunswick und von 2001 bis 2010 gab es einen fast zehn Jahre andauernden heftigen Widerstand der Secwepemk gegen das Sun Peaks Ski-Resort sowie die Austragung der Olympischen Winterspiele 2010 auf traditionellem Indianerland.

---

[318] Jeier, 279

Aber auch im 21. Jahrhundert dauern die Kämpfe einiger indianischer Gruppen in Kanada sowie den USA um ihre Rechte weiterhin an:
der Gwich'in aus Alaska: Widerstand gegen Ölförderung im Arctic National Wildlife Refuge und gegen die Folgen des Klimawandels,
der Lubicon Cree der Athabasca-Region: Einrichtung einer Reservation sowie Erhaltung der Umwelt bezüglich der Öl-Industrie
der Innu aus Québec und Labrador: Konflikt: Traditionelle Jagdkultur und Bergbau
in Kanada: Ungeklärte Gewalttaten gegen indigene Frauen in hunderten Fällen etwa im Gebiet von Thunder Bay,
Anishinabe aus Nordwest-Ontario: Grassy-Narrows-Blockade gegen die Abholzung der Regenwälder ihres traditionellen Landes,
der Anishinabe aus Wisconsin: Rassistische Übergriffe wegen traditioneller Fischereirechte,
der Irokesen aus Süd-Ontario: Caledonia-Landbesetzung, Konflikt um Landrechte.

Immerhin kam es in den USA in den 1990er-Jahren zu einigen gesetzlichen Verbesserungen hinsichtlich der Selbstverwaltungen in den Reservationen, wenn diese zum Teil auch nicht wirklich durchschlagend und nachhaltig gewesen sein mögen.
So hatte Präsident Bill Clinton (1993-2001) bereits 1994, in seinem zweiten Regierungsjahr, im Weißen Haus eine Konferenz mit Vertretern der Hälfte aller indianischen Stammesgruppen abgehalten. Dabei hatte er auch die Erklärung abgegeben, mit ihnen wie mit Regierungen verhandeln zu wollen. Außerdem besuchte er 1999, als erster Präsident der USA in sechzig Jahren, eine Reservation (Pine Ridge), um auf die dortige Armut hinzuweisen und Geldhilfen zu versprechen. Auf Initiative von Wilma Mankiller, in den 1970er-Jahren AIM-Aktivistin bei der Besetzung von Alcatraz und 1983 Deputy Chief und von 1985 bis 1995 Chief der Nation der Cherokees, fanden zudem im ganzen Land sogenannte „Indian Listening Conferences“ statt, bei denen Regierungsvertreter sich wenigstens anhörten, was die indianischen Gruppen benötigten.

Wilma Mankiller[319]

Wilma Pearl Mankiller (* 18. November 1945 in Tahlequah, Oklahoma; † 6. April 2010) war eine Schriftstellerin und Feministin aus dem Volk der Cherokee. Von 1985 bis 1995 war sie als erste Frau Oberhaupt der Cherokee Nation.[320]

Fakt ist, dass sich die amerikanische Regierung bis 2009 für ihre mehr als zwei Jahrhunderte verfolgte Indianerpolitik nicht öffentlich entschuldigt hat, wenn auch entsprechende Debatten begonnen hatten, in deren Verlauf es immerhin zu Entschädigungsabsprachen zwischen der Regierung und Stammesvertretern für die ökonomische Nutzung der Reservationen seit 1896 kam.

[319] Abb. entnommen aus https://de.wikipedia.org/wiki/Wilma_Mankiller -
[320] Ebenda.

Als erster Präsidentschaftskandidat der USA überhaupt besuchte Barack Obama (2009-2017) die Reservation der Crow in Montana und wurde dort als „Obama Black Eagle“ in deren Stamm aufgenommen. Nach seiner Wahl zum Präsidenten bestimmte er den Tag nach Thanksgiving zum „Native American Heritage Day“ und unterstützte die UNO-Erklärung über die Rechte indigener Völker. Und im Dezember 2009 unterzeichnete er die im Kongress verabschiedete „Native American Apology Resolution“, in der sich die USA im Namen des amerikanischen Volkes entschuldigten, dabei aber auch deutlich machten, dass sich daraus keine juristischen Konsequenzen ergäben.[321] Zudem ernannte er einen Politikberater im Weißen Haus für indianische Angelegenheiten und lud 2012 zu einem „Gipfeltreffen“ mit Indigenen ins Innenministerium ein.[322]

Präsident Obama bei der Unterzeichnung[323]

Bis heute haben sich die Lebensumstände für die Native Americans in den meisten Reservationen gleichwohl nicht wesentlich verbessert. Bittere Armut prägt nach wie vor das Leben beispielsweise der Oglala Lakota in der Pine Ridge Reservation in South Dakota, die auch heute noch kaum Chancen für sich sehen, dieser Misere zu entkommen. So liegt die Arbeitslosenquote bei ihnen um die 90 Prozent und Oglala Lakota County, der Landkreis, in dem ein Großteil der Reservation liegt, weist das niedrigste Pro-Kopf-Einkommen der USA auf. Circa 90 Prozent der Bewohner leben unterhalb der Armutsgrenze. Hier liegt auch die Wahlbeteiligung nach wie vor fünf bis 14 Prozentpunkte unterhalb derjenigen anderer ethnischer Gruppen in den USA. Dies rührt zum einen daher, dass viele Menschen in Pine Ridge das Gefühl haben, es habe sich für sie ohnehin niemals etwas geändert, egal unter welchem Präsidenten. Zum anderen scheint schon die Wählerregistrierung, wie auch bei potentiellen afro- und lateinamerikanischen Wählern, schwierig, da viele Bewohner über keine feste Adresse mit einem ordnungsgemäßen Straßennamen verfügen und bestenfalls ein Postfach angeben können, was von einem Prüfer akzeptiert werden muss und damit dessen eventueller Willkür unterliegt. Hinzu kommt, dass manche Antragssteller beim Ausfüllen der Registrierungsunterlagen Fehler machen und sie diese auf dem Formular korrigieren, was ebenfalls einen Ablehnungsgrund darstellen kann. Hier sind also der Willkür weiterhin Tür und Tor geöffnet, was im Übrigen gerade auch der Wahlkampf des Jahres 2020 wieder massiv dokumentiert hat, wo es dazu seitens der damaligen Trump-Regierung bzw. der GOP immer wieder Bestrebungen gab, Briefwahlmöglichkeiten vor allem für potentielle „nicht republikanische Bezirke“ zu diskreditieren und einzuschränken, um dadurch die

---

[321] https://de.wikipedia.org/wiki/Indianerpolitik_der_Vereinigten_Staaten. Dies erinnert lebhaft an eine ähnliche Vorgehensweise der deutschen Bundesregierung gegenüber den Nachkommen der Herero im heutigen Namibia in der jüngsten Vergangenheit.

[322] Bungert, 237f.

[323] Abb. entn. aus https://csm_288_Obama_TribalAct_Foto_NationalCongressOfAmericanIndians_e9d849e311.

Wahlmöglichkeiten für Schwarzamerikaner und Native Americans zu erschweren und unmöglich zu machen.[324]

Unter Präsident Donald Trump, der vor allem seine weiße Wählerklientel zu bedienen trachtete, was zu einer weiteren Vertiefung des tiefen Risses in einer ohnehin bereits gespaltenen Gesellschaft führte, gab es bei vielen Native Americans auch die nur zu berechtigten Befürchtungen einer weiteren Verschlechterung ihrer ökonomischen Situation wegen der Privatisierungs-Politik des Präsidenten bzgl. der indianischen Reservationen wegen der dort angestrebten Rohstoffgewinnung. Dies könne etwa dazu führen, dass es in der Reservation der Western Soshone in Nevada wegen des dort geplanten Goldabbaus zu deren Enteignung kommen könne. Und die Apachen im Südwesten liefen Gefahr, eine Ablehnung des von ihnen angestrengten Mount-Graham-Verfahrens gegen die Inbetriebnahme von Kupferminen zu gewärtigen. Außerdem kam es durch die Einsetzung von Bildungsministerin Betsy DeVos sowie Gesundheitsminister Thomas Price, beides radikale Trump-Anhänger und schärfste Gegner von Obamacare, d.h. Maßnahmen von Trumps Amtsvorgänger Barack Obama, zur Gefährdung von Förderprogrammen für Bildungsinstitutionen sowie der Gesundheitsversorgung zugunsten gerade auch der Native Americans.

Donald Trumps Politik bzgl. nordamerikanischer Reservationen ging dabei mit offenkundigen Vertragsbrüchen einher, wie die von ihm genehmigte Wiederaufnahme des Baus der Pipelines Dakota Access und Keystone XI in der Standing Rock Reservation in North Dakota sowie weitere diesbezügliche Pläne gegen den Widerstand der ansässigen Native Americans (mögliche Trinkwassergefährdung durch eventuelle Lecks in den Pipeline für 11 Millionen Menschen) beweisen. Diese Politik führte 2016 zu erbittertem Widerstand der Standing Rock Sioux, die dort zusammen mit Aktivisten von über 100 anderen Stämmen und Naturschutzorganisationen ein dauerhaftes Protestcamp mit rund 3000 Bewohnern errichteten. Diese Proteste sahen zwar sogar viele euroamerikanische und europäische Demonstranten an der Seite der Sioux, konnten aber dennoch die Eröffnung der Ölleitung unter Präsident Donald Trump nicht verhindern.[325] Übrigens spielten bezüglich der Pipeline-Pläne auch wieder einmal deutsche Geldinstitute ein unrühmliche Rolle, da diese Maßnahmen mit 292 Millionen Euro seitens der Deutschen Bank und der Münchner Bayern LB mitfinanziert worden waren.

Vor dem Hintergrund des Widerstandes dagegen ist der Lakota-Ehrenname für Greta Thunberg zu sehen, der dieser anlässlich ihres Besuchs der Standing Rock Reservation am 08. Oktober 2020 für ihre immer wieder offen bekundete Sympathie, Solidarität und aktive Unterstützung der Protestaktionen seitens der dort ansässigen widerständigen indigenen Bewohner verliehen wurde.

Greta Thunberg bei der Verleihung ihres Lakota-Ehrennamens „Maphiyata echivatan hin win" („Frau die vom Himmel kam")[326]

---

[324] https://de.wikipedia.org/wiki/Pine_Ridge_Reservation

[325] Bungert, 250.

[326] Abb. entnommen aus https://www.ecosia.org/images?q=Greta%20Thunberg%20in%20der%20Standing%20Rock%20Reservation%20%20

Als die junge, heute gerade 18-jährige, schwedische Klimaaktivistin Greta Thunberg 2020, nach ihrer Atlantiküberquerung in einem Segelboot, in den USA weilte, besuchte sie unter anderem am 06. Oktober zunächst die „Pine Ridge Reservation“ (Süddakota) sowie am 08. Oktober die „Standing Rock Reservation“ (Norddakota), wobei ihr am zweiten Ort wegen ihrer Aktivitäten gegen den Klimawandel der Lakota-Ehrenname „Frau, die aus dem Himmel kam“ verliehen wurde. Eine ähnliche Ehrung war in den 1970er-Jahren Liselotte Welskopf-Henrich in der Pine Ridge Reservation mit der Verleihung des Ehrennamens – „Schutzdecke der Dakota“ zuteil geworden.

Im Zusammenhang mit Öl-Pipelines auf dem Gebiet kanadischer Indigener die Headline einer ganz aktuellen Nachricht:
Mongabay Series: Indigenous Peoples and Conservation
Oil pipeline on Native lands ramps up as Canada honors its Indigenous people
by Latoya Abulu on 30 September 2021[327]

First Nations peoples, tar sands community members and environmental advocates during a protest walk in Alberta, Canada. Photo © Greenpeace / Zack Embree[328]

Die Nach-Trump-Ära

Was die allerjüngste Gegenwart anbelangt, hat der gegenwärtige US-Präsident Biden nach seiner Wahl am 18.12.2020 erstmals in der Geschichte der USA insofern ein Zeichen gesetzt, als er eine von amerikanischen Ureinwohnern abstammende Frau als Ministerin in sein Kabinett berief. So wurde die Kongressabgeordnete Deb Haaland aus dem Bundesstaat New Mexico als Innenministerin nominiert, wobei diese mit Sharice Davids zu den ersten zwei Frauen gehört, die 2018 als Ureinwohnerinnen in den US-Kongress gewählt wurden.

Linkes Bild: **Debra Anne Haaland, als Innenministerin der USA als auch für die Belange der Native Americans sowie für die Reservationen zuständig.**
Rechtes Bild: **Sharice Davids, Abgeordnete im gegenwärtigen US-Kongress**

[327] https://news.mongabay.com/2021/09/oil-pipeline-on-native-lands-ramps-up-as-canada-honors-its-indigenous-people/
[328] Abb. aus Ebenda

Debra Anne „Deb“ Haaland (* 2. Dezember 1960 in Winslow, Arizona), US-amerikanische Politikerin der Demokratischen Partei. Haaland amtiert seit dem 16. März 2021 als Innenministerin der Vereinigten Staaten im Kabinett von US-Präsident Joe Biden. Von Januar 2019 bis März 2021 war Haaland Abgeordnete für den 1. Kongresswahlbezirk des Bundesstaates New Mexico im Repräsentantenhaus der Vereinigten Staaten. Haalands Mutter gehört zum Volk der Laguna, ihr Vater ist norwegischer Abstammung. Als Tochter eines Mitgliedes des United States Marine Corps wuchs Haaland an verschiedenen Orten in den Vereinigten Staaten auf. Als Kind erlebte Haaland die Pueblo-Kultur während der sommerlichen Aufenthalte bei ihren Großeltern mütterlicherseits in Mesita, New Mexico, einem Dorf auf dem Territorium der Laguna-Pueblo im Norden des Bundesstaats.[329]
Sharice Lynnette Davids (* 22. Mai 1980 in Frankfurt am Main) ist eine US-amerikanische Rechtsanwältin und Politikerin der Demokratischen Partei, die dem indianischen Volk der Winnebago angehört. Seit dem 3. Januar 2019 ist sie Mitglied des US-Repräsentantenhauses für den 3. Kongresswahlbezirk des US-Bundesstaates Kansas. Davids, die sich zur LGBTQ-Gemeinschaft bekennt, wurde am 3. November 2020 wiedergewählt.[330]

Zwangsadoptionen indigener Kinder und Zwangssterilisationen indianischer Frauen bis in die jüngste Vergangenheit

Zumindest für den US-amerikanischen Bundesstaat South Dakota lässt sich feststellen, dass das, was in den 1880er-Jahren als Teil einer Regierungspolitik der Zwangsassimilation begann, dort heute einen neuen erschreckenden Höhepunkt erfährt. Als die US-Regierung im 19. Jahrhundert beschloss, indianische Kinder aus ihren Familien zu reißen und sie in Internate zu schicken, in denen sie zu „Weißen“ umerzogen werden sollten, wurden parallel dazu bis zu 16 Mal mehr indianische Kinder zur Adoption freigegeben als nicht-indianische. Als Reaktion auf diesen staatlich unterstützten Versuch, die indianische Kultur auszulöschen, wurde 1978 nach großem öffentlichem Protest zwar der „Indian Child Welfare Act“ (ICWA)[331] verabschiedet, welcher indianische Kinder davor schützen sollte, zu Unrecht aus ihren Familien genommen und in nicht-indianische Pflegefamilien oder Heime gesteckt zu werden. Stattdessen sollten die Kinder, die aus unterschiedlichsten Gründen angeblich nicht bei ihren Eltern bleiben konnten, möglichst bei Familienangehörigen, in den meisten Fällen bei den Großmüttern, oder in von den Indianern organisierten und betreuten Einrichtungen der Reservationen unterkommen. Eine derartige Regelung trug dem indianischen Verständnis von Familie und Gemeinschaft Rechnung, wonach die Großfamilie und der Stammesverband bei der Erziehung eines Kindes eine große Rolle spielen. Jedoch wird diese Regelung in South Dakota auch gegenwärtig offensichtlich ignoriert, werden dort doch noch heute indianische Kinder immer noch zehn Mal öfter zur Adoption freigegeben als nicht-indianische. Neunzig Prozent landen dabei nach wie vor in der Obhut nicht-indianischer Pflegefamilien oder staatlicher Institutionen, was zur Folge hatte, dass in diesem Bundesstaat allein innerhalb des vergangenen Jahrzehnts mehr als 5.000 indianische Kinder aus ihren Familien gerissen wurden. Damit sind mehr als die Hälfte aller Kinder im staatlichen Pflegeprogramm indianisch – obwohl indianische Kinder nur rund 13 Prozent aller Heranwachsenden in South Dakota ausmachen. Da liegt es nahe, nach wie vor von einer systematischen Wegnahme indianischer Kinder aus ihren Familien und Stammesgemeinschaften auszugehen, weswegen die Lakota von einer „neuen Epidemie-Welle“, „Entführung“ und „kulturellem Genozid“ sprechen. Das „Lakota People’s Law Project“ hat deshalb im Jahr 2005 das „Lakota Child Rescue Project“ ins Leben gerufen, um gegen diese Praxis eines planmäßigen unrechtmäßigen Kindesentzugs seitens des Staates vorzugehen, bei der den betroffenen Eltern das Recht auf ordnungsgemäße Anhörungen und

[329] https://de.wikipedia.org/wiki/Deb_Haaland
[330] https://de.wikipedia.org/wiki/Sharice_Davids.
[331] Siehe https://www.childwelfare.gov/topics/systemwide/diverse-populations/americanindian/icwa/

Widerspruch vorenthalten wird.[332] Sozialarbeiter nehmen Kinder nach wie vor aus ihren Familien, oft geschieht dies in der Schule oder auf dem Weg von dort nach Hause, ohne bei den Eltern Rechenschaft abzulegen oder diese zeitnah zu informieren. Außerdem wird den Letzteren anschließend auch jegliche Kontaktaufnahme zu ihren Kindern verweigert. Diese werden in der Regel bei weißen Pflegeeltern untergebracht, obwohl es auch genügend indianische Pflegefamilien gegeben hätte, die zu ihrer Aufnahme bereit gewesen wären.[333]
Diese Politik hat gravierende Langzeitfolgen für die Kinder: Insgesamt ist die Selbstmordrate bei Lakota-Kindern und -Jugendlichen zwölf Mal höher als der US-amerikanische Durchschnitt und zählt damit zu der höchsten der Welt. Selbst wenn die Kinder wieder in die Obhut ihrer leiblichen Eltern gegeben werden, bleiben die traumatischen Erfahrungen oftmals weiterhin spürbar. Viele von ihnen leiden daher unter Trennungsängsten, sind depressiv oder legen selbstzerstörerisches Verhalten an den Tag. Indianische Kinder, die in staatlichen oder privaten Betreuungseinrichtungen sowie bis zu ihrer Volljährigkeit bei nicht-indianischen Pflege- oder Adoptiveltern bleiben, haben noch mehr mit den Folgen zu kämpfen. Mehr als 60 Prozent von ihnen sind mit 20 Jahren entweder obdachlos, im Gefängnis oder tot. Nun droht also eine neue Generation ihre indianischen Wurzeln zu verlieren. Der kulturelle Genozid, der durch die Assimilationspolitik in den 1880er-Jahren begann, wird bis heute de facto in manchen Fällen trotz des ICWA – wenn auch in nur leicht abgewandelter Form - illegal weitergeführt.[334]
Ein weiteres, bis heute ebenfalls weitgehend verdrängtes, Thema sind die rechtlich abgesicherten Zwangssterilisationen in den USA, deren Geschichte 1907 mit dem weltweit ersten Sterilisationsgesetz in Indiana begann, und die in den USA bis 1981 erlaubt waren und offiziell durchgeführt wurden. Vor allem nach 1933 fühlten sich US-Eugeniker wie Charles Davenport durch die NS-Rassenhygiene in Deutschland bestätigt und ermutigt, weil sie die Durchsetzungskraft der NS-Diktatur bei der Umsetzung eines Zwangsgesetzes als beispielhaft ansahen, welche die in Jahrzehnten erreichten Sterilisationsquoten der USA binnen kürzester Zeit hinter sich ließen.
Vor allem an Gefängnisinsassinnen wurden in den USA bis 2013 regelmäßig Zwangssterilisationen durchgeführt, und diese betrafen vor allem nicht-weiße Frauen. Insbesondere in den 1960er-/70er-Jahren wurden an amerikanischen Ureinwohnern bzw. an indigenen Frauen, oftmals ohne deren Wissen geschweige denn Zustimmung, Zwangssterilisationen vorgenommen, während sie sich anderen Operationen unterzogen und in Vollnarkose waren. Derartige Praktiken wurden ab 1974 von den indianischen Aktivistinnen Winonah LaDuke, Tulalip Janet McCloud, der Cheerokee/Choctaw Dr. Constance Redbird Pinkerton-Uri und den Lakotas Madonna Thunder Hawk und Lorelei DeCora Means angeprangert, welche die Gruppe „WARN“ (Women of all Red Nations) gegründet hatten und sich entschieden – auf der Basis ihres anerkannten Status als Mütter – insbesondere gegen Zwangssterilisationen und Adoptionen indianischer Familien in euroamerikanische Familien (wohin bis zu ein Drittel aller indigenen Kinder vermittelt wurde), wandten.[335]

---

332 Siehe https://www.facebook.com/LakotaPeoplesLawProject/

333 Julia Poschkamp: Die Kinderfänger von South Dakota, Kindesentzug bei den Lakota in den USA. Siehe https://www.gfbv.de/de/zeitschriftfuervielfalt/aeltere-ausgaben/281-82-stalins-kollektivdeportationen/die-kindefaenger-von-south-dakota/

334 Julia Poschkamp: Die Kinderfänger von South Dakota, Kindesentzug bei den Lakota in den USA. Siehe https://www.gfbv.de/de/zeitschriftfuervielfalt/aeltere-ausgaben/281-82-stalins-kollektivdeportationen/die-kindefaenger-von-south-dakota/

335 Siehe S. 90 der vorliegenden Arbeit. Siehe hierzu auch Sanjana Manjeswar: America's Forgotten History of Forced Sterilization (1920), dsgl. U.S. National Library of Medicine (NLM): 1976. Gouvernment admits unauthorized sterilization of Indian Women sowie vor allem Encyclopedia of Race and Racism: Forced Sterilisation of Native Americans (https://www.encyclopedia.com/social-sciences/encyclopedias-almanacs-transcripts-and-maps/forced-sterilization-native -americans). Ebenso The Little-Known History oft he Forced Sterilization of Native American Women. Jane Lawrence documents the forced sterilization of thousands of Native American Women by the Indian Health Service in the 1960s and 1970s. (https://daily.jstor.org/the-little-known-history-of-the-forced-sterilization-of-native-american-women/)

Erzwungene Assimilierungsversuche durch die Erziehung der Kinder in Internatsschulen in den USA und in Kanada

Das System Boarding Schools in den USA[336]

Eines der größten Probleme, die bis in die aktuellste Gegenwart hineinreichen, liegt in den erzwungenen Assimilierungsbestrebungen, denen sich die Kinder der in den Reservationen internierten Native Americans nach ihrer endgültigen Niederlage sowohl in den USA als auch in Kanada bis weit ins 20. Jahrhundert ausgesetzt sahen. Dabei spielten nicht zuletzt Vertreter christlicher Glaubensgemeinschaften eine schändliche und verabscheuungswürdige Rolle, die bis heute nicht hinreichend aufgeklärt ist, weil es hierfür seitens der christlichen Amtskirchen bis in die Gegenwart hinein keinerlei ernstgemeinte Aufklärungsversuche und Entschuldigungen, geschweige denn finanzielle Entschädigungsangebote gibt.
Unter Präsident Rutherford B. Hayes (1877-1881) intensivierte die US-Regierung ihre „Politik der Amerikanisierung" und die damit verbundene Zwangsassimilierung von Indianerkindern durch die Einrichtung von „Boarding Schools", die oftmals hunderte Meilen von den Reservationen entfernt lagen, in denen die ihren Familien oftmals unter Androhung von Repressionen entrissenen Kinder dem Einfluss ihrer Eltern entzogen werden sollten.[337]
Das Hauptmotiv und oberste Erziehungsziel in den Boarding Schools der USA sowie den Residential Schools in Kanada bestand darin, die ihnen „anvertrauten" indigenen Kinder und Jugendlichen ihre Kultur und Stammesgemeinschaft und somit ihre Wurzeln vergessen zu machen. Sie sollten planmäßig dazu gebracht werden, sich ihrer „minderwertigen ‚Rasse'" zu schämen und von ihr abzugrenzen. Daher wurden sie gewaltsam von ihren Eltern getrennt und in zumeist von christlichen Missionaren geführte „Boarding Schools" gesteckt, die konsequent das Ziel verfolgten, sie zu „zivilisieren", indem sie zum christlichen Glauben gebracht wurden. Die Regierungen in Washington versuchten seit dem späten 19. Jahrhundert mit allen verfügbaren Mitteln, Indianerkinder systematisch ihrer kulturellen Traditionen zu entfremden und „als entindianisierte Neoamerikaner in die Mehrheitsgesellschaft einzupassen", weswegen ihr Schulbesuch 1891 seitens des Kongresses für obligatorisch erklärt wurde.[338]
In der Folge kam es zur Etablierung zahlreicher Internatsschulen nach dem Vorbild des Hampton Institutes, einer Schule für Afro-Amerikaner in Virginia. So wurde im Herbst 1879 auf Veranlassung von Richard H. Pratt, eines ehemaligen Captains der US-Armee mit pädagogischen Ambitionen, zunächst eine ähnliche Schule für Indianerkinder in Pennsylvania eröffnet, wobei diesem hierfür seitens des damaligen US-Kriegsministers in Carlisle, Pennsylvania ein ehemaliger Armeeposten zur Verfügung gestellt wurde.
Dadurch wurde es ermöglicht, zunächst in den Reservationen von Rosbud und Pine Ridge die ersten zweiundachtzig Kinder für Pratts Neue Indian Industrial School zu rekrutieren, in der diese zu „Kopien gottesfürchtiger und strebsamer Weißer" umerzogen werden sollten, [339] da sie als Angehörige von „wilden Stämmen" angesichts der „Aggression der Zivilisation" auf Dauer keine Überlebenschance besäßen.[340] Diese Reformagenda, deren Leitideen „Zivilisierung" und „Amerikanisierung" lauteten, sollte sich rasch „zum umfassendsten und nachhaltigsten Anschlag auf indigene Daseinsformen in der US-Geschichte entwickeln."[341]

---

[336] Siehe hierzu auch die ausführlichen Ausführungen von Menrath, 170-204, der dabei sowohl ausführlich als auch sehr detailliert auf die staatlichen sowie die christlichen, sprich v.a. katholischen Boarding Schools für die Sioux eingeht.
[337] Menrath, 47
[338] Mattioli, 297. Siehe hierzu auch die Rolle des damaligen US-Innenministers Carl Schurz. Vgl. hierzu S. 62f. der vorliegenden Arbeit.
[339] Jeier, 275
[340] Mattioli, 295.
[341] Ebenda, 296. Hier Bezugnahme Mattiolis auf Jeffrey Ostler: The Plains Sioux and U.S. Colonialism from Lewis and Clarke to Wounded Knee, 7. Auflage, Cambridge, New York 2011, S. 150.

Die Schule, in der die Jungen mit Uniformen und die Mädchen mit viktorianischen Kleidern eingekleidet wurden und morgendliche Appelle und strenger Drill zur täglichen Routine gehörten, war - gemäß ihrer ursprünglichen Bestimmung als Militäranstalt – streng militärisch durchorganisiert.[342]

Linkes Bild: **In Reservationsschulen und Internaten sollten deren indianische Zöglinge zu Weißen umerzogen werden**
Rechtes Bild: **Internatsschule von Carlisle.**[343/344]

Hier wurde den Zöglingen folgerichtig auch auf das Strengste verboten, sich ihrer Muttersprache zu bedienen, sie sollten nur Englisch - bzw. in Kanada nur Englisch oder Französisch – sprechen. Widrigenfalls wurden sie auf das Härteste bestraft.[345] Außerdem wurden ihre stammestypischen Namen durch christliche ersetzt. Bereits als die ersten Kinder am 06. Oktober 1879 in Carlisle aus dem Zug gestiegen waren, waren sie von Pratt mit den Worten „Vergesst, dass Ihr Indianer seid!" Willkommen geheißen worden.[346]

Von 1879 bis 1918 besuchten über 10.000 indianische Kinder aus 140 Stämmen Carlisle.[347]

Bis zur Jahrhundertwende wurden in der Folge seitens des Bureau of Indian Affairs (BIA) 154 Tagesschulen und 153 Internate speziell für indianische Kinder eingerichtet, von denen es sich bei 25 um außerhalb der Reservationen gelegene Boarding Schools handelte. Bereits im Jahr 1900 besuchten mehr als 80 Prozent der insgesamt 21500 indianischen Kinder solche Internate, und im Jahr 1920 lebten 50 Prozent aller Internatsschüler in Internaten, die oftmals weit entfernt von den Reservationen lebten, wodurch Kontakte zu ihren Familien und Stammesgemeinschaften die meiste Zeit des Jahres über unmöglich waren. Dabei handelte es sich bei diesen Anstalten um staatlich finanzierte, von christlichen Kirchen und Orden geführte Sonderschulen, deren Gebäude, Ausstattung und Klassenräume in der Regel deutlich schlechter waren als die der normalen öffentlichen Schulen in den USA. In ihnen führten die Vertreter

---

342 Jeier, 276.
343 Abb. entnommen aus https://en.wikipedia.org/wiki/Carlisle_Indian_Industrial_School
344 Abb. entnommen aus Jeier, 275.
345 Siehe Menrath, 178.
346 Jeier, 276.
347 Abb. entnommen aus https://en.wikipedia.org/wiki/Carlisle_Indian_Industrial_School

beider christlicher Kirchen – protestantische wie katholische – im staatlichen Auftrag ein unerbittliches Regiment, Lehrer, Erzieher und Missionare setzten die Eleven einer „totalen Erziehung“ (Michel Foucault) aus, die sämtliche Dimensionen ihrer Existenz im Blick hatten. Nicht nur Habitus, Alltagsroutinen und Freizeitverhalten, sondern auch moralische Einstellungen und Glaubensüberzeugungen sollten in radikaler Weise umgepolt werden. Den christlichen Pädagogen ging es darum, die kulturelle Identität der ihnen anvertrauten indianischen Kinder zu zerschlagen, um Platz für eine amerikanische mit ihren christlich-westlichen Werten zu schaffen.[348]

Gemeinschaftlicher Unterricht in Carlisle[349]

Jungen erlernten vor allem handwerkliche Berufe[350]

Schon bei Eintritt in diese Schulen waren alle Handlungen von Beginn an ausnahmslos daraufhin ausgerichtet, die Zöglinge zu assimilieren, d.h. sie ihrer indianischen Vergangenheit zu entfremden und diese vergessen zu machen. So wurden den Knaben noch vor dem ersten Unterricht die Haare abgeschnitten, dies bei den Indianern eine symbolhafte Handlung, die nur bei großer Trauer vorgenommen werden durfte, standen lange Haare doch für den Fluss des Lebens und eine hoffnungsvolle Zukunft.[351]

Vorher und Nachher.[352]
Drei Pueblo Jungen fotografiert in traditioneller Kleidung und in den Uniformen der Carlisle Indian School

Indianerkinder bei und nach ihrer Ankunft in der Carlisle Indian School[353]

348 Mattioli, 297f., Menrath, 170.
349 Abb. entnommen aus Jeier, 276.
350 Abb. entnommen Ebenda, 277.
351 Jeier, 276. Mattioli, 300f.
352 Abb. entnommen aus Die Welt der Indianer, 355.
353 Abb. entnommen aus Bungert, 151,

Die Bildunterschrift zu dieser Illustration von 1884 lautet:
„Wie man die Indianer erzieht – Eine Schülerin von der Regierungsschule in Carlisle besucht ihre Eltern in der Pine-Ridge-Agentur.“[354]

Außerdem war auf dem Schulgelände nur der Gebrauch der englischen Sprache erlaubt, d.h. es war den indianischen Jungen und Mädchen striktestens verboten, sich ihrer Stammessprache zu bedienen,[355] widrigenfalls sie strengstens bestraft wurden, etwa mit körperlichen Misshandlungen, oder schlimmstenfalls mit einigen Nächten im Kerker des Internats zu rechnen hatten, wo manche von ihnen auch erste Missbrauchserfahrungen machen mussten.[356] Bald schon begannen auch die Unterweisungen in die christliche Lehre und die Kinder wurden genötigt, neben den christlichen auch die nationalen Feiertage wie den Unabhängigkeitstag, Columbus Day und George Washingtons Geburtstag zu begehen.[357] Dabei mussten den weißen Lehrern und Lehrerinnen in der ersten Zeit indianische Dolmetscher zur Hand gehen, um überhaupt erst einmal eine Verständigung zwischen ihnen und den Zöglingen zu ermöglichen. Die Boarding Schools basierten im Übrigen auf Kinderarbeit, damit sie möglichst autark und von daher kostendeckend geführt werden konnten. In schuleigenen Werkstätten und auf Feldern mussten die Kinder nicht nur zu ihrem eigenen Lebensunterhalt beitragen, sondern die Knaben wurden hier auch bereits ganz gezielt auf ein zukünftiges Leben als Farmer oder Lohnarbeiter vorbereitet, mussten normalerweise schon am Morgen in den schulischen Werkstätten arbeiten oder Feldarbeit leisten, während sich die Schülerinnen in Koch- und Handarbeitskursen auf ihr zukünftiges Hausfrauendasein vorzubereiten hatten. Der theoretische Unterricht fand im Regelfall nach dem Essen statt. Zwar waren briefliche Kontakte mit den in den Reservationen lebenden Eltern erlaubt, doch konnten die wenigsten von ihnen die erhaltenen Briefe lesen geschweige denn beantworten, wobei der Briefverkehr natürlich auch einer Zensur unterlag. Während der zweimonatigen Sommerferien mussten die Schüler während sogenannter „Outings“ auf den Farmen oder Ranches der weißen Siedler arbeiten, deren Familien ihren Vorfahren das Land gestohlen hatten.[358] Dies erwies sich für nicht wenige Kinder jedoch als Tortur und eine Form von Sklaverei, da sie von ihren Gastfamilien ausgebeutet und missbraucht wurden.[359]

---

[354] Die Welt der Indianer, 356.
[355] Jeier, 276.
[356] Ebenda, 276. Doch soll hier mit Menrath, 180 nicht unerwähnt bleiben, dass gerade die von den Reservationen abgelegenen Boarding Schools, eigentlich als Speerspitze für die Zerstörung alles Indianischen konzipiert, ungewollt längerfristig zur Bildung eines pan-indianischen Bewusstseins beitrugen, da das dort von den Kindern gemeinsam Erlebte Solidaritätsgefühle untereinander erzeugte und beispielsweise gerade der Zwang, immer Englisch sprechen zu müssen, zu einem probaten Verständigungsmittel unterschiedlicher „Nationen“ führte, die sich ansonsten nicht verstanden hätten. Durch die englische Sprache konnten sie sich verständigen und einander vom Schicksal ihrer Nationen erzählen, was folglich auch zur Entwicklung einer eigenständigen Identität beitrug, die sich von jener der Euro-Amerikaner abgrenzte.
[357] Mattioli, 301.
[358] Jeier, 277.
[359] Menrath 177.

In derartigen Schulen versuchten die nicht selten aus Deutschland oder der Schweiz stammenden Missionare und Erzieher, die ihnen anvertrauten Sioux-Kinder mit allen Mitteln vom „negativen Einfluss" ihrer Eltern und Verwandten abzuschirmen und in einem rein katholischen Umfeld zu sozialisieren. In vergleichbarer Weise waren deutschsprachige Missionare seit dem späten 19. Jahrhundert im großen Umfang übrigens auch in Kanada und Australien an der Zwangsassimilierung dortiger indigener Nationen beteiligt. Aufgrund der erst kürzlich von indianischer Seite erhobenen schwerwiegenden Vorwürfe gegen die unter Martin Martys Ägide gegründeten Internatsschulen in Rosebud und Pine Ridge und gegen das erst 2012 geschlossene Kloster Blue Cloud in Southdakota drängt sich die Einsetzung einer unabhängigen Expertenkommission auf. Da es diesbezüglich einige Parallelen zu Missbrauchsfällen in der katholischen Heimerziehung im deutschsprachigen Raum zu geben scheint, wäre eine vergleichende Aufarbeitung äußerst aufschlussreich,[360] lässt aber bis heute – und leider wohl auch bis auf Weiteres – auf sich warten.
Die aus dem deutschsprachigen Raum in die USA emigrierten Missionarinnen und Missionare verkörperten die Entschlossenheit katholischer Kulturkämpfer, die in letzter Konsequenz die ganze Welt mit ihrem Absolutheitsanspruch erobern wollten. Was dies konkret bedeuten konnte, zeigte sich an Martys Bemühungen, sogar Sitting Bull zu bekehren. Eine vom *Chief* bemalte Bisonrobe, die der Indianermissionar unbedingt haben wollte und nach Rom mitnahm, war nicht als einfaches Geschenk gedacht, sondern hatte eine tiefere Bedeutung. Mattyr wollte damit den berühmten Hunkpapa Lakota dem „Heiligen Vater" symbolisch zu Füßen legen. Doch Sitting Bull weigerte sich. Er bewahrte seinen Glauben und damit seine Freiheit – und bezahlte dies schließlich mit seinem Leben.[361]
Von den knapp zehntausend Schülern, die Carlisle bis 1918 besuchten, schafften weniger als acht Prozent den Abschluss, mehr als fünfzehn Prozent versuchten dem elenden Internatsleben durch Flucht zu entkommen. Nicht wenige der Kinder verkümmerten vor allem wegen der Trennung von ihren Familien, von denen sie mindestens zehn Monate im Jahr getrennt leben mussten, weil die Entfernungen zu ihnen zu groß waren, seelisch, viele erkrankten physisch und psychisch oder verhungerten. Da außerdem viele Kinder an Tuberkulose, Typhus und Grippe oder anderen Krankheiten verstarben, weil sie keine Abwehrkräfte gegen diese Krankheiten der Weißen aufwiesen, musste R. H. Pratt im Juni 1904 als Superintendent der Einrichtung zurücktreten.[362] Hinzu kam, dass nicht wenige der dortigen Schülerinnen und Schüler hier - aber auch in den ca. 500 anderen im Laufe der Jahre existierenden Einrichtungen - systematisch gefoltert, manchmal sexuell ausgebeutet, zu Tode geprügelt, psychisch missbraucht oder oftmals sogar zum Selbstmord getrieben wurden.[363] Jedes außerhalb der Reservationen gelegene Internat besaß dabei einen eigenen Friedhof, auf dem über die Jahrzehnte hinweg viele Hunderte von verstorbenen Schülern und Schülerinnen beigesetzt wurden, ohne dass die oftmals verspätet unterrichteten Eltern bei der Beerdigung anwesend sein konnten.[364]
Die Zustände in den Internaten führten dazu, dass nicht wenige ihrer Angehörigen noch lange Zeit nach ihrem Aufenthalt dort an den Folgen der ihnen aufgezwungenen Assimilierung litten, und Alkoholismus und Drogenmissbrauch verfielen. Nicht wenige versuchten auch, den Unterdrückungsmaßnahmen ihrer „Bildungsanstalten" durch verschiedenste individuelle Widerstandsformen zu begegnen. Trotz der Angst, verraten oder von den Lehrern oder Erziehern entdeckt und gemaßregelt zu werden, pflegten etliche Insassen ihre Sprache und Gebräuche heimlich weiter. Manche von ihnen zerstörten aus Protest Schuleigentum oder legten sogar Brände, um gegen die schlimmen Zustände in den Boarding Schools zu

[360] Ebenda, 249.
[361] Ebenda, 250.
[362] Jeier, 277.
[363] Ebenda, 277, Mattioli, 302f, Menrath, 178..
[364] Mattioli, 303.

protestieren. Viele Unglückliche aber liefen einfach weg – in eine prekäre Freiheit, die oft nur wenige Tage andauerte, bevor man sie wieder aufgriff und zurückbrachte.[365] Die erlittenen Traumata wurden in sehr vielen Fällen auch an die folgenden Generationen weitergegeben. Ohne dass es in den folgenden Jahrzehnten zu entscheidenden Veränderungen kam, funktionierten die Boarding Schools bis in den Kalten Krieg hinein als regelrechte Amerikanisierungsmaschinen.[366]

Mattioli zitiert hierzu ausführlich Mary Crow Dog, die im 1886 eröffneten, in der Rosebud-Reservation gelegenen, St. Francis-Internat noch 20 Jahre nach dem Zweiten Weltkrieg diesbezüglich schreckliche Erfahrungen machen musste. 1954 als Lakota in South Dakota geboren, hielt Mary Crow in ihrer Autobiographie fest:

„Es ist beinahe unmöglich, einem sympathisierenden Weißen zu erklären, was eine typische alte Indianer-Internatsschule war und wie sie auf ein indianisches Kind wirkte, das plötzlich in sie hineinplumpste wie ein kleines Wesen von einem anderen Stern, hilflos, schutzlos, verwirrt, und das verzweifelt versucht zu überleben und manchmal eben nicht überlebt (…) Ich weiß von einer Elfjährigen aus einem anderen Reservat, die sich aufhängte; in unserer Schule sprang, als ich dort war, ein Mädchen aus dem Fenster, um sich das Leben zu nehmen und sich so einer unerträglichen Situation zu entziehen.“[367]

Mary Crow Dog erlebte St. Francis als „Strafvollzugseinrichtung“, bestimmt durch einen trostlosen Alltagstrott und eine Prügelpädagogik: [368]

„Viele Nonnen waren deutsche Einwanderer, einige aus Bayern, und wir fragten uns manchmal, ob Bayern wohl so eine Art Dracula-Land ist, das von Ungeheuern bewohnt wird (…) Auch ich bin meinem Teil Lederriemen nicht entgangen. Einmal, ich war dreizehn Jahre alt, weigerte ich mich, in die Messe zu gehen. Ich wollte nicht in die Kirche, weil es mir nicht gutging. Eine Nonne packte mich bei den Haaren, zerrte mich die Treppe hinauf, beugte mich vornüber, zog mir das Kleid hoch (wir durften damals keine Jeans tragen), riss den Schlüpfer herunter und verabreichte mir das, was sie ‚Klatsche‘ nannte – fünfundzwanzig Schläge mit einem Brett, das mit Band umwickelt war. Sie tat mir schrecklich weh.“ [369]

Immerhin publizierten in den 1970er-Jahren manche der Denominationen, d.h. christlichen Religionsgemeinschaften, Kirchen oder Sekten (besonders in den USA) Bekenntnisse der Reue für die „euroamerikanische Behandlung“ der Indigenen, und der „National Council of Churches“ unterstützte die Indianerrechtsbewegung politisch, materiell und finanziell,[370] wobei sich die Amtskirchen hier im Regelfall „vornehm zurückhielten“, d.h. hieran keinen Anteil hatten.

Wie wichtig eine umfassende Aufarbeitung der Geschichte gerade auch der katholischen Indianerinternate im 20. Jahrhundert wäre, verdeutlichen vor allem die zahlreichen Anschuldigungen, die unlängst von ehemaligen indianischen Schülerinnen und Schülern gegen Jesuiten, Benediktiner, Weltgeistliche, Ordensschwestern oder Laien einiger Institutionen erhoben wurden. Seit 2003 haben über 100 Indianer, welche ihre Kindheit in „Boarding Schools“ verbracht hatten, die katholischen Diözesen Sioux Falls und Rapid City angezeigt. Ebenfalls Anklage erhoben wurde auch gegen die Blue Cloud Abbey in Marvin, Southdakota, ein Tochterkloster von St. Meinhard, das 1950 gegründet und 2012 aufgelöst wurde, in der Benediktinermönche tätig gewesen waren. Die Kläger erhoben dabei schwerwiegende Vorwürfe gegen einzelne Erzieher, die – und dies über einen Zeitraum von mehreren Jahren – von sexueller Nötigung und Vergewaltigung bis hin zu Sodomie reichten. Dokumente der

---

[365] Ebenda, 303, Menrath, 179.

[366] Mattioli, 303

[367] Mattioli, 304 zitiert hier Mary Crow: Lakota Woman. Die Geschichte einer Sioux-Frau, 9. Aufl., München 2009, S. 31.

[368] Mattioli, 304.

[369] Ebenda, S. 304 zit. hier Crow, 58f.

[370] Bungert, 218f.

Jesuiten aus der St. Francis Mission in Rosebud belegen, dass die sexuellen Übergriffe auf indianische Kinder der Schulleitung dabei durchaus bekannt waren. Diese jedoch versuchte die ihr bekannt gewordenen Fälle dadurch intern zu lösen, dass fehlbare Jesuiten zwar vorübergehend an Orte versetzt wurden, wo sie nichts mehr mit Kindern zu tun hatten, wobei über ihre Verfehlungen an ihren neuen Unterrichtsstätten keinerlei Informationen erfolgten. Auch wurde vielen von ihnen nach einer gewissen Zeit die Rückkehr gestattet und sie konnten wieder als Erzieher arbeiten, dies eine Praxis, die beispielsweise auch in Deutschland nicht selten gewesen zu sein scheint.[371]

Das System der kanadischen Residential Schools (1883-1996)[372]

De facto vom Regen in die Traufe gekommen waren auch die Kinder und Enkel derjenigen Indianer, die sich ab den 1860er-Jahren der Internierung in den US-Reservationen durch die Flucht nach Kanada, ins „Land der großen Mutter", hatten entziehen können. Denn auch dort gab es in der Folge ähnliche Assimilierungsbestrebungen wie in ihrem Herkunftsland, wobei die bis zu 140 existierenden kanadischen Einrichtungen, wo ebenfalls ausschließlich Kinder dortiger Ureinwohner, also der First Nations, der Inuit und des Métis interniert waren, den Namen „Residential Schools" trugen.[373] Dort wurden die Kinder zumeist ebenfalls unter der Aufsicht von katholischen und protestantischen Missionslehrern, völlig isoliert von ihrer Herkunftsgesellschaft, „zivilisiert". [374]

Mehr als ein Jahrhundert lang, von 1883 bis 1996, versuchte auch Kanada, seine indigenen Völker durch deren Zwangsassimilation zu nützlichen Bürgern umzuerziehen. Bald spann sich daher auch dort ein vom Staat ins Leben gerufenes und, wie in den USA, von christlichen Kirchen und Orden geführtes Band von Residential Schools über das riesige Land. Während der Zeit ihres Bestehens durchliefen rund 150 000 indigene Kinder diese Internate, in denen mit den amerikanischen Boarding Schools vergleichbare Zustände herrschten.[375] Nach Angaben der *Truth and Reconciliation Commission* (Wahrheits- und Versöhnungskommission, TRC) gab es neben den bundesstaatlichen Internaten und Wohnheimen auch zahlreiche weitere Schulen, die von den Provinzen betrieben wurden, sowie religiöse Ordensschulen, die keinerlei Bundesmittel erhielten.[376] Die allermeisten dieser Schulen lagen weit außerhalb der Reservationen und waren für die Eltern der dort lebenden Zöglinge nur schwer zu erreichen, weswegen viele Schüler bis zu zehn Monate im Jahr keinerlei Kontakte zu ihren Eltern hatten und diesen ganz bewusst und willentlich entfremdet wurden.

Linkes Bild: **Indigene Internatsschüler in Kanada**[377]
Rechtes Bild: **Klassenfoto des Internats in Kamloops aus dem Jahr 1937.** [378]

[371] Menrath, 209f.
[372] Siehe hierzu Ebenda, 206-209.
[373] Siehe hierzu auch Menrath, 206f.
[374] Siehe Ebenda, 207.
[375] Mattioli, 305.
[376] https://www.rosalux.de/news/id/44654/schulen-des-grauens?cHash=a25bd2daebe7ad5c9ac0e49dd3df91a2
[377] Abb. entnommen aus Benno Schwinghammer & Natalie Skrzypzak: „Kultureller Genozid" an Indigenen. Mehr als 1.500 Tote – Knochenfunde schockieren Kanada, dpa 01.08.2021. Laut den Nachrichten des DLF vom 29.09.2021, 00:00-00:05 Uhr wird inzwischen von mindestens 3.000 Opfern ausgegangen, wobei die Dunkelziffer hier nach wie vor sehr hoch sein kann.
[378] Abb. entnommen aus ttps://www.tagblatt.ch/international/indianer-internate-215-kinderleichen-erinnern-kanada-an-ein-dunkles-kapitel-ein-ueberlebender-erzaehlt-ld.2145017.

Vor dem House of Commons begründete der damalige Premierminister Sir John A. Macdonald das von seiner Regierung lancierte Programm im Jahr 1883 mit den Worten: „Wenn die Schule im Reservat ist, lebt das Kind mit seinen Eltern, die Wilde sind; es ist von Wilden umgeben, und obwohl er leben und schreiben lernen mag, bleiben seine Gewohnheiten, Schulungen und Denkweisen indianisch. Selbst mich als Chef des Departements bedrückt es stark, dass indianische Kinder so viel wie möglich dem elterlichen Einfluss entzogen werden sollen, und dass der einzige Weg dies zu tun der ist, sie in zentrale Trainingsschulen zu stecken, wo sie sich die Gewohnheiten und Denkweisen des weißen Mannes aneignen“.[379] Wie im südlichen Nachbarland waren die Residential Schools in Kanada somit ebenfalls Teil einer kohärenten Politik, die darauf abzielte, die indianischen Gemeinschaften zu zersetzen und die übrig gebliebenen Individuen gegen ihren Willen in die kanadische Mehrheitsgesellschaft einzupassen.[380] Die Kanadierin Monique Gray Smith entlarvte 2017 in *Speaking Our Truth: A Journey of Reconciliation* die Motive der verantwortlichen Stelle wie folgt: „Die durchgehende Botschaft an die indianischen Kinder war es, dass die traditionelle Lebensweise der Indianer im Vergleich zu der der Weißen minderwertig ist. Dies trug dazu bei, dass sie Scham empfanden, sowie zu einem Verlust ihrer Sprache, ihrer Kultur und ihres Selbstbewusstseins.“[381]

Nachdem diese Internatsschulen unter der Federführung des *Department of Indian Affairs and Northern Development*, und gesetzlich gegründet auf den *Indian Act* von 1876, den *Gradual Civilization Act* von 1857 und den *Gradual Enfranchisement Act* von 1869, installiert worden waren, erhielten vor allem die Kirchen – hierbei vor allem die katholische und die Vorgänger der United Church of Canada, Presbyterianer, Methodisten und Kongregationalisten – den Auftrag, die Leitung dieser Schulen zu übernehmen. Dabei kam es auch in diesen Einrichtungen immer wieder zu psychischen und physischen Übergriffen sowie brutalsten Misshandlungen, deren tatsächliches Ausmaß der Öffentlichkeit allerdings erst in den 1990er-Jahren bekannt wurde und vor die Gerichtshöfe kam, nachdem eine *Royal Commission on Aboriginal Peoples* die Zustände an den *Residential Schools* untersucht hatte und zu niederschmetternden Ergebnissen gekommen war. So war es allein in Ontario in weit mehr als zehntausend Fällen zu brutalen Übergriffen und häufig auch zu sexuellem Missbrauch gekommen. In einigen Schulen, wie 1949 in Port Alberni, waren sogar ohne Wissen geschweige denn Einwilligung der Eltern medizinische Versuche an Zöglingen durchgeführt worden. Als 1989 ein Skandal um das von katholischen Christian Brothers geführte Waisenhaus, wo weiße Pflegekinder jahrelang von ihren Erziehern sexuell missbraucht worden waren, bekannt wurde, meldeten sich in der Folge zahlreiche Missbrauchsopfer auch aus anderen Internaten und Residential Schools in ganz Kanada.[382]

Zwar haben sich in der jüngeren Vergangenheit sowohl die beteiligten Kirchen (etwa 2009 die katholische Kirche) als auch der kanadische Staat (2008) inoffiziell entschuldigt. So empfing beispielsweise der damalige Papst Benedikt XVI. am 21. April 2009 eine Delegation der „Canada's Assembly of First Nations“ zu einer Privataudienz im Vatikan und drückte sein Bedauern über die Vorfälle in den katholischen Indianerinternaten in Kanada aus, doch handelte es sich dabei ausdrücklich nicht um eine offizielle Entschuldigung.[383] Also wird der mehrere

Siehe auch https://www.tagesschau.de/ausland/ amerika/kanada-indigene-103.html

379 Mattioli, 305 zitiert hier aus The Truth and Reconciliation Commission of Canada, Honouring the Truth, Reconciling the Future, Summary of the Final Report of the Truth and Reconciliation Commission of Canada, 2015, http://www.trc.ca//websites/trcinstitution/File/2015/Findings/Exec_Summary_2015_05_31_web_o.pdf,, S. 2.

380 Mattioli, 305.

381 Monique Gray Smith, Orca Books, Victoria BC 2017.

382 Menrath, 207.

383 Ebenda, 207.

Generationen umfassende Versuch, ganze Kulturen auszulöschen, auch bis heute nur selten als ein Verbrechen verurteilt und geahndet.
Im Unterschied zur Praxis in den USA ließ Kanada die Missstände in den Internaten für indigene Kinder unlängst aber immerhin durch eine gesellschaftlich breit gestützte Wahrheits- und Versöhnungskommission untersuchen. Diese kam zu dem Ergebnis, dass körperliche Züchtigung und seelische Pein sowie in manchen Fällen auch sexueller Missbrauch an den Residential Schools durchaus an der Tagesordnung waren und es mindestens 3201 Todesfälle gegeben habe und sich auch viel sonstiges Leid belegen ließ. Murray Sinclair, der Vorsitzende der Kommission, sprach in diesem Zusammenhang von „kulturellem Völkermord“ („cultural genocide“), als er den Schlussbericht der Kommission im Jahr 2015 der kanadischen Öffentlichkeit präsentierte.[384]
Dies führte zwar immerhin zu einer Entschuldigung seitens des kanadischen Premier Justin Trudeau, was allerdings ebenfalls keinerlei positive Konsequenzen, sprich finanzielle Entschädigungen, für die ehemaligen Internatszöglinge nach sich zog. Auch lehnte es Papst Franziskus noch im Jahr 2018 ab, die Rolle der in diese Geschehnisse involvierten und dafür mitverantwortlichen katholischen Kirche zum Anlass für eine offizielle Entschuldigung dieser seiner Institution zu nehmen.
Erst in allerjüngster Zeit, d.h. im Mai 2021, wurden auf dem Gelände eines ehemaligen, 1890 eröffneten und erst 1969 geschlossenen, katholischen Internats für Kinder von Ureinwohnern in Kanada nahe der Kleinstadt Kamloops in der Provinz British Columbia die sterblichen Überreste von 215 Kindern gefunden, wobei einige der toten Kinder dem Vernehmen nach erst drei Jahre alt gewesen waren. Ihr Tod wurde, obwohl ihr Verschwinden seinerzeit von Mitgliedern der Gemeinde gemeldet worden war, seitens der damaligen Schulleitung nie dokumentiert, und auch den Eltern wurde keine Antwort zuteil.

Indigene Kanadier gedenken der Opfer der Indianer-Internate
Ein Schuhpaar für jede gefundene Kinderleiche [385]

[384] Mattioli, S. 306 nach Ian Austin; „Canada's Forced Schooling of Aboriginal Children wa ‚Cultural Genocide_“ Report Finds, - In New York Times, 2. Juni 2015; Jörg Michel: „Im Internat gequält. Wie Kanada Indianer behandelte“, - In: Neue Zürcher Zeitung, 06. Juni 2015.
[385] Abb. entnommen aus ttps://www.tagblatt.ch/international/indianer-internate-215-kinderleichen-erinnern-kanada-an-ein-dunkles-kapitel-ein-ueberlebender-erzaehlt-ld.2145017.

Ein Interview nach der Entdeckung des Massengrabs: Kanadas Indigene fordern Aufklärung Christiane Meier, ARD New York, tagesthemen 01.06.2021, 22:15 Uhr.[386]

Kanada und die Indigenen „Sie hielten uns für Wilde"

Stand: 02.06.2021 12:23 Uhr https://www.tagesschau.de/multimedia/video/video-871775.html

In einem ehemaligen Umerziehungslager in Kanada wurden Kinderleichen von Indigenen gefunden. Im *ARD-Interview* berichtet eine ehemalige Bewohnerin von Folter, ihrer Forderung an den Papst und dem Schmerz der Hinterbliebenen.

ARD: Sie waren als Schülerin an der St. Anne's Residential School im kanadischen Fort Albany. Was haben Sie dort erlebt?

Evelyn Korkmaz:[387] Wir wurden als indigene Kinder aus unseren Familien gerissen und in die Internatsschule gesteckt - zur Umerziehung, um den „Indianer" aus uns rauszuholen, wie sie es nannten. Sie hielten uns für Wilde und wollten uns sozusagen unter dem Daumen halten. Ab 1969 war ich vier Jahre lang dort, ab meinem zehnten Lebensjahr. Und das waren weiß Gott keine freundlichen Menschen: Sie haben uns misshandelt, sexuell missbraucht, sich an uns psychisch wie physisch vergriffen.

Und jetzt kommt es raus. Wir Überlebenden wussten das schon immer. Wir wussten, dass manche unserer Mitschüler einfach verschwanden. Jetzt wissen wir, dass sie auf dem Schulgelände vergraben wurden. Und ich bin mir sicher, dass noch jedes dieser 139 Internate ein solches Massengrab hat. Ich habe die Regierung aufgefordert, Mittel bereitzustellen, damit wir unsere Klassenkameraden oder Familienangehörigen finden und anständig beerdigen können. Damals hat man die Familien nicht einmal informiert. Das müssen Sie sich mal vorstellen: Ihr Kind geht zur Schule - und dann kommt es nicht mehr nach Hause zurück! Einfach so, ohne jede Erklärung - da kann keine Mutter mehr ein Auge zu tun. Das ist höchst traumatisierend, ganz egal, ob sie indigen sind oder nicht. Wir verdienen eine Erklärung von unserer Regierung!

„Der Papst muss Verantwortung übernehmen"

ARD: Hat man Ihnen geglaubt, wenn Sie als Schülerin erzählt haben, wie es in Ihrer Schule zugeht?

Korkmaz: Nein, das sei alles Lüge, hieß es. Niemand glaubte uns. Deshalb ist es so enttäuschend, dass wir kein Wort von Papst Franziskus gehört haben. Eine Entschuldigung? Ach Gott, nein! Da werden in einem Massengrab tote Kinder gefunden, das jüngste gerade mal drei Jahre alt - das bricht mir das Herz. Ich bin selbst Mutter und Großmutter. Und trotzdem kann ich mir kaum vorstellen, was diese Angehörigen empfinden müssen. Ich kann da nicht mal hingehen, das halte ich nicht aus.

Der Papst muss die Verantwortung für den Völkermord übernehmen, den sie an den indigenen Menschen in Kanada begangen haben. Diese Christen, ganz egal ob katholisch, ob anglikanisch oder von welcher Kirche auch immer - sie müssen geradestehen für ihre Taten, damit Wiedergutmachung möglich wird.

ARD: Die Kirche ist für Sie schuld oder auch der Staat, der es zugelassen, wenn nicht gar befördert hat?

Korkmaz: Beide sind schuldig. Unsere Regierung hat der Kirche Geld gegeben, damit sie die Internate unterhalten konnten. Das waren staatliche Schulen, eingerichtet von der kanadischen Regierung, und die Missionare waren die Lehrkräfte. Besonders traurig ist, dass Schulen wie die meine sich zehn Jahre lang geweigert haben, Akteneinsicht zu geben. 3,2 Millionen kanadische Dollar hat der Prozess darum verschlungen.

„Mit Strom gefoltert"

ARD: Wovor haben die Schulen Angst?

Korkmaz: Sie fürchten, dass wir herausfinden, dass es auch einen elektrischen Stuhl in der St. Anne's Schule gab. Es will keiner wahrhaben, aber Kinder wurden dort mit Strom gefoltert. St. Anne's war eine der schrecklichsten Schulen Kanadas.

ARD: Glauben Sie Premier Justin Trudeau, wenn er sagt, er sei entsetzt und zutiefst betroffen und dass er alles tun wolle, um Abhilfe zu schaffen? Oder sind das nur leere Worte?

---

[386]https://www.tagesschau.de/ausland/amerika/kanada-indigene-103.html. Siehe hierzu auch den Dokumentarfilm „Misshandelt und umerzogen – Kanadas First Nations Frankreich 2020, der mehrfach in ARTE zu sehen war – zuletzt am 29.08.2021 (23:05-00:20)

[387] Evelyn Korkmaz kam 1969 in das Umerziehungsinternats St. Anne's Indian Residential School in Fort Albany (Kanada, Provinz Ontario). Dort blieb sie bis 1973 und wurde schwer misshandelt. Das Internat wurde 1976 geschlossen. Seither kämpfte Korkmaz für eine Aufklärung und Aufarbeitung der Gewalt, die Indigenen an den insgesamt 139 Umerziehungsinternaten angetan wurde.

Korkmaz: Jeder muss einfach entsetzt sein angesichts der Lage. Aber Worte sind Worte, und was wir jetzt brauchen sind Taten. Seine Worte bleiben hohl, solange sich nichts ändert.

„Ich wollte nicht aufgeben"

ARD: Wie haben Sie diese Hölle durchstanden?

Korkmaz: Das zu durchstehen ist sehr schwer. Es bleibt dir keine andere Wahl, wenn du überleben willst. Suizid? Ich wollte nicht aufgeben. Und ich bin froh, dass ich heute kämpfen kann für mein Volk und für jene, die nicht reden können vor Schmerz. So ein Trauma vergeht nicht über Nacht. Darunter leiden sie ein ganzes Leben lang.

ARD: Welche Rolle spielt das bis heute in indigenen Familien?

Korkmaz: Man hat uns in diese Schule gesteckt, damit wir unsere Sprache nicht mehr sprechen konnten, unserer Tradition beraubt und von unserer Spiritualität abgeschnitten wurden. Wir sollten zu Christen gemacht werden und dann haben uns diese Christen so misshandelt. Ich kann nur sagen: Schande über sie! Und Kanada sollte den Vatikan auffordern, jene Akten freizugeben, die damals nach Rom geschickt wurden. Da finden sich wichtige Informationen zu möglichen Massengräbern und dem elektrischen Stuhl. Wir wissen, es gab ihn und mit den Dokumenten ließe sich das belegen, denn unsere Missionare haben penibel Buch geführt.

ARD: Glauben Sie, das ist der Kern von Kirche oder war es nur die Allmacht, die Ihre Missionare in der Schule hatten?

Korkmaz: Klar geht es um Macht. Die sind mächtig, aber wir als Bürger müssen das beenden und die Schuldigen für ihre Taten zur Rechenschaft ziehen. Schluss damit! Ich hoffe, dass die Welt jetzt wach wird und wir alle begreifen, dass es um mehr geht als um Kanada und seine indigenen Einwohner." *Das Gespräch führte Christiane Meier, ARD-Studio New York.*

Daraufhin wurden inzwischen in ganz Kanada immerhin Ausgrabungen in der Nähe ehemaliger „Residential Schools" vorgenommen, unter anderem auch in dem Dorf Marieval, wo es von 1899 bis 1997 ebenfalls ein katholisches Internat für indigene Kinder gegeben hatte. Auch hier wurden im Juni dieses Jahres hunderte unmarkierte Gräber indigener Kinder entdeckt.[388] Bisher wurden mehr als 1500 Tote in mehreren kanadischen Provinzen entdeckt und es dürften bei systematischen Nachforschungen wohl noch viele weitere gefunden werden.

Insgesamt wurden in Kanada ab 1874 rund 150.000 Kinder von Inuit und anderen indigenen Gruppen von ihren Familien und ihrer Kultur getrennt und unter Zwang in kirchliche Heime gesteckt, um sie so zur Anpassung an die weiße Mehrheitsgesellschaft zu zwingen. Mindestens 3200 von ihnen starben, die meisten an Tuberkulose. Die Internate in Kanada existierten dabei mehr als 100 Jahre. Ihren Anfang hatten sie aber bereits mit einer ersten Schule des Franziskanerordens im 17. Jahrhundert genommen. „Ein System aber entstand erst nach der Gründung der kanadischen Föderation 1867 – die von der Regierung 2008 eingesetzte Wahrheits- und Versöhnungskommission zählte 139 Schulen, die indigene Kinder zwangsweise besuchen mussten. (...) ‚Wir wissen nun, dass es ein System des Völkermords war', erklärte die Historikerin an der Universität Alberta, Expertin und selbst Angehörige der indigenen Gruppe der Gwichyá Gwich'in Crystal Fraser. (...) ‚Wir wissen seit Jahrzehnten, sogar mehr als einem Jahrhundert, dass viele unserer Vorfahren und unmittelbaren Familienmitglieder nicht von den Internatsschulen nach Hause kamen' (...) Wir wissen nun, dass es ein System des „Völkermords" und kulturellen Genozids war. „Es würde mich nicht wundern dass, wenn man das Gelände jeder Internatsschule in Kanada durchsucht, die Zahl der Toten in den Zehntausenden liegen könnte", mutmaßt Fraser weiter, da die Sterblichkeitsrate in einigen Institutionen in bestimmten Jahren bei bis zu 70 Prozent gelegen habe. Bisher wurden „Knochen von über 1.000 Menschen (...) seit Ende Mai durch den Einsatz neuer Technologie im Umkreis ehemaliger Anstalten gefunden. Mit dem System hatten die kanadischen Siedler Fraser zufolge versucht, die freien indigenen Völker einzugemeinden, ihnen heteronormative Vorstellungen, Sprache und den Kapitalismus aufzudrängen. Brutale Behandlung und Überfüllung der Institutionen führten dabei zu vielen Toten: Die Schüler seien unter anderem

[388] Der SPIEGEL, Nr. 27 vom 03.07.2021, S. 79 weiß hier von 751 Toten zu berichten.

an Krankheiten, Unterernährung oder bei Unfällen zum Beispiel mit kaputten landwirtschaftlichen Geräten gestorben".[389] Die letzten dieser Institutionen wurden dabei erst Mitte der 1990er Jahre geschlossen. Es steht durchaus zu befürchten, dass auch in den USA Tausende von indianischen Kindern das ethnozidale Amerikanisierungsprogramm in den dortigen Boarding Schools nicht überlebt haben.[390]
Doch hatten auch die Überlebenden dieser verfehlten und schon vom Ansatz her menschenverachtenden und nach heutiger Ansicht de facto auch verbrecherischen „Assimilierungspolitik" ihr Leben lang an den Folgen der unter den in den „Verbildungsanstalten" erlittenen Demütigungen, Geringschätzungen, körperlichen Übergriffen und oftmals sexuellem Missbrauch durch ein empathieloses und grausames Erziehungspersonal zu leiden – und dies über Generationen hinweg. Und dies geschah, ohne dass ihre traumatischen Erlebnisse und Erfahrungen jemals aufgearbeitet noch die dafür Verantwortlichen bestraft wurden. Hinzu kamen bei den Opfern in vielen Fällen noch die Scham und die damit verbundenen Verdrängungsmechanismen, welche das Thema bei den Betroffenen zu einem absoluten Tabu machte, außerdem auch die Entwurzelung der Betroffenen, die ihren Familien, Freunden und Nationen entfremdet, aber in der weißen Mehrheitsgesellschaft nicht angekommen waren. Wem hätten sie sich anvertrauen sollen?
Die Wegnahme von Kindern ist dabei beileibe keine Angelegenheit nur längst vergangener Zeiten. So wurden noch in den 1960er-/1970er-Jahren zahlreiche Kinder aus First-Nations-Familien weiterhin zur Adoption durch nicht-indigene Familien freigegeben, was damals unter der Bezeichnung „Sixties and Seventies Scoop" firmierte. Auch diesen Kindern wurde dabei jeder Bezug zu ihrer Identität und Herkunft vorenthalten. Auch sahen sich viele von ihnen Missbrauch und Vernachlässigung ausgesetzt. Einige wurden zur Adoption sogar in fernen Ländern, etwa in die USA und Europa, freigegeben. Wie im Fall der Internatsschulen verklagten Überlebende dieser sogenannten „Abschöpfung" den kanadischen Staat und reichten eine Sammelklage ein. „Zwischen 1951 und 1991 wurden Kinder aus First-Nations- und Inuit-Familien in Pflege genommen und bei nicht-indigenen Eltern untergebracht, wo sie weder gemäß ihrer Kultur erzogen noch in ihren traditionellen Sprachen unterrichtet wurden. Die Sammelklage argumentiert, dass die Betroffenen des Sixties Scoop durch diese Praktiken beträchtlichen Schaden erlitten haben – insbesondere den Verlust ihrer kulturellen Identität." (Quelle: Sixties Scoop Settlement).[391]
Das Erbe der Internatsschulen existiert im kanadischen Kinderfürsorgewesen bis heute nach wie vor weiter. Zwar lagen uns gegenwärtig keine ganz aktuellen Zahlen vor, doch scheinen noch vor nur zwei Jahrzehnten mehr indigene Kinder in staatlichen Fürsorgeeinrichtungen gelebt zu haben als in den Internatsschulen zu deren Hochzeiten. So stieg zwischen 1995 und 2001 die Anzahl der First-Nations-Kinder, die in den Reservationen in solchen Einrichtungen leben, um 71,5 Prozent an.[392] Gerade vor diesem Hintergrund vertreten viele Überlebende die Auffassung, dass eine Entschuldigung des Papstes und die Veröffentlichung der vielen Aufzeichnungen der Schulen bei der Versöhnung und Heilung angebracht seien und hilfreich sein könnten – wie auch die Umsetzung der Forderungen der Wahrheits- und Versöhnungskommission. „Die strafrechtliche Verfolgung derjenigen, die indigenen Kindern Leid zugefügt haben, ist von großer Bedeutung, denn die Internatsschulen symbolisieren für

---

389 Benno Schwinghammer & Natalie Skrzypzak: „Kultureller Genozid" an Indigenen. Mehr als 1.500 Tote – Knochenfunde schockieren Kanada, dpa 01.08.2021.

390 Mattioli, 306.

391 https://en.wikipedia.org/wiki/Sixties_Scoop: „The **Sixties Scoop** was a period in which a series of policies were enacted in Canada that enabled child welfare authorities to take, or "scoop up," Indigenous children from their families and communities for placement in foster homes, from which they would be adopted by white families. Despite its name referencing the 1960s, the Sixties Scoop began in the mid-to-late 1950s and persisted into the 1980s".

392 https://www.rosalux.de/news/id/44654/schulen-des-grauens?cHash=a25bd2daebe7ad5c9ac0e49dd3df91a2.

uns keine ferne Vergangenheit, weil viele dieser Täter*innen noch leben und Schutz genießen – im Gegensatz zu ihren Opfern, d.h. den Kindern, die an der Kamloops Indian Residential School und zahlreichen anderen Internaten beerdigt wurden."[393]

Der Ethnozid hat dabei bei Weitem nicht nur ehemalige Schüler beschädigt und deformiert entlassen, sondern ist auch für deren vielfache Traumata verantwortlich, die – und das über einen langen Zeitraum hinweg - von einer Generation an die nächste(n) weitergegeben wurden und nicht selten aus Opfern auch Täter werden ließ. Der französische Dokumentarfilmer Gwenlaouen hat sich in einer Vor-Ort-Recherche dieses, in der zweiten Hälfte des neunzehnten Jahrhunderts begonnenen und erst mit der Schließung der letzten „Residential School" im Jahr 1996 beendeten, „kulturellen Genozids" angenommen. Dabei richtete er seinen Fokus vor allem auf Thunder Bay in der kanadischen Provinz Ontario, gegenwärtig „die Hauptstadt des Verbrechens". Hier sei die Zahl ihrer Kultur entwurzelter, obdachloser und dem Alkohol oder anderen Drogen verfallener Indigener auf den Straßen besonders groß, die ihre Reservationen nicht zuletzt deswegen verließen, weil sie sich ursprünglich in der Stadt bessere Zukunftsmöglichkeiten erhofften. Dabei würden hier vor allem Frauen und Mädchen zu Opfern von Gewalttaten, weil ihr Risiko zu verschwinden, Opfer von Menschenhandel zu werden oder einem Sexualmord zum Opfer zu fallen, in Thunder Bay siebenmal so hoch sei wie das weißer weiblicher Personen. Dabei würden nur die wenigsten Fälle aufgeklärt, weil seitens vieler Polizisten überhaupt kein Interesse daran bestehe, die Tatumstände zu erhellen und die mutmaßlichen Täter zu fassen. So mussten neun solcher Fälle seitens der Behörden in Thunder Bay allein in den vergangenen Jahren neu aufgerollt werden, nachdem der Polizei „struktureller Rassismus" bei den Ermittlungen vorgeworfen worden war. Eine der Zeitzeuginnen gab an, mehrfach von Polizisten vergewaltigt worden zu sein. Es herrsche auch ein falsch verstandener Korpsgeist innerhalb der lokalen Polizei- und Justizbehörden, der die Aufklärung derartiger Fälle verhindere. Zudem würden die Nachkommen der Ureinwohner bei vielen weißen Kanadiern nach wie vor ohnehin nur als Menschen zweiter Klasse gelten.[394] Insgesamt wurden nach einem Bericht der nationalen Kommission zur Aufarbeitung der Fälle vermisster und ermordeter Frauen in den letzten Jahren mehr als 4200 Frauen und Mädchen der Inuit und Metis ermordet, gelten als vermisst, wurden entführt, vergewaltigt und von den Tätern irgendwo „entsorgt". Indigene Frauen stellen heute zwar lediglich 4,3 Prozent von Kanadas weiblicher Bevölkerung, gleichzeitig aber 16 Prozent der weiblichen Mordopfer, wobei diese oftmals seitens der Ermittler von vorneherein als alkoholisiert oder drogenabhängig bzw. als Prostituierte diskreditiert wurden. 47 Prozent aller Verbrechen an indigenen Frauen blieben ohnehin unaufgeklärt.[395] Indigene Frauen und Mädchen sowie Two-Spirits, Lesben, Schwule, Bisexuelle und Transgender, queere und „fragende Personen" (die noch keine feste Geschlechtsidentität oder sexuelle Orientierung haben) sowie Inter- und Asexuelle – kurz: 2SLGBTQQIA – verschwinden auch heute nach wie vor häufiger als Angehörige anderer Gruppen in Kanada. Die nationale Untersuchungskommission für verschwundene und ermordete indigene Frauen und Mädchen (MMIW) hat in ihrem Abschlussbericht „Reclaiming Power and Place" 231 Handlungsaufrufe formuliert. Bis heute steht eine Umsetzung des Aktionsplans durch die kanadische Regierung noch aus, laut offiziellen Verlautbarungen liegt dies an der COVID-19-Pandemie.[396]

Nicht unerwähnt soll an dieser Stelle bleiben, dass sich auch Australien bis in die jüngste Gegenwart hinein ähnlicher „Umerziehungspraktiken" sowie Zwangsadoptionen vieler indigener Kinder befleißigt hat.

---

[393] https://www.rosalux.de/news/id/44654/schulen-des-grauens?cHash=a25bd2daebe7ad5c9ac0e49dd3df91a2.

[394] F.A.Z., siehe https://www.faz.net/aktuell/feuilleton/medien/misshandelt-und-umerzogen-kanadas-first-nations-auf- arte17289885.html.

[395] Siehe hierzu auch https://ichi.pro/de/die-harte-wahrheit-über-sexuelle-gewalt-und-übergriffe-indigener-Frauen24616716024111.html.

[396] https://www.rosalux.de/news/id/44654/schulen-des-grauens?cHash=a25bd2daebe7ad5c9ac0e49dd3df91a2,

Anhang

Zeittafel (unter Einbezug auch einiger historischer Ereignisse in Deutschland)[397]

1776	Die Vereinigten Staaten von Amerika proklamieren ihre Unabhängigkeit von Großbritannien
1775-1783	In ihrem Unabhängigkeitskrieg führen die Amerikaner in einigen Frontiergebieten auch einen Krieg gegen die indianischen Nationen. Eine schwere Pockenepidemie, der viele Indianer zum Opfer fallen, sucht den amerikanischen Westen heim.
1776	Subsidienverträge zwischen Landgraf Friedrich II. von Hessen-Kassel und König Georg III. von Großbritannien, wodurch 12.000 zwangsverkaufte hessische Söldner, die in Amerika gegen die dortigen Aufstände zum Einsatz kommen sollen, England permanent überlassen werden. Einige dieser Kontingente hessischer Soldaten kommen im Jahr 1798 auch während der Aufstände in Westirland, hier im Raum Wexford, zum Einsatz, wo sie sich – wie auch schon in Amerika - durch besondere Brutalität auszeichneten.
1782	Ein Expeditionskorps der US-Armee vernichtet zahlreiche Dörfer der Irokesen-Föderation und brennt systematisch deren Maisfelder und Nahrungsmittelspeicher nieder.
1783	Im Frieden von Paris erringen die Vereinigten Staaten ihre Unabhängigkeit. Am Konferenztisch wird über die Köpfe der unbesiegten First Peoples hinweg entschieden, dass das Staatsgebiet der USA künftig bis zum Mississippi reicht.
1791	Im „Northwest Indian War" fügt eine von Blue Jacket und Little Turtle geführte Allianz der jungen US-Armee die schwerste Niederlage in allen Indianerkriegen zu.
1803	Die USA erwerben von Frankreich das Louisiana-Territorium und verdoppeln die Fläche ihres Staatsgebiets.
1804-1806	Das von Präsident Thomas Jefferson entsandte „Corps of Discovery" erkundet den Westen und stößt dank indianischer Hilfe bis an den Pazifischen Ozean vor.
1812-1815	Eine panindianische Allianz unter Tecumseh kämpft im 2. Britisch-Amerikanischen Krieg für eine indianische „Heimstätte" zwischen Kanada und den USA. Nach der französischen Niederlage in Russland in Deutschland Freiheitskriege gegen Napoleon, die mit dessen endgültiger Niederlage bei Waterloo enden.
1814	US-Truppen unter General Andrew Jackson überfallen Tohopeka, ein Dorf der Upper Creek und machen 850 Krieger nieder – so viele wie in keinem anderen Konflikt.
1819	Spanien tritt Florida an die USA ab, ohne dass die dort lebenden Seminolen gefragt werden.
1821	Mexiko wird unabhängig. Bald darauf setzt im mexikanischen Texas die Besiedlung durch US-Bürger ein.
1824	Das „Bureau of Indian Affairs" wird in Washington als Abteilung des US-Kriegsministeriums gegründet.
1830	Verabschiedung der „Indian Removal Acts" durch den US-Kongress, welche die Umsiedlung der Indianer in Reservationen festlegten.
1832	Hambacher Fest in der Pfalz: Die erste große demokratische Massendemonstration auf deutschem Boden.
1835-1838	In Florida leisten die Seminolen bewaffneten Widerstand gegen die drohende Umsiedlung.
1837-1838	Am Oberlauf des Missouri wütet eine schwere Pockenepidemie unter den First Peoples.
1838	„Trail of Tears" der fünf „zivilisierten Stämme" der Cherokee-Nation in die Indianer-Reservation, wobei ein Viertel des Volkes elend zu Grunde geht. Hambacher Fest, die erste demokratische Massendemonstration in der Pfalz
1844	Kartoffelfäule in Irland, die zur Great Famine und infolgedessen zu einer Massenauswanderung von der Grünen Insel vor allem in die USA führt.
1844	Weberaufstände in Schlesien. Auch hier kommt es zu Auswanderungen.

[397] Siehe auch Mattioli, 460-464.

1845 Friedensvertrag am San Saba in Texas zwischen deutschen Siedlern und den Comanchen-Führern Santana, Old Owl und Buffalo Hump, Indianern vom Stamme der Penateca-Comanchen und der einzige Vertrag, der - auch von Seiten der Weißen – niemals verletzt oder gar gebrochen wurde.

1848 Im Vertrag von Guadaloupe Hidalgo tritt Mexiko den Südwesten an die USA ab. Zehntausende von Indianern geraten unter die US-Kolonialherrschaft

Der Zeitraum unserer Darstellung

1848/49 Revolutionen in Europa und vor allem auch im deutschen Sprachraum, deren endgültiges Scheitern 1849 auch hier in den folgenden Jahren zu einer Massenauswanderung in die USA führt.

1849-1855 Der Goldrausch in Kalifornien fordert unter den First Peoples Zehntausende von Opfern.

1849-1886 Kämpfe der Apachen, mithin der längste Indianerkrieg.

1853 Der Indianerbeauftragte Luke Lea formuliert eine neue Indianerpolitik, die darauf abzielt, restlos alle indigenen Gemeinschaften in Reservationen zwangsanzusiedeln. Sie macht in der Folge Schule.

1862 Unter Präsident Abraham Lincoln beschließt der Kongress mit dem „Homestead Act“ und dem „Pacific Railway Act“ zwei Gesetze, die das endgültige Ende der freien indianischen Nationen im Westen einläuten.

1862-1863 Der „Hungeraufstand“ der Dakota in Minnesota wird von US-Truppen blutig niedergeschlagen. Es kommt danach zu einer Massenhinrichtung. Kleinere Gruppen der Santee können nach Kanada flüchten.

1863/64 Der erzwungene „long walk“ der Navajos in die Indianerreservation, der viele Opfer kostete.

1864-1871 Deutsche Einigungskriege: preußisch-dänischer Krieg (1864), preußisch-österreichischer Krieg (1866), deutsch-französischer Krieg (1870/71), Proklamation des Deutschen Kaiserreichs 1871 im Spiegelsaal von Versailles.

1866-1868 Red Cloud-Krieg, der mit der Niederlage der USA endete, am letztendlichen Untergang der „Sioux“ aber letzten Endes nichts ändern sollte.

1864 In Colorado verüben Milizen das blutige „Sand Creek-Massaker“ an Cheyenne und Arapaho, die Navajo werden auf den „Long Walk“ geschickt und in der Bosque Redondo-Reservation interniert. Hunderte von Navajo gehen an staatlichem Missmanagement und Unterversorgung zugrunde.

1869-1874 Krieg gegen die Mescalero-Apache in New Mexico.

23. Jan. 1870 Marias Massaker an einem unbeteiligten Blackfoot-Lager, dem 200 Indianer, drei Viertel davon Frauen und Kinder, zum Opfer fielen.

1873 Vergeblicher Kampf der Modoc gegen die zahlenmäßig und waffentechnisch weit überlegene US-Armee

1874 Goldfunde in den den Sioux heiligen Black Hills, die einen Gold Rush auslösten.

1870-1875 Kämpfe der Comanchen, südlichen Cheyenne. Arapahos, Kiowas und Kiowa-Apachen unter Quanah Parker in Texas, deren Kapitulation am 02. Juni 1875 in Fort Sill erfolgte

1866-1876 Einige Nationen der Great Plains, Sioux, Cheyenne und Arapaho, wehren sich im „Großen Indianerkrieg“ mit Waffengewalt gegen ihre systematische Konzentration in Reservationen. Der Widerstand erlischt in dem Augenblick, als die einst riesigen Bisonherden nahezu völlig abgeschlachtet sind.

25. Juni 1877 Custers 7. Kavallerie unterliegt den verbündeten Sioux, Cheyenne und Arapahos, wobei es hier keine Überlebenden gibt.

1877 Ermordung von Crazy Horse durch indianische Lagerpolizisten.

1877 Nach der Schlacht am Bighorn setzen sich die von Sitting Bull geführten Lakota nach Kanada ab. Die Nez Percé versuchen unter Chief Joseph erfolglos, es ihnen gleich zu tun, werden aber kurz vor der kanadischen Grenze von der US-Kavallerie gestoppt und müssen kapitulieren.

1870-Anfang 1930er-Jahre „Vermarktung“ und „Vorführungen“ von Indianern auf Weltausstellungen und Wildwestshow-Tourneen in den USA und in Europa, v.a. auch in Deutschland

1880	**Washington leitet eine Politik des Ethnozids ein, die daraufhin ausgerichtet ist, alles Indianische an den Indianern systematisch auszumerzen und die „Wilden“ in radikaler Weise zu „guten Amerikanern“ umzuerziehen.**
1886	**Kapitulation von Geronimo und dessen letzten Apache-Kriegern, die anschließend über 30 Jahre lang in Florida interniert waren.**
15.02.1890	**Ermordung von Sitting Bull.**
03.01.1890	**Massaker an einer Gruppe Sioux durch Angehörige der 7. US-Kavallerie, welche friedliche Indianer, darunter viele alte Leute, Kranke und Frauen und Kinder niedermetzelt.**
1884-1918	**Kolonialpolitik des deutschen Kaiserreichs, die durch den Ersten Weltkrieg beendet wird: Togo (1884-1914), Deutsch-Südwestafrika (1884-1915), Kamerun (1884-1919), Deutsch-Ostafrika (1885-1918) - Deutsch-Neuguinea (1884-1914) – Deutsch-Samoa (1900-1914) - Hankou und Tsientsin (China) (1895-1917) - Kiautschou (1898-1914)**
1886	**Mit der Gefangennahme von Geronimo und seiner letzten Apache-Krieger erlischt der allerletzte bewaffnete indianische Widerstand gegen die Westexpansion der USA.**
1887	**Der US-Kongress verabschiedet den „Dawes Act“, der dafür sorgt, dass viel „überschüssiges“ Reservationsland in das Eigentum weißer Farmer und Rancher übergeht,**
1889	**Die 1868 geschaffene „Große Sioux-Reservation“ wird massiv verkleinert und in sechs kleinere Reservationen zerstückelt.**
1889-1890	**Die „Geistertanz“-Bewegung verbreitet sich unter vielen verzweifelten Reservationsindianern.**
1890	**Massaker am Wounded Knee, wo von der US-Kavallerie 250 Lakota – darunter viele Kinder und Frauen - niedergemetzelt wurden.**
1893	Während der Weltausstellung von Chicago ruft der Potawatomi Simon Pokagon das an den First Peoples begangene Unrecht in Erinnerung,
1900	In den USA leben unter den 76 Millionen Einwohnern noch 237 000 Indianer auf 2,3 Prozent der Gesamtfläche – fast alle in Reservationen.
1900	Niederschlagung des „Chinesischen Boxeraufstandes“ durch alliierte Truppen der USA, Großbritanniens, Frankreichs, Deutschlands, Italiens und Japans.
1904	Völkermord an den aufständischen Hereros und Nama durch die deutschen Kolonialtruppen, dem 80 Prozent der Aufständischen nach ihrer Einkesselung in der wasserlosen Omaheke-Wüste zum Opfer fallen. Der Rest wird auf der Haifisch-Insel inhaftiert.
1907	Präsident Theodore Roosevelt und der US-Kongress weigern sich, auf einem Teil des ehemaligen „Indian Territory“ den indianischen Bundesstaat „Sequoyah“ zu gründen, wie dies Tausende von Native Americans fordern.
1914-1918	Erster Weltkrieg, an dem auch viele Indianer als Freiwillige teilnehmen
1919-1933	Weimarer Republik
1928	Weltwirtschaftskrise
1939-1945	Zweiter Weltkrieg. Deutscher Holocaust an 6 Millionen Juden sowie Sinti und Roma und anderen den Nationalsozialisten missliebigen Menschen. Auf Seiten der USA viele indianische Kriegsteilnehmer – „Navajo-Funker“
August 1945	Atombombe „Little Boy“ auf Hiroshima (06.08.) und Wasserstoffbombe „Fat Man“ auf Nagasaki (09.08.) – Kapitulation Japans
1949	Gründung der Bundesrepublik Deutschland und der Deutschen Demokratischen Republik
1950-1953	Korea-Krieg
1953	Als Aufstand vom 17. Juni 1953 wird der Aufstand bezeichnet, bei dem es in den Tagen um den 17. Juni 1953 in der DDR zu einer Welle von Streiks, Demonstrationen und Protesten kam, die mit politischen und wirtschaftlichen Forderungen verbunden waren. Er wurde von der Sowjetarmee gewaltsam niedergeschlagen; 34 Demonstranten und Zuschauer sowie fünf Angehörige von Sicherheitsorganen wurden getötet.
1955-1975	Vietnam-Krieg

	Massaker von Mylai (16.03.1968)
6. Mai 1955	Offizielle Aufnahme der Bundesrepublik Deutschland in die NATO. Der Ostblock reagiert wenige Tage später mit der Gründung des Warschauer Paktes. Im geteilten Deutschland beginnt der offizielle Aufbau von Streitkräften. Die Gegensätze zwischen Ost und West werden zementiert, die Lösung der deutschen Frage verschwindet für Jahrzehnte von der Tagesordnung.
1955-1970	US-Bürgerrechtsbewegung und Red Power-Bewegung
18.08.1961	Bau der Berliner Mauer
1963	Marsch auf Washington durch tausende Mitglieder der US-Bürgerrechtsbewegung unter Dr. Martin Luther King
1964	Eine erste kurze Besetzung der aufgelassenen Gefängnisinsel von Alcatraz durch einige spätere AIM-Mitglieder
1968	Gründung des American Indian Movement (AIM) Höhepunkt der Studentenunruhen in den USA und in Westeuropa gegen den Vietnam-Krieg der USA.
04.7.1970	Besetzung des Mount Rushmore durch AIM-Aktivisten
8.11.1969-11.6.1971	Spektakuläre Besetzung von Alcatraz
1972	„Trail of Broken Treaties“ nach Washington durch tausende von Demonstranten
27.2.-8.5.1973	Spektakuläre Besetzung von Wounded Knee und Ausrufung der unabhängigen Oglala-Nation
ab 1970	Wiederholte Kontaktbesuche von AIM-Vertretern in West- und Ostdeutschland. Hier Unterstützung der BIs gegen die Atomkraft, etwa im badischen Wyhl, sowie ab 1977 auch der bundesdeutschen Friedensbewegung
13.-16.9.1982	Teilnahme am Internationalen World Uranium Hearing in Salzburg, das mit Unterstützung der Gesellschaft für bedrohte Völker veranstaltet wurde.
Sommer 1987	Unterstützungsbesuch von Vertretern indigener Völker der BI's von Schwandorf und Regensburg gegen die im oberpfälzischen Wackersdorf geplante atomare Wiederaufbereitungsanlage (WAA), der seinerzeit von der Gesellschaft für bedrohte Völker mit Unterstützung der oberpfälzischen Bürgerinitiativen gegen die WAA, des Evangelischen Bildungswerkes Regensburgs sowie der Regensburger Mütter gegen Atomkraft durchgeführt wurde.
1989-1990	Deutscher Wiedervereinigungsprozess, der am 03. Oktober 1990 zum Beitritt der DDR zur Bundesrepublik Deutschland führte.

Auflistung der Kriege, Stellvertreterkriege und militärischen Operationen seit Gründung der USA bis heute:

1775 bis 1799

Beginn	Ende	Region	Militäroperation
19. Apr. 1775	3. Sep. 1783	Nordamerika	Amerikanischer Unabhängigkeitskrieg
1776	1890	Nordamerika	Indianerkriege
1798	1800	Atlantischer Ozean, Karibische See, Indischer Ozean und im Mittelmeer	Der Quasi-Krieg war ein unerklärter Seekrieg zwischen den Vereinigten Staaten und Frankreich auf verschiedenen Weltmeeren.

1800 bis 1899

1801	1805	Tunesien	Amerikanisch-Tripolitanischer Krieg
18. Juni 1812	18. Feb. 1815	Ost- und Zentralnordamerika	Britisch-Amerikanischer Krieg
1815	1815	westliches Mittelmeer, Algier	Zweiter Barbareskenkrieg
1838	1839		Aroostook-Krieg
1846	1848	Nordamerika	Texas bis 1836 bei Mexiko, dann Republik Texas, 1845 Anschluss an die USA. Mexikanisch-Amerikanischer Krieg: Eroberung von Kalifornien, New Mexico, Arizona, Nevada, Utah sowie Teilen von Kansas, Colorado und Wyoming. Mexiko verlor etwa die Hälfte seines Gebiets.
		Japan	Commodore Matthew Perry erzwingt mit militärischer Gewaltandrohung die Öffnung der japanischen Häfen.
9. Juli 1854	15. Juli 1854	Nicaragua	Zerstörung von San Juan del Norte (Greytown, siehe Bombardierung von Greytown), nachdem der US-Botschafter von einer aufgebrachten Menge verletzt wurde und keine Entschädigung geleistet wurde.
1857	1858		Utah-Krieg
12. Apr. 1861	23. Juni 1865	Nordamerika	Sezessionskrieg
April 1898	Aug. 1898	Kuba	Spanisch-Amerikanischer Krieg als Beteiligung am kubanischen Befreiungskampf, Sieg gegen Spanien, zunächst unter US-Besatzung, 1901 wurde das Platt Amendment in die Verfassung Kubas aufgenommen mit dem Recht der USA in Kuba intervenieren zu dürfen. Spanien musste u. a. Puerto Rico und Philippinen abtreten.

12. Juni 1898	4. Juli 1902	Philippinen	Die Unabhängigkeitsbewegung in Philippinen führt zum Philippinisch-Amerikanischen Krieg. Entgegen ursprünglicher Versprechungen wurde Philippinen von den USA unterworfen und stand bis 1941 und 1945/46 unter direkter US-Verwaltung.
12. Aug. 1898		Königreich Hawaii	Annexion des bis dahin unabhängigen pazifischen Königreiches Hawaii.
10. Dez. 1898		Puerto Rico	Nach dem Amerikanisch-Spanischen Krieg wird die Insel aufgrund der Niederlage Spaniens von den Vereinigten Staaten annektiert.

1900 bis 1927

1900		China	Im Boxeraufstand ist ein Detachement US-Marines an der Verteidigung des Botschaftsviertel in Peking beteiligt. Im Rahmen des Internationalen Expeditionskorps der Vereinigten acht Staaten zum Entsatz des Botschaftsviertels kamen auch einige Regimenter des US-Heeres zum Einsatz.
23. März 1903	31. März 1903	Honduras	US-Truppen landen bei Puerto Cortez zum Schutz des US-Konsulates und der Schiffswerft während revolutionärer Unruhen.
3. Nov. 1903		Panama	Um sich die Kontrollrechte über den von den Franzosen begonnenen Kanalbau zu sichern, unterstützen die Vereinigten Staaten die Abspaltung Panamas von Kolumbien. Der 1914 fertiggestellte und 1920 offiziell in Betrieb genommene Panama-Kanal wird amerikanisches Hoheitsgebiet.
1905		Dominikanische Republik	Als 1905 vier europäische Staaten wegen der drohenden Zahlungsunfähigkeit der Dominikanischen Republik Kriegsschiffe entsenden, übernehmen die USA die Zollbehörde und verringern die Auslandsschulden binnen zweier Jahre von 40 auf 17 Millionen Dollar.
1906	1909	Kuba	Militärinterventionen auf Kuba
18. März 1907	8. Juni 1907	Honduras	Zum Schutz amerikanischer Interessen während eines Krieges zwischen Honduras und Nicaragua werden US-Truppen in Trujillo, Ceiba, Puerto Cortez, San Pedro Sula, Laguna und Choloma stationiert.
1909	1925	Nicaragua	US-Militärintervention in Nicaragua 1909–1925 – Amerikanische Streitkräfte greifen in innenpolitische Auseinandersetzungen des Landes ein.
1911	1925	Honduras	Verschiedene Interventionen sichern die Monopolstellung der in amerikanischem Eigentum befindlichen Bananenindustrie. Das Land gerät in völlige wirtschaftliche und politische Abhängigkeit von den Vereinigten Staaten.
1912	1925	Nicaragua	Nicaragua wird der amerikanischen Finanz- und Militärkontrolle unterstellt.
1914	1915	Mexiko	Einmischung in innenpolitische Machtkämpfe (Protektion der Regierung Venustiano Carranzas).
1915	1934	Haiti	Besetzung der Karibik-Republik. Verwaltung des Landes wie ein Protektorat. Nach dem Abzug der amerikanischen

			Truppen bleibt die amerikanische Finanzhoheit bestehen (bis 1947).
18. Feb. 1916		Nicaragua	Die Vereinigten Staaten erzwingen das Recht auf Errichtung von Militärstützpunkten.
14. März 1916	7. Feb. 1917	Mexiko	Amerikanische Strafexpedition in Mexiko
1916	1924	Dominikanische Republik	Besetzung der Dominikanischen Republik. Nach der Übergabe der Regierungsverantwortung an Juan Bautista Vicini Burgos im Jahr 1922 Rückzug im Jahr 1924 (Präsident Horacio Vásquez), mit der Vereinbarung andauernder Zoll-Hoheit der USA, welche bis 1940 fortgeführt wurde.
1917	1919	Europa	Teilnahme der American Expeditionary Forces am Ersten Weltkrieg auf Seiten der Entente gegen die Mittelmächte.
1917	1919	Kuba	Militärische Intervention auf Kuba
1918	1920	Russland	Im Russischen Bürgerkrieg gemeinsame Intervention mit Briten und Franzosen an der Seite der Weißen Armee im Raum Archangelsk (Polar Bear Expedition) und gemeinsam mit den Japanern im Raum Wladiwostok (American Expeditionary Force Siberia)
8. Sep. 1919	12. Sep. 1919	Honduras	Militärische Intervention verhindert eine Revolution.
1924		Honduras	28. Februar bis 31. März und 10. bis 15. September 1924: Honduras – US-Truppen intervenieren zum Schutz amerikanischer Bürger und Interessen während der Unruhen im Vorfeld der Wahlen.
Sep. 1924		Republik China	US-Marines landen zum Schutz von Amerikanern und anderen Ausländern in Shanghai bei Unruhen.
15. Jan. 1925	29. Aug. 1925	Republik China	Kämpfe zwischen chinesischen Gruppierungen führen wiederum zur Landung von US-Truppen in Shanghai.
19. Apr. 1925	21. Apr. 1925	Honduras	US-Truppen landen bei La Ceiba während politischer Unruhen.
1926	1933	Nicaragua	US-Militärintervention in Nicaragua 1926–1933, Besetzung Nicaraguas. Ihr widersetzt sich Augusto César Sandino in einem Guerillakrieg.

Briand-Kellogg-Pakt (1928)

Im Jahr 1928 wird auf französisch-amerikanische Initiative hin der Angriffskrieg, welcher der Einverleibung fremden Territoriums dient, durch den Briand-Kellogg-Pakt erstmals überhaupt völkerrechtlich geächtet.

1941 bis 1979

Dez. 1941	15. Aug. 1945	weltweit	Zweiter Weltkrieg – Die Vereinigten Staaten beteiligen sich entscheidend auf verschiedenen Kriegsschauplätzen in Europa, Afrika und Asien. Gegner sind das nationalsozialistische Deutschland, das faschistische Italien und das imperiale Kaiserreich Japan.

26. Juni 1949	30. Sep. 1949	West-Berlin	Die Vereinigten Staaten und ihre Alliierten errichten eine Luftbrücke zwischen West-Berlin und Deutschland zur Versorgung der Stadt während der Berlin-Blockade durch die Sowjetunion.
25. Juni 1950	27. Juli 1953	Korea	Die Vereinigten Staaten beteiligen sich bei den Truppen der Vereinten Nationen und eilen Südkorea zu Hilfe, das durch einen Überraschungsangriff des kommunistischen Nordens in schwere Bedrängnis geraten ist. Nicht alle militärischen Aktionen sind durch die Resolution des UNO-Sicherheitsrats gedeckt.
		Ägypten	Anlässlich der Sueskrise entsenden die Vereinigten Staaten mehrere Kriegsschiffe und Flugzeugträger ins östliche Mittelmeer und zwingen das Vereinigte Königreich und Frankreich zur Beendigung ihrer militärischen Intervention am Sueskanal.
Juli 1958	Okt. 1958	Libanon	Die Vereinigten Staaten greifen auf Ersuchen des christlichen Staatspräsidenten Camille Chamoun in Auseinandersetzungen im Libanon ein.
17. Apr. 1961		Kuba	Eine von den Vereinigten Staaten ausgebildete und ausgerüstete Guerillagruppe aus Exilkubanern scheitert bei der Invasion in der Schweinebucht auf Kuba. Die Operation wird durch die amerikanische Bombardierung kubanischer Luftabwehrstellungen vorbereitet.
14. Okt. 1962	20. Nov. 1962	Kuba	Während der sogenannten Kubakrise wird gegen die Insel eine totale Blockade verhängt.
Mai 1964	März 1970	Laos	Laotischer Bürgerkrieg – Flugzeuge und Bodentruppen (etwa 10.000 Mann) starten Angriffe auf die Gebiete des Pathet Lao. Nach jahrelangen Kämpfen zeichnet sich jedoch keine militärische Lösung ab und die amerikanischen Interventionstruppen verlassen das Land im März 1970.
1964	1975	Vietnam	Die Vereinigten Staaten beteiligen sich massiv im Vietnamkrieg. Auf dem Höhepunkt des Krieges sind rund 550.000 amerikanische Soldaten im Einsatz.
Apr. 1965	Sep. 1965	Dominikanische Republik	Operation Power Pack – Nach dem Sturz des linksgerichteten Präsidenten Juan Bosch und der Installation einer Militärjunta entbrennt ein Bürgerkrieg. Die multinationalen Truppen unter der Führung der USA intervenieren und veranlassen Neuwahlen, aus denen Joaquín Balaguer – der zuvor 30 Jahre in Diensten der Trujillo-Diktatur gestanden hat – als Sieger hervorgeht.
Mai 1965		Kambodscha	Die Vereinigten Staaten bombardieren Grenzdörfer entlang der vietnamesischen Grenze. Das Land wird dadurch in den Vietnam-Krieg verwickelt.
1967		Bolivien	Mit Hilfe des CIA wird der kubanische Revolutionär Ernesto Che Guevara in Bolivien aufgespürt und am 9. Oktober 1967 erschossen.

30. Apr. 1970	30. Juni 1970	Kambodscha	Angriff vom 30. April bis 30. Juni mit dem Ziel, den Rückzug der amerikanischen Streitkräfte aus Südvietnam sicherzustellen und das Vietnamisierungsprogramm zu unterstützen.
Sep. 1970		Jordanien	Im jordanischen Bürgerkrieg ergeht vom Königshaus ein Hilfegesuch und die USA entsenden Flugzeugträger und Kriegsschiffe ins östliche Mittelmeer.
		Angola	Die Vereinigten Staaten unterstützen die UNITA-Rebellen in ihrem Kampf gegen die marxistisch-leninistische MPLA-Regierung.
1977	1992	El Salvador	Die Vereinigten Staaten unterstützen die von ihnen eingesetzten oder gebilligten Regierungen im Kampf gegen die marxistisch-leninistische Opposition durch Waffenlieferungen und Ausbildung.

1980 bis 1999

25. Apr. 1980	Iran	Die Militäraktion *Operation Eagle Claw* der Vereinigten Staaten zur Befreiung der amerikanischen Geiseln in der besetzten US-Botschaft in Teheran scheitert.
1981	Afghanistan	Ab 1981: Die Vereinigten Staaten gewähren den Mudschahedin und anderen afghanischen Widerstandskämpfern finanzielle, militärische und logistische Hilfe in ihrem Kampf gegen die sowjetische Besetzung des Landes und rüsten sie hierzu auch mit Waffen aus.
1982	Nicaragua	Ab 1982: Contras, von Honduras aus operierende Gegner der Sandinisten in Nicaragua, erhalten militärische und logistische Hilfe seitens der USA.
Sep. 1983	Libanon	Die Vereinigten Staaten beteiligen sich an einer internationalen Friedenstruppe im libanesischen Bürgerkrieg. Die Intervention scheitert nach mehreren blutigen Selbstmordanschlägen und die multinationale Streitmacht verlässt den Libanon (Februar/März 1984).
25. Okt. 1983	Grenada	Der linksorientierte Premierminister Maurice Bishop wird von Putschisten gestürzt und exekutiert. Die Ankündigung der neuen Regierung, eine Militärdiktatur zu errichten, veranlasst den Generalgouverneur, ein Gesuch um die militärische Intervention zu stellen, dem auch die Staaten der Organisation Ostkaribischer Staaten (OECS) folgen.
14. Apr. 1986	Libyen	Als Vergeltung für libysche Terrorakte bombardieren die Vereinigten Staaten Ziele in Tripolis und Bengasi (Operation El Dorado Canyon).
3. Juli 1988	Iran	Der Flug Iran-Air-655, ein Passagierflugzeug vom Typ Airbus A300 der Iran Air, wird über der Straße von Hormus vom Lenkwaffenkreuzer USS Vincennes (CG-49) abgeschossen, welcher im Rahmen der Operation Earnest Will zum Schutz kuwaitischer Öltanker dort im Einsatz war.
20. Dez. 1989	Panama	Panama wird besetzt (Operation Just Cause). Der verhaftete panamaische Machthaber, General Manuel Noriega, wird in die Vereinigten Staaten überführt, wegen Drogenhandels und

			Geldwäsche angeklagt und am 10. Juli 1992 zu 40 Jahren Haft verurteilt.
März 1990		Liberia	Ab März 1990 fand in Reaktion auf den liberianischen Bürgerkrieg die Operation Sharp Edge statt. Im August 1990 wurden 1648 Ausländer und Flüchtlinge aus der Hauptstadt Monrovia und anderen Sammelpunkten im Hinterland gerettet. Im Anschluss sorgte die Militärpräsenz für eine zeitweilige Beruhigung der Lage.
1990		Kolumbien	Ab 1990 Im Drogenkrieg in Kolumbien unterstützen die Vereinigten Staaten paramilitärische Einheiten zur Bekämpfung kommunistischer Rebellen (FARC-EP).
8. Aug. 1990		Saudi-Arabien	Nach dem irakischen Überfall auf Kuwait am 2. August 1990 entsenden die Vereinigten Staaten Streitkräfte nach Saudi-Arabien zur Vorbereitung eines Angriffs auf den Irak.
Jan. 1991	Feb. 1991	Kuwait	US-geführte Koalitionstruppen, legitimiert durch einen Beschluss des Weltsicherheitsrats der Vereinten Nationen, marschieren in Kuwait ein und beenden mit der Operation Wüstensturm die irakische Besetzung des Landes.
1992		Jugoslawien	Ab 1992 Februar/März: Die NATO führt unter dem Oberbefehl der Vereinten Nationen mehrere Militäreinsätze zu Gunsten der von Serben in der Hauptstadt Sarajevo belagerten Kroaten und Bosnier in Jugoslawien nach dem Massaker von Srebrenica durch.
27. Aug. 1992		Irak	Die Vereinigten Staaten errichten im Irak eine Flugverbotszone für irakische Flugzeuge nördlich des Breitengrades von 36°N und südlich von 33°N. Der Luftkrieg wird eingeschränkt bis 2002 wieder aufgenommen, vorgeblich um Saddam Hussein von Luftangriffen auf die irakischen Kurden im Norden und die Schiiten im Süden des Landes abzuhalten und einen erneuten Überfall auf Kuwait zu verhindern.
9. Dez. 1992		Somalia	UN-MIssionen UNITAF und UNOSOM II: Die USA entsenden auf Aufforderung des UN-Generalsekretärs und Beschluss des UN-Sicherheitsrats 28.000 Soldaten nach Somalia, um den Bürgerkrieg zu beenden (Rückzug 1994 nach blutig gescheitertem Versuch der Festnahme von General Mohammed Farah Aidid).
27. Juni 1993		Irak	Kriegsschiffe unternehmen einen Einsatz gegen den Irak und feuern 23 Marschflugkörper auf Bagdad ab.
Aug. 1994		Haiti	Operation Uphold Democracy: US-Truppen setzen auf Druck des UN-Sicherheitsrats die Reinstallation des 1991 durch einen Militärputsch gestürzten Präsidenten Jean-Bertrand Aristide durch. Von April 1995 bis Ende 1997 stand Haiti unter einem UNO-Mandat.
20. Aug. 1998		Sudan	Als Vergeltung für die Terroranschläge auf die amerikanischen Botschaften in Kenia und Tansania führen die Vereinigten Staaten einen Luftangriff auf eine angebliche Giftgasfabrik durch, die sich später als die Asch-Schifa-Arzneimittelfabrik herausstellte.
März 1999	Juni 1999	Jugoslawien	Kosovokrieg – Die NATO führte unter dem Kommando der Vereinigten Staaten umfangreiche Bombardements gegen Ziele in Jugoslawien durch, um einen Abzug serbischer Streit- und Polizeikräfte aus dem Kosovo zu erzwingen. Nach Abschluss

			eines Waffenstillstands wird die Provinz Kosovo von KFOR-Truppen gesichert und eine Interims-Zivilregierung unter Verwaltung der Vereinten Nationen errichtet.
Ab 2000			
Nov. 2001	Aug. 2021	Afghanistan	Operation Enduring Freedom: In der Folge der Terroranschläge islamistischer Fundamentalisten (mehrheitlich saudi-arabische Staatsbürger) in New York und Washington vom 11. September 2001 unterstützten US-Soldaten die Afghanische Nationalarmee beim Kampf gegen die Taliban.
ab 2001		Somalia	Operation Enduring Freedom: Die US-Marine sichert Seehandelswege um die somalischen Gewässer.
20. März 2003		Irak	Operation Iraqi Freedom: Streitkräfte einer 48 Nationen umfassenden Koalition griffen im Dritten Golfkrieg den Irak an und stürzten die Regierung von Saddam Hussein. Der Irak wurde übergangsweise als Protektorat verwaltet, im Sommer 2005 wurden Wahlen abgehalten und offiziell die Regierungsgeschäfte an die gewählte Regierung übergeben. Die amerikanischen Truppen verließen das Land 2011, wobei sie es de facto im Chaos zurückließen, was zur Gründung des IS führen sollte.
März 2004		Haiti	Nach dem Sturz von Präsident Jean-Bertrand Aristide entsenden die Vereinigten Staaten zur Vorbereitung einer multinationalen Übergangstruppe des Sicherheitsrats der Vereinten Nationen vorerst 50, später 200 Mann nach Haiti.
		Somalia	Die US-Marine bekämpft somalische Piraten im Verbund mit weiteren Marineeinheiten verschiedener Teilnehmernationen.
Frühjahr 2011		Libyen	Militärische Luftschläge sowie Marineeinsätze mit Marschflugkörpern gegen Libyen, um eine Flugverbotszone durchzusetzen und Militärschläge des Machthabers Muammar al-Gaddafi gegen die von den USA unterstützten Aufständischen im Land zu verhindern.
März 2014		Uganda	Im März trafen US-Spezialeinheiten in Uganda ein, um die Streitkräfte der Afrikanischen Union bei der Suche nach dem mutmaßlichen Kriegsverbrecher Joseph Kony zu unterstützen.
2014		Liberia	*Operation United Assistance*: Zur Bekämpfung der Ebola-Epidemie in Westafrika errichteten US-Truppen ab September in Liberia Behandlungseinrichtungen unter der Beteiligung von 539 Soldaten. Nachdem der Präsident von 3000 Soldaten gesprochen hatte, sollen gemäß Medienberichten bis zu 4700 Soldaten in Westafrika im Einsatz stehen.
2014		Naher Osten	Seit Juni 2014 führen die USA die Operation Inherent Resolve durch, um die Terrormiliz Islamischer Staat zu bekämpfen.
2015		Jemen	Militärintervention im Jemen seit 2015
7. Apr. 2017		Syrien	Luftangriff auf den Militärflugplatz asch-Schaʿirat in Syrien.
14. Apr. 2018		Syrien	Luftangriff auf Duma in Syrien.
2. Jan. 2020		Irak	Luftangriff zur Tötung des iranischen Generals Qassem Soleimani

Einige Liedertitel zum Wounded Knee-Massaker im Dezember 1890 und zur Geschichte und aktuellen Gegenwart der Native Americans

Diese Liedaufstellung entstand willkürlich und erhebt von daher keinen Anspruch auf Vollständigkeit, wurden von uns doch hierzu keinerlei Recherchen angestellt. Es wurde zum gegenwärtigen Zeitpunkt auch ganz bewusst auf eine Kommentierung oder Interpretierung dieser Lieder verzichtet.

Redbone war eine 1968 in Los Angeles von Musikern indianischer Abstammung gegründete Rockband, die vor allem während der ersten Hälfte der 1970er-Jahre international erfolgreich war.

Redbone, 1977

- We were All wounded at Wounded Knee, 1974
  ⇨ https://www.youtube.com/watch?v=2VB2LdOU6vo

Buffy Sainte-Marie (* 20. Februar 1941, laut eigener Aussage in Sebago (Maine) oder in Kanada; eigentlicher Vorname: Beverly) ist eine kanadische Musikerin, Komponistin, Liedermacherin, darstellende Künstlerin, Lehrerin und Sozialaktivistin indianischer Abstammung (Cree-Indianerin) mit einem Doktortitel in Bildender Kunst, einem Lehrerdiplom und einem in östlicher Philosophie.

Buffy Sainte-Marie auf der Bühne[398]

... und vor dem Gerichtssaal auf ein Urteil wartend [399]

---

[398] Abb. entnommen aus The Buffy Sainte-Marie Songbook, 190.
[399] Abb. entnommen aus The Buffy Sainte-Marie Songbook, 154,

- Bury my heart at Wounded Knee
  - ⇨ https://www.youtube.com/watch?v=NJnwUbJoheo
- Now the Buffalo's gone
  - ⇨ Https://www.youtube.com/watch?v=BCWJYTCfjSg
- No No Keshagest
  - ⇨ https://www.youtube.com/watch?v=XKmAb1gNN74
- My Country tis of thy People you're dying
  - ⇨ https://www.youtube.com/watch?v=bTqV1pnQoos
- I'm going home
  - ⇨ https://www.youtube.com/watch?v=UmVqx3DiP7I
- America the Beautiful
  - ⇨ https://www.youtube.com/watch?v=B96NVlA-GRI
- Universal Soldier
  - ⇨ https://www.youtube.com/watch?v=j6imjvgJFvM
- Soldier Blue
  - ⇨ https://www.youtube.com/watch?v=yJIr5y429BY

Peter LaFarge (**Oliver Albee LaFarge**, *30. April 1931 – 27. Oktober 1965) war ein Songwriter/Folksänger der 1950er- und 1960er-Jahre aus New York.

Peter LaFarge [400]

- The Ballad of Ira Hayes
  - ⇨ https://www.youtube.com/watch?v=Me2u9yBHfFI
- Custer
  - ⇨ https://www.youtube.com/watch?v=p0i8ZijfR0Y
- As long as the grass shall grow
  - ⇨ https://soundcloud.com/peterlafarge/sets/as-long-as-the-grass..
- Drums
  - ⇨ https://https://www.youtube.com/watch?v=cs_kP1hpKsA

Floyd „Red Crow" Westerman (* 17. August 1936 in South Dakota; † 13. Dezember 2007 in Los Angeles) war ein US-amerikanischer Sänger, Schauspieler („Der mit dem Wolf tanzt") und indianischer Aktivist des American Indian Movement (AIM) vom Stamm der Dakota der u.a. mit Dennis Banks befreundet war.

- Relocation Blues (Boarding School Blues)

[400] Abb. entnommen aus www.bobdylanroots.com/laf.html

⇨ https://www.cradleboard.org/curriculum/powwow/supplements/boa..

- B.I.A. & B.I.A. Second Part
  ⇨ https://www.youtube.com/watch?v=kuC_V1jP6hE
  ⇨ https://www.youtube.com/watch?v=D-61xkWYMQU
- Custer died for your Sins
  ⇨ ://www.youtube.com/watch?v=oY_a-HjdiOE https
- Drums
  ⇨ https://www.youtube.com/watch?v=axTlblX92BI

Floyd Westerman [401]

Floyd Westerman & John Densmore

- Drums
  ⇨ https://www.youtube.com/watch?v=axTlblX92BI

Johnny Cash (* 26. Februar 1932 in Kingsland, Arkansas als J. R. Cash; † 12. September 2003 in Nashville, Tennessee), einer der einflussreichsten US-amerikanischen Country-Sänger und Songschreiber.

Buffy Sainte-Marie & Johnny Cash [402]

- The Ballad of Ira Hayes, 1964
  ⇨ https://www.youtube.com/watch?v=oEwSwQtSmDQ&list=RDoEwSwQtSmDQ&start_radio=1&rv=oEwSwQtSmDQ&t=19

---

[401] Abb. entnommen aus https://en.wikipedia.org/wiki/Floyd_Westerman

[402] Abb. entnommen aus The Buffy Sainte-Marie Songbook, 1971, 135. Two Storytellers Tell One Great Tale: The duo sang "Custer" which was written by Cash for his album *Bitter Tears: Ballads of the American Indian*, released in 1964. The song tells the true story of a a General named George A. Custer who was killed trying to take land from Native Americans in Montana. Cash and Buffy Sainte-Marie sing the song with the intent to educate the audience about civil rights.

⇨ https://dailyrockbox.com/buffy-sainte-marie-and-johnny-cash-laugh-through-their-duet-of-custer/

- As long as the grass shall grow
  ⇨ https://www.youtube.com/watch?v=rwhlI5Rj0-U
- Drums
  ⇨ https://www.youtube.com/watch?v=YOBNYmtFHGo

Manowar ist eine im Jahr 1980 gegründete US-amerikanische Metal-Band, die als Begründer der musikalischen Stilrichtung des True Metal gilt.

- Spirit Horse Of The Cherokee
  ⇨ https://www.youtube.com/watch?v=g1YKUN8Hw5k

Ape. Beck und Brinkmann, die Dortmunder Folk-Rock-Gruppe, wurde 1979 von Fred Ape, Klaus Beck, Peter Brinkmann und dem Tontechniker Klaus-Werner Wollnowski gegründet. Die Formation, deren Schwerpunkt in deutschen kritischen Texten lag, wurde schnell zu einem Aushängeschild der alternativen deutschen Folk-Rockszene

Ape, Beck & Brinkmann [403]

- Rauchzeichen
  ⇨ https://open.spotify.com/album/4OuGrieXsSp5k5dFsB6gv0?highlight=spotify:track:7sFpc64nKC8SrY3L0GPfdj

Cochise war eine deutsche Musikband aus Dortmund, die sich Ende der 1970er-Jahre bis Ende der 1980er-Jahre mit politischem Pop und Folksongs einen Namen machte und vor allem in der linksalternativen Szene der Neuen Sozialen Bewegungen populär war. Benannt hat sich die Band nach Cochise, einem Apache-Häuptling.

Cochise [404]

- Rauchzeichen
  ⇨ https://www.youtube.com/watch?v=3X26pKHc_zo

[403] Abb. entnommen aus https://www.ecosia.org/images?q=Ape,%20Beck%20%26%20Brinkmann

[404] Abb. entnommen aus https:/www.ecosia.org/images?q=Cochise%Musik%%20Wikipedia#id=9A1123853D3CE545D5B521BCEB4FF

Australien:

Archie Roach (* 8. Januar 1956 in Mooroopna, Victoria) ist ein Sänger und Liederschreiber aus Australien, der sich in seinen Liedern mit dem realen Leben und der Traumzeit der Aborigines befasst.

Archie Roach [405]

Archie Roach lebte in der Framlingham Aboriginalmission, die bei Warrnambool im Südwesten von Victoria liegt. Er wurde als Kind seiner Familie weggenommen und erlitt wie Zehntausende der Aboriginekinder das Schicksal der Gestohlenen Generation und wuchs zunächst in einem Waisenhaus und dann in einer Familie schottischer Herkunft in Melbourne auf. Er lebte anschließend lange Jahre in den Straßen von Melbourne und Adelaide. Als er Ruby Hunter kennenlernte, baute er mit ihr ein Kinderheim für Aboriginekinder auf, machte mit Hunter Musik und gründete eine Band.

- They took the children away
  - ⇨ https://www.youtube.com/watch?v=TC-I0vQHIWs

Midnight Oil

„Midnight Oil", auch Oils genannt, ist eine australische Rockband. Ihren internationalen Durchbruch feierte die 1976 gegründete Band mit ihrem 1987 erschienenen sechsten Album Diesel and Dust. 2002 löste sich die Gruppe auf nach dem Ausstieg ihres Sängers Peter Garrett, der eine Karriere in der Politik anstrebte. Nach einem erneuten Zusammenschluss gab die Band für 2017 eine Tournee mit über 50 Konzerten bekannt.

Midnight Oil

- The dead heart
  - ⇨ https://www.youtube.com/watch?v=16bFBzx7I_0

[405] Abb. entnommen aus https://www.ecosia.org/images?q=Archie%20%20Roach**Mid**%20

The Seekers

„The Seekers“ sind eine australische Pop-Gruppe, die vor allem Mitte der 1960er-Jahre international sehr erfolgreich war, deren Mitglieder aber bis weit in die 2000er-Jahre immer wieder zusammen auftraten und zumindest in ihrer Heimat erfolgreiche Tourneen absolvierten. Das Lied „I Am Australian" (or „We Are Australian"), das bereits 1987 von Bruce Woodley („The Seekers“) und Dobe Newton („The Bushwalkers“) geschrieben wurde, ist ein auch heute sehr populäres Lied in Australien. Der Text spielt auf die Geschichte und Gegenwart sowie die Kultur Australiens an, wobei auch die Aborigines Erwähnung finden. Heute wird das Lied, das im Übrigen auch in den Lehrplänen der australischen „Primary Schools“ zu finden ist, bei verschiedenen Anlässen, etwa bei in Australien stattfindenden Para-Olympics gespielt. In den Jahren seit der Veröffentlichung des Liedes sind immer wieder Forderungen laut geworden, es zur australischen Nationalhymne zu machen, so z.B. auch 2011 seitens des vormaligen Premiers von Victoria, Jeff Kennett.

The Seekers (um 2014)
Keith Potger, Bruce Woodley, Athol Guy, Judith Durham

- I am Australian
  ⇨ www.youtube.com/watch?v=ZOIPCmFG2pc

Die beiden „Väter der US-Folkbewegung“, welche die Bürgerrechtsbewegung der 1950er-/1960er-Jahre wesentlich mit beeinflusst haben: Woody Guthrie und Pete Seeger

Woodrow Wilson Guthrie, bekannter unter seinem Spitz- und Künstlernamen „Woody“ Guthrie (* 14. Juli 1912 in Okemah, Oklahoma; † 3. Oktober 1967 in New York), war ein US-amerikanischer Singer-Songwriter. Der politisch im gewerkschaftsnahen linken Spektrum aktive Lyriker und Balladenverfasser beeinflusste maßgeblich die US-amerikanische Folkmusik.
Peter „Pete“ Seeger (* 3. Mai 1919 in New York City, New York; † 27. Januar 2014 ebenda) war ein US-amerikanischer Folk-Musiker, Singer-Songwriter sowie politischer Aktivist und Umweltschützer, der mit seinen Liedern die Friedensbewegung, die gewerkschaftlich organisierte Arbeiterbewegung, die Bürgerrechtsbewegung und weitere soziale Bewegungen zunächst in den USA selbst, mit zunehmender Bekanntheit auch international inspiriert hat.

Woody Guthrie, 1944 sowie **Pete Seeger, 1955** **Pete Seeger bei einem Konzert 1986**

Abb. entnommen aus https://de.wikipedia.org/wiki/Woody_Guthrie und https://de.wikipedia.org/wiki/Pete_Seeger

Filmographie

Filme, die vom Schicksal realer Indianer handeln (Auswahl)
Mit *gekennzeichnet: Thematisierung des Schicksals der Native Americans zur Zeit des Untergangs der Prärieindianer. ** gekennzeichnet: Thematisierung der Gegenwart der Native Americans.[406]

- **500 Nations – Die Geschichte der Indianer** präsentiert von Kevin Costner, 2 DVDs, (USA/1994) [Überblick]
  Disc 1: Maya, Mississipi-Indianer, Anasazi (Büte der großen Kulturen)
  Aufstieg und Fall der Azteken
  Zusammenprall zweier Welten (Enrique und Kolumbus)
  Die europäische Invasion (Häuptling Metacom führt Krieg - King-Philips-Krieg von 1675/76)
  Disc 2: *Im Hexenkessel von Revolution und Bürgerkrieg. (Überlebenskampf der Indianervölker)
  Häuptling Tecumseh (Der Traum vom eigenen Land der Indianer)
  *Besiedlung des Westens (Mord und Vertreibung)
- **Raoul Peck: Rottet die Bestien aus!** 4-teilige Doku-Reihe von Raoul Peck Autoren: Raoul Peck, Sven Lindqvist, Michel-Rolph Trouillot und Roxanne Dunbar-Ortiz ARTE France/Velvet Film/HBO, Frankreich/USA 2021, 4x52 Min. **Erstausstrahlung**: 1. Februar 2022 ab 20:15 Uhr
  *Geronimo und Chief Joseph (Verzweifelter Kampf um Freiheit)
- **Geronimo's Last Raid,** USA 1912[407]
- **Tumbleweeds** / USA/1925
  Regie: King Baggot, William S. Hart - Darsteller: William S. Hart, Barbara Bedford, Lucien Littlefield
  USA 1889: Mitten im Oklahoma Land Run und zur Zeit der Besiedlung der Westhälfte des letzten Indianer-Territoriums, bekommen die Cowboys Don und Kentucky Rose zusehends Probleme, Jobs zu finden, und spielen mit dem Gedanken, ihr rastloses Leben aufzugeben. Als sich beide verlieben, beschließen sie, sich niederzulassen, doch wird grade zu dieser Zeit ein Wettlauf ausgerufen, durch den ein großes Areal freies Land unter Siedlungswilligen aufgeteilt werden soll…
- ***Die letzte Schlacht der Sioux** USA 1954 - Regie: Sidney Salkow - Darsteller: Mary Murphy, Dale Robertson, J.Carrol Naish
  Major Robert Parrish hegt Sympathien für die Indianer, weshalb er das Vorgehen weißer Siedler, die sich Land der Sioux aneignen wollen, nicht gutheißen kann. Der die Indianer hassende Colonel Custer sorgt dafür, dass Parrish zur Überwachung eines Gefangenenlagers für Indianer abkommandiert wird. Während Parrish versucht, ein Treffen zwischen Indianerhäuptling Sitting Bull und dem amerikanischen Präsidenten Grant zu arrangieren, provoziert Custer die Sioux zu einer Schlacht am Little Big Horn, bei der es selbst ums Leben kommt. Parrish landet vor einem Militärgericht und wird zum Tode verurteilt, doch Sitting Bull wendet sich an Grant und erwirkt seine Begnadigung.
- ***Massai** (Alternativtitel: *Der große Apache* und *Massai – Der große Apache*, Originaltitel: *Apache*) 1954
  Regie: Robert Aldrich - Darsteller Burt Lancaster und Jean Peters
  Massai zählt zu den unter Kritikern beliebtesten und am meisten geschätzten Filmen von Robert Aldrich, was deutlich wird an Urteilen wie „humanistische[r] Western", „besonders ‚Massai'" verdiene von

[406] Die Besprechungen wurden zum großen Teil von den betreffenden Wikipedia-Artikeln zu den einzelnen Filmen entnommen, Ergänzungen von www.filmstarts.de/kritiken.html sowie von www.spielfilm.de/filme.

[407] Nur am Rande sollen an dieser Stelle die älteren US-Filme zu Geronimo und den Apachen wenigstens mit ihren Originaltiteln angeführt werden, zu denen ich selber keinen Zugang hatte:
Geronimo's Last Raid (1912), Hawk of the Wilderness (1938), Geronimo (1939), Valley of the Sun (1942), Broken Arrow (1950), I Killed Geronimo (1950), Outpost (1951), Son of Geronimo: Apache Avenger (1952), The Battle at Apache Pass (1952), Indian Uprising (1952), Taza, Son of Cochise (1954) ‚Walk the Proud Land (1956), Geronimo (1962), Geronimo und die Räuber (West German, 1966), Geronimo (Starring Joseph Runningfox) (1993), Geronimo: An American Legend (1993), Hot Shots! Part Deux (1993), War of the Buttons (1994).

Aldrichs Western „Anerkennung" und er gehöre zu den „Filme[n] [...], die man sehr liebt", wobei das Lob häufig verbunden ist mit einer kritischen Einstellung zu Aldrichs anderen Western. Im *Western-Lexikon* von Joe Hembus, das Sterne vergibt nach dem „Grad der Bedeutung von Filmen in der Geschichte des Western", ist *Massai* der einzige Western Aldrichs, der mit der Höchstwertung von drei Sternen versehen ist.

- **Nackend in der Sonne** (Originaltitel: *Naked in the Sun*) 1957
  Regie von R. John Hugh - Darsteller: neben James Craig als Kriegshäuptling Osceola*, Lita Milan, Barton MacLane. Der Film lief auch unter dem Verleihtitel *Die Rache des Indianers.*
  Osceola* (1804–1838) war ein bedeutender Anführer der Seminolen in den USA. Er führte sein Volk im zweiten der Seminolenkriege gegen die US-Armee. 1837 wurde er festgenommen, nachdem man ihn unter dem Vorwand über einen Waffenstillstand zu verhandeln, zu einem Stützpunkt der Armee gelockt hatte. Er wurde nach Fort Moultrie gebracht, wo er 1838 einer Krankheit erlag.
- * **Cheyenne** (Originaltitel: *Cheyenne Autumn*) ist ein US-amerikanischer Western von Regisseur John Ford aus dem Jahr 1964. Das Drehbuch von James R. Webb basiert auf dem gleichnamigen Roman von Mari Sandoz.
  Die schon sehr dürftigen Nahrungsrationen, die die Regierung den Indianern vom Stamme der Cheyenne in ihre Reservate liefert, werden eingestellt. Die Indianer unter der Führung ihrer Häuptlinge Dull Knife und Little Wolf machen sich auf einen anstrengenden 1500-Meilen-Marsch von ihren Reservaten in Oklahoma zu ihren angestammten Jagdrevieren in Montana. Captain Archer von der US-Kavallerie soll sie aufhalten und wieder ins Reservat zurückbringen. Die Presse kolportiert hingegen, dass die Cheyenne aus arglistigen und bösartigen Gründen ihr Reservat verlassen haben. Der US-Innenminister Carl Schurz versucht, Kämpfe zwischen der Armee und den Indianern zu verhindern. Mittlerweile ist Archers Respekt vor den edlen Menschen immer größer geworden, und er entscheidet sich, ihnen zu helfen.
  Die Rolle des Innenministers Carl Schurz sollte ursprünglich Spencer Tracy spielen. Doch Tracy erlitt einen Herzanfall und musste durch Edward G. Robinson ersetzt werden.
  Ford wollte die Häuptlingsrollen außerdem mit Richard Boone und Anthony Quinn besetzen, die beide indianische Vorfahren haben. Montalban und Roland, die die Rollen bekamen, haben hingegen keine indianischen, sondern mexikanische Vorfahren.
  Die im Film dargestellten Cheyenne wurden von Angehörigen des Volkes der Navajo gespielt. Weiße Zuschauer bemerkten diesen Unterschied selten, jedoch wurde der Film in Navajo-Gemeinden sehr beliebt. Das lag daran, dass die Navajo-Schauspieler offen derbe und wüste Ausdrücke verwendeten, die nichts mit dem Film zu tun hatten. So reißt der Häuptling in seiner Rede zur Unterzeichnung des Vertrages Witze über die Penisgröße des Colonels. Gelehrte betrachten dies als wichtigen Moment in der Entwicklung der Identität der amerikanischen Ureinwohner, weil diese sich über die geschichtliche Interpretation des Wilden Westens durch Hollywood (also die weiße Mehrheitsgesellschaft) lustig machten.
- **Lederstrumpf - Der letzte Mohikaner**, D, IT, ES 1965. Regie: Mateo Cano - Darsteller: Jack Taylor, Paul Muller Sara Lezana, Daniel Martin
  Nordamerika, Mitte des 18. Jahrhunderts: Briten und Franzosen kämpfen um die Vorherrschaft in den neuen Kolonien. Der Mohikaner Chingachgook, sein Sohn Uncas und der weiße Adoptivsohn Hawkeye retten die britische Offizierstöchter Alice und Core sowie den Soldaten Heywards aus den Händen blutrünstiger Huronen, die im Dienste der Franzosen kämpfen. Nach abenteuerlicher Flucht durch die Wälder, bei der sich Hawkeye und Cora näher kommen, liefern die Indianer ihre Schützlinge wohlbehalten im belagerten Fort ihres Vaters, Colonel Munro, ab. Statt ihnen zu danken, will Munro die Mohikaner für seine Zwecke einspannen....
- **„Das Wiegenlied vom Totschlag"** (Soldier Blue, 1970). Regie: Ralph Nelson
  Bei einem Überfall der Cheyenne auf einen Goldtransport finden 22 Soldaten den Tod; nur der junge Soldat Honus Gant und Cresta Lee, eine ehemalige Gefangene der Cheyenne und Verlobte eines Armeeleutnants, den sie aus finanziellen Gründen heiraten will, überleben. Statt eines Totengebets rezitiert Honus vor seinen getöteten Kameraden aus dem 1854 von Alfred Lord Tennyson veröffentlichten Gedicht „The Charge of the Light Brigade" („Der Angriff der Leichten Brigade"). Honus und Cresta versuchen, sich zu einem Armeestützpunkt durchzuschlagen, wobei Cresta Honus davon überzeugen will, dass die indianische Lebensweise moralisch höherstehend als die der Weißen ist. Die beiden geraten in Konflikt mit Kiowas und mit dem Waffenschmuggler Isaac B. Lemmert (Wortspiel in der deutschen und der originalen Filmfassung; Original-Name: Isaac Q. Cumber), dessen für die Cheyenne bestimmte Lieferung von Gewehren und Munition Honus zerstört. Honus wird nachfolgend von dem Waffenhändler am Bein verwundet, doch Cresta pflegt ihn, und die beiden kommen sich näher.
  Als sie schließlich die Armee erreichen, plant diese einen Rachefeldzug gegen die Cheyenne. Cresta versucht, die Indianer zu warnen. Obwohl der Häuptling der Cheyenne den Soldaten mit einer weißen

Fahne entgegenreitet, eröffnet die Armee mit Kanonen das Feuer auf das Indianerdorf und macht dieses nachfolgend dem Erdboden gleich, wobei keine Rücksicht auf Frauen und Kinder genommen wird und schreckliche Gräuel verübt werden. Der protestierende Honus wird inhaftiert und in Ketten gelegt und abgeführt. Cresta verbleibt zusammen mit den wenigen überlebenden Cheyenne im zerstörten Lager.
Die Geschichte des Films ist eine fantasievoll ausgestaltete Erzählung vom Sand-Creek-Massaker, das 1864 Kavalleristen der amerikanischen Nordstaaten an den Einwohnern einer ungeschützten Siedlung von Cheyenne- und Arapaho-Indianern im Colorado-Territorium verübten. Die Nacherzählung des Massakers ist eingebettet in eine fiktive, umfangreichere Geschichte, die sich um Überlebende eines früheren Massakers rankt, das wiederum Indianer an amerikanischen Kavalleristen verübt hatten.
Auf dem Höhepunkt des Vietnamkrieges gedreht, gerade als die gerichtliche Aufarbeitung des Massakers von My Lai in der amerikanischen Öffentlichkeit hohe Wellen schlug, lieferte *Soldier Blue* die erste filmische Nacherzählung eines der schändlichsten Verbrechen in der Geschichte der amerikanischen Landnahme im Westen des Kontinents.
Der Film löste eine Kontroverse aus, nicht bloß als revisionistischer Western, sondern besonders durch deutliche Gewaltdarstellung. Regisseur Nelson, der im Film ebenfalls eine kleine Rolle spielte, zeigte die Nacktheit in Vergewaltigungsszenen und auch „realistische" Großaufnahmen von Geschossen, die menschliches Gewebe aufreißen. Das Drehbuch schrieb John Gay auf der Grundlage des Romans *Arrow in the Sun* von Theodore V. Olsen. In den Hauptrollen spielten Candice Bergen, Peter Strauss und Donald Pleasence. Die Titelmusik wurde von Buffy Sainte-Marie geschrieben und gesungen.

- * **„Little Big Man"** (1970) Regie: Arthur Penn

  „Tragikkomödie und Anti-Western über einen fiktiven, bei den Cheyennes aufgewachsenen Euroamerikaner, der immer wieder bei wichtigen Ereignissen der indianisch-euroamerikanischen Beziehungen anwesend ist".

Dustin Hoffman stellt in der Hauptrolle des fiktiven weißen Siedlersohnes Jack Crabb die Entwicklung eines mit unterschiedlichen Wertvorstellungen und sozialen Normen konfrontierten Menschen dar, der ab seinem zehnten Lebensjahr bei Indianern aufwächst und als Erwachsener zwischen den Kulturen hin- und hergerissen ist.
Das Drehbuch von Calder Willingham beruht auf dem im Original gleichnamigen Roman von Thomas Berger aus dem Jahr 1964, im deutschsprachigen Raum auch bekannt unter dem Titel „Der letzte Held".
Für Arthur Penn, einen der bedeutendsten Vertreter des New Hollywood, war es das teuerste und zugleich kommerziell erfolgreichste Filmprojekt in seiner Karriere als Produzent und Regisseur.
2014 wurde der Film ins National Film Registry – einem Verzeichnis US-amerikanischer Filme, die als besonders erhaltenswert angesehen werden – aufgenommen.
Der episch angelegte Monumentalfilm im Stil einer Tragikomödie mit satirisch zugespitzten Elementen persifliert einige wesentliche und gängige Themen des traditionellen Western-Genres und versucht zu einer Entmythologisierung des Wilden Westens beizutragen. In diesem Sinn gilt *Little Big Man* als einer der erfolgreichsten Antiwestern der Filmgeschichte: Er stellt dem Bild des *heroischen Kämpfers* für die Ideale des sogenannten American Dream einen Antihelden entgegen, der in der Auseinandersetzung zwischen der Kultur der Prärieindianer und derjenigen der weißen Kolonisten in den USA scheinbar versagt, jedoch – zumindest im moralischen Sinn – am Ende recht behält.
Der Film greift in der Rahmenhandlung verschiedene historisch verbürgte Ereignisse und Persönlichkeiten der Pionierzeit und der Indianerkriege in den Vereinigten Staaten der zweiten Hälfte des 19. Jahrhunderts auf, lässt diese allerdings sehr frei interpretierend in der insgesamt fiktiven Geschichte in Erscheinung treten; eine Erzählung, die weniger einer historischen Faktizität geschuldet ist als vielmehr dem Anspruch einer kritischen Parabel auf den American way of life – unter Bezugnahme auf einzelne historische Gegebenheiten aus einer Zeit, die das heutige Selbstverständnis vieler US-Amerikaner und der USA selbst mit geprägt hat.
Des Weiteren weist *Little Big Man* mit seiner für die Zeit seines Entstehens (1970) überaus kritischen Sicht auf die Rolle der US-Armee Parallelen zum Thema Vietnamkrieg auf. Nicht allzu lange vor Beginn der Dreharbeiten war das Massaker von Mỹ Lai einer breiten Öffentlichkeit bekannt geworden. Das im Film dargestellte Massaker am Washita veranschaulicht in Form einer Allegorie indirekt die Kritik des Regisseurs Arthur Penn an der Ende der 1960er/Anfang der 1970er Jahre aktuellen amerikanischen Kriegsführung gegenüber der vietnamesischen Zivilbevölkerung. Neben *Soldier Blue* (deutscher Titel: *Das Wiegenlied vom Totschlag)* von Ralph Nelson aus demselben Jahr gilt *Little Big Man* als einer der Filme, die eine Anti-Vietnamkrieg-Haltung im Western-Genre am prägnantesten zum Ausdruck brachten.
Im Alter von 121 Jahren wird Jack Crabb, Bewohner eines Altenheims der 1970er Jahre, Veteran der Indianerkriege und einziger weißer Überlebender der Schlacht am Little Big Horn, von einem Reporter, der von ihm etwas über die „primitive Lebensweise der Indianer" erfahren möchte, interviewt. Aufgebracht von der Arroganz des jungen *Möchtegern*-Historikers, erzählt er ihm die Geschichte seines Lebens.

In der Retrospektive geht der Film zurück in die Zeit um die 1860er/1870er Jahre in den Mittleren Westen der USA, das Gebiet hinter der sogenannten *Frontier*. Als Zehnjähriger verliert Crabb bei einem Überfall von Pawnee-Indianern auf einen Siedlertreck in der Prärie seine Familie. Nur er und seine Schwester Caroline überleben. Die Geschwister werden von *Shadow that comes inside*, einem Cheyenne-Indianer, aufgefunden und in dessen Stammeslager mitgenommen. Crabbs Schwester entflieht bald, wohingegen er selbst sechs Jahre bei den Cheyennes (im Film als übersetzte Eigenbezeichnung *Menschenwesen*) in der Prärie verbringt. Er wird vom Häuptling *Old Lodge Skins* (dargestellt von Chief Dan George) sozusagen als Enkel adoptiert. Crabb erlebt eine relativ glückliche Jugend bei den *Menschenwesen*, in der er die Bedürfnisse eines Heranwachsenden nach abenteuerlichem Spiel – ohne einschränkende Belehrungen seitens der Erwachsenen – ausleben kann. Dabei lernt er die Sprache und Gebräuche der Cheyennes kennen und wird von seinem „Großvater" in die pantheistische Weltsicht der Cheyennes eingeführt, wonach alles, was existiert, von Leben durchdrungen und zu respektieren sei. Indes wird ihm die Ideologie der „Bleichgesichter" dargestellt als eine Anschauung, in der die Welt und alles was lebt, als etwas „Totes" und Verfügbares am Ende nicht gewürdigt wird.
Da Crabb in den folgenden Jahren in seiner körperlichen Wachstumsentwicklung zurückbleibt, wird er wegen seiner geringen Körpergröße von den jungen Kriegern zunächst nicht ernst genommen. Doch bei einem Scharmützel mit Pawnees gewinnt er Akzeptanz bei den Gleichaltrigen, als er *Younger Bear*, einem „Stammesbruder", das Leben rettet. Dieser ist ihm – wenn auch widerwillig – nun zu dauerhaftem Dank verpflichtet; eine Lebensschuld, die erst durch eine ebenbürtige Gegenleistung getilgt werden kann. Crabb wird nach diesem Ereignis unter Bezugnahme auf seine geringe Körpergröße und seinen großen Mut vom Häuptling mit dem Indianernamen *„Little Big Man" (Kleiner großer Mann)* benannt und damit in die Reihe der Krieger aufgenommen.
Nach einem Gefecht zwischen seinen „Stammesbrüdern" und einer Einheit der US-Armee kann er nur dadurch dem Tod entrinnen, dass er sich gegenüber den Soldaten als Angloamerikaner zu erkennen gibt und vorerst zu den „Bleichgesichtern" zurückkehrt. Dort wird er mit einer ihm inzwischen fremd gewordenen Welt konfrontiert: Mit den Augen eines eher unbedarften jungen Mannes macht er in unterschiedlichen Lebenssituationen die Erfahrung, dass, wer es zu etwas bringen will, auf Heuchelei, Betrug, Lüge oder Gewalt zurückgreifen muss – um schließlich dann doch am Selbstbetrug zugrunde zu gehen.
Zunächst wird Crabb in die Obhut der kinderlosen Pfarrersfamilie Pendrake gegeben. Der „christlich-liebevollen" Fürsorge der aufreizenden Ehefrau des Predigers, Mrs Pendrake (dargestellt von Faye Dunaway), die ihre sexuellen Gelüste heimlich in fremden Betten befriedigt, entflieht er jedoch rasch. Crabb wird daraufhin zum Gehilfen des Quacksalbers Mr Merriweather, der über Land zieht und mit betrügerischen Methoden den Siedlern eine selbstgebraute Mixtur als Wunderheilmittel andreht, bis der Schwindel auffliegt und der selbsternannte Heiler zusammen mit seinem jungen Kompagnon von einer empörten Bürgerwehr geteert und gefedert wird. Es stellt sich heraus, dass unter den Anführern der aufgebrachten Menge Crabbs Schwester Caroline ist, die inzwischen eine Farm betreibt und sich ein resolutes „männliches" Wesen angeeignet hat. Sie nimmt ihren Bruder bei sich auf und bringt ihm das Schießen bei. Dabei entdeckt Crabb sein Talent (hinsichtlich Schnelligkeit und Treffsicherheit) im Umgang mit dem Revolver. Konsequenterweise versucht er sich als Revolverheld, wobei er den berühmt-berüchtigten „Wild Bill" Hickok kennenlernt. Konfrontiert mit einer tatsächlichen Schießerei, bei der Hickok einen Rivalen in einem Saloon erschießt, beschließt Crabb, erschrocken über die möglichen Auswirkungen einer derartigen Laufbahn, ein „anständiges" Leben zu führen. Er heiratet Olga, eine anspruchslose schwedische Einwanderin mit einfachem Gemüt, und wird Geschäftsmann. Aber auch bei diesem Versuch, ein bürgerliches Leben zu führen, scheitert er, weil die Firma infolge betrügerischer Machenschaften seines Partners bankrott geht. Kurz nach diesem Zusammenbruch begegnet er zum ersten Mal dem führenden Armeeoffizier George Armstrong Custer (dargestellt von Richard Mulligan), der ihm empfiehlt, sein Glück weiter im Westen zu suchen.
Zusammen mit seiner Frau und seinen übriggebliebenen Habseligkeiten macht sich Crabb auf die Reise. Unterwegs wird Olga nach einem Überfall von Indianern entführt. Auf der Suche nach ihr kommt er wiederum in Kontakt zu den Cheyennes, seinem „Großvater" Old Lodge Skins und den vormaligen Freunden. Er verbringt eine gewisse Zeit mit ihnen, schließt sich dann aber als „Eselstreiber" und Scout der Armee unter General Custer an, in der Hoffnung, so seine Frau eher wiederzufinden.
Als er Zeuge eines brutalen Massakers der US-Kavallerie an Cheyenne-Indianern wird, bei dem er den Tod von *Shadow that comes inside* (der ihn einst aufgegriffen und zu den Cheyennes gebracht hat) miterleben muss, aber gleichzeitig auch zum Retter von dessen Tochter *Sunshine* wird, die in einem Versteck während des Massakers ein Kind gebiert, bleibt er zunächst wieder bei den *Menschenwesen*. Die verwitwete *Sunshine* wird nun seine Frau. Der Stamm zieht mit verschiedenen anderen Gruppen der Prärieindianer in ein Winterlager am Washita-River, dessen Gebiet ihnen von der US-Regierung als sicherer Zufluchtsort auf ewig zugesprochen wurde *(„solange Gras wächst, Wind weht und der Himmel blau ist")*. Hier stößt er zufällig erneut auf seine vormalige Ehefrau Olga, die ausgerechnet von seinem Lebensschuldner *Younger Bear* in dessen Tipi aufgenommen worden ist und sich zu einer ihren „neuen"

Mann beherrschenden Furie entwickelt hat. Angesichts dieser Entwicklung gibt er sich ihr gegenüber nicht zu erkennen.
Aufgrund des Männermangels nach den Verlusten des Stammes durch die Indianerkriege sieht sich Crabb auf die Bitten seiner indianischen Frau hin genötigt, auch deren drei Schwestern zu begatten, wie dies von seinem „Großvater“, dem inzwischen erblindeten *Old Lodge Skins,* aufgrund eines prophetischen Traums vorausgesagt worden ist. Allerdings ist das familiäre Glück im Kreise seines Stammes wieder nur von kurzer Dauer. Beim Massaker am Washita-River durch die 7. Kavallerie unter General Custer werden die meisten Bewohner des Lagers, darunter auch *Sunshine* und deren neugeborenes Kind, ermordet. Crabb kann lediglich den alten blinden Häuptling in Sicherheit bringen.
Daraufhin kehrt Crabb zur Armee zurück mit dem festen Vorsatz, sich für die Ermordung seiner indianischen Frau an General Custer zu rächen. Beim Versuch, Custer während der Abendtoilette zu ermorden, scheitert er jedoch kläglich. Custer demütigt ihn noch, indem er ihn der Lächerlichkeit preisgibt, weil er ihn noch nicht einmal hinrichten lassen will. Angesichts dieser Ehrverletzung wird Crabb zum Säufer. In diesem Stadium, am Tiefpunkt seiner Existenz angekommen, begegnet er „Wild Bill“ Hickok wieder und wird Zeuge, wie dieser aus einem Hinterhalt von einem jungen Mann ermordet wird, dessen Familie Hickok einst zum Opfer gefallen ist. Als er dann Hickoks letzte Botschaft an eine Hure im ortsansässigen Bordell überbringt, stellt sich heraus, dass es sich bei der fraglichen Prostituierten um die inzwischen verwitwete Mrs. Pendrake handelt, die – peinlich berührt – ihren vormaligen Adoptivsohn wiedererkennt.
Nach all diesen wechselhaften und desillusionierenden Erlebnissen beschließt Crabb einen erneuten Wandel seines Lebens. Er zieht sich als Trapper und Einsiedler in die Einsamkeit der Wildnis zurück. Die Verzweiflung über die vermeintliche Sinnlosigkeit seines Daseins treibt ihn schließlich in die Nähe des Wahnsinns. Doch just in diesem Moment, kurz vor dem Selbstmord, stößt er abermals auf die gegen die Indianer vorrückende Truppe von General Custer und er ist entschlossener denn je, dem verantwortlichen Mörder seiner indianischen Angehörigen den Garaus zu machen. Es gelingt ihm ein weiteres Mal, bei Custer anzuheuern, der meint, in Crabb bei der endgültigen Niederwerfung der Indianer im Sinne eines sich selbst widersprechenden Ratgebers einen nützlichen Helfer zu haben.
In der Schlacht am Little Big Horn erlebt Crabb dann voller Genugtuung den letzten Sieg der amerikanischen Ureinwohner und das unrühmliche Ende des größenwahnsinnigen Generals. Crabb selbst wird von *Younger Bear* gerettet, der so seine Lebensschuld ihm gegenüber begleicht, und kehrt als einziger weißer Überlebender von „Custers Last Stand“ zu den Cheyennes zurück.

- ***Keine Gnade für Ulzana** (Originaltitel: Ulzana’s Raid, 1972) Regie Robert Aldrich

Deutschland-Premiere war am 16. März 1973 in der von Burt Lancaster erstellten europäischen Fassung, die 101 Minuten läuft. In den USA lief der Film dagegen in der von Robert Aldrich autorisierten Fassung mit einer Länge von 103 Minuten, dieselbe Fassung, die auch allen DVDs zugrunde liegt. Trotz ähnlicher Laufzeit enthielten beide Fassungen verschiedene Szenen, die nur jeweils in einer der beiden Versionen auftauchten. Der Westdeutsche Rundfunk strahlte am 7. September 1986 eine rekonstruierte (jedoch unautorisierte) Fassung aus (FSK für diese Fassung: ab 16), die alle Szenen aus den beiden Fassungen zusammenfügte und etwa 111 Minuten dauert.
Der Apache Ulzana vom Stamm der Chiricahua kann mit sieben Stammeskriegern sein Reservat in San Carlos verlassen. Mordend und plündernd vergelten die Indianer an den Siedlern in der Umgegend, was ihnen im Reservat angetan wurde. In Fort Lowell wird der unerfahrene Lieutenant De Buin beauftragt, mit einer Kavallerieeinheit die Apachen zu verfolgen und zu fangen. Ihm zur Seite stehen zwei Kundschafter: der erfahrene Scout McIntosh und der junge Apache Ke-Ni-Tay.
Auf ihrer Suche nach der entkommenen Gruppe finden die Soldaten eine Spur der Verwüstung vor. Farmen wurden zerstört, Siedler grausam getötet, Frauen vergewaltigt. Die beiden Scouts versuchen sich in die Gedankengänge von Ulzana hineinzuversetzen, um seinen nächsten Schritt vorauszusagen. De Buin soll damit auch vor überstürzten Aktionen zurückgehalten werden.
McIntosh tötet auf einem Erkundungsritt Ulzanas Sohn. Damit zieht er die Rachsucht des Indianers auf sich. Mit einer Eskorte will der alte Scout Ulzana ablenken und in einen Hinterhalt locken. Der Plan misslingt, es kommt zu einem schrecklichen Blutbad.
Die im Film genannte Apache-Reservation San Carlos existierte tatsächlich.
Die Chiricahua-Apachen waren für ihre auch im Film dargestellte Guerilla-Taktik bekannt und gefürchtet.
Der gezeigte Feldzug Ulzanas mit 10 Apachenkriegern hat tatsächlich stattgefunden (1885), in erster Linie, weil Ulzana seine von der US-Armee entführte Frau befreien wollte. Ulzana kehrte nach mehreren Monaten unverrichteter Dinge in die sogenannte „Apachenfestung" nach Mexiko zurück und ergab sich zusammen mit Geronimo 1886. Geronimo floh noch einmal, wogegen Ulzana mit dem Rest der in San Carlos lebenden Chiricahuas nach Florida verbannt wurde. Auf ihrem Feldzug tötete die Gruppe damals Dutzende Siedler und wurde von über 1000 Soldaten vergeblich gejagt.

- **Einer flog über das Kuckucksnest** (One flew over the Cuckoos' Nest, 1975)
  „Für Kritik am Gesellschaftssystem stand hier der freiheitssuchende Indianer 'Chief Bromden'" – Bungert, 210.
  Der wegen Gewalt- und Sexualdelikten straffällig gewordene 38-jährige Häftling Randle McMurphy täuscht eine psychiatrische Erkrankung vor, um dem Arbeitsdienst im Gefängnis zu entgehen. Zur Überprüfung seines Geisteszustandes verbringt man ihn in eine Nervenheilanstalt. McMurphy wird einer von 18 Insassen auf der von Oberschwester Ratched straff geführten Station und der neunte Teilnehmer an der ebenfalls von ihr geleiteten Gruppentherapie. In den Sitzungen geht Ratched in der Regel so vor, dass sie das Problem eines Patienten zur „Diskussion" stellt und dann reihum hartnäckig nach Antworten „bohrt". Teils überfordert sie die Betroffenen damit, teils stellt sie sie bloß, erzeugt Frust und Aggressionen untereinander, vertieft Ängste und befestigt so auch das Abhängigkeitsverhältnis ihr gegenüber.
  Vom ersten Moment an ist zu spüren, dass McMurphy hier „stört". Sein Freigeist gefährdet Ratcheds Autorität; ein „Zweikampf" zeichnet sich ab. Er hinterfragt die verordneten Medikamente und boykottiert heimlich deren Einnahme. Er animiert seine Mitinsassen zu Aktivitäten, die er selbst liebt – Basketball, Kartenspiele, Wetten. Zwar scheitert er daran, einen schweren Waschtisch aus der Verankerung zu reißen (womit er einen Weg nach draußen bahnen will, um in irgendeiner Bar die Baseballendspiele sehen zu können). Seine Haltung aber, es „wenigstens versucht" zu haben, hinterlässt Wirkung: am schnellsten bei dem naiv-ehrlichen, von Wutanfällen heimgesuchten Charlie Cheswick, sukzessive bei dem komplexbeladenen Stotterer Billy Bibbit und exemplarisch bei dem baumlangen, als taubstumm geltenden „Chief" Bromden. Der sich stets abseits haltende Native American solidarisiert sich erstmals mit McMurphy bei dessen zweitem Anlauf, die Fernseherlaubnis für die Baseballendspiele durchzusetzen, den Ratched erneut abschmettert, worauf McMurphy mit einer Phantasiereportage kontert, die die anderen zu Begeisterungsstürmen mitreißt, als würden sie das Spiel tatsächlich sehen. Kurz darauf wagt er noch mehr, als er die gelegentlichen „Ausflügler" unter ihnen zu einem Abenteuertrip entführt, für den er erst ihren Bus und dann sogar ein fremdes Schiff kapert, um nach einem halben Tag gemeinsamen Hochseeangelns mit kapitaler Beute heimzukehren.
  Die schwelenden Konflikte entladen sich immer bedrohlicher. In einer seiner Trotzattacken verlangt Cheswick die Herausgabe seiner konfiszierten Zigaretten; McMurphy holt sie ihm schließlich mit Gewalt, was in eine Schlägerei mit den Pflegern ausartet, in die auch Bromden eingreift. Ratched ordnet für die drei Delinquenten Elektroschocks an; zuvor votierte sie gegenüber den Ärzten für McMurphys Verbleib auf der Station. Der wiederum ist alarmiert, seit er weiß, dass man ihn auf unbestimmte Zeit hier festhalten kann, und fassungslos, als er erfährt, dass das Gros der Patienten Freiwillige sind. Er plant zu fliehen und ermutigt „Chief" Bromden mitzukommen, noch dazu, da der ihm anvertraut hat, seine Taubstummheit nur zu simulieren. In der fraglichen Nacht will McMurphy sich noch mit einer Party verabschieden. Zusammen mit zwei Frauen, Candy und Rose, schmuggelt er Alkohol ins Haus und besticht den Nachtwächter. Der junge Billy, zur Flucht noch nicht bereit, findet Gefallen an Candy, und McMurphy ermuntert ihn, mit ihr zu schlafen, was allerdings ihren Aufbruch entscheidend verzögert.
  Am nächsten Morgen findet Ratched die Station verwüstet vor, und die meisten Patienten schlafend auf dem Boden, unter ihnen McMurphy und Bromden. Zuletzt entdeckt sie Billy im Bett mit Candy. Als sie ihn vor allen zur Rede stellt, spricht er ohne Stottern, bis sie ihm ankündigt, seine Mutter über das Vorgefallene in Kenntnis zu setzen. Wenige Minuten später findet man ihn tot in einer Blutlache; er hat sich mit einer Scherbe die Kehle durchgeschnitten. Ratcheds Appell, ruhig zu bleiben und weiterzumachen wie bisher, lässt McMurphy durchdrehen; er versucht, sie zu erwürgen, bis ein Pfleger ihn ausknockt. Tage später bringt man ihn, nur bemerkt von „Chief" Bromden, mitten in der Nacht auf die Station zurück. Auf McMurphys Stirn sind die Narben einer Lobotomie zu erkennen, seine Persönlichkeit scheint ausgelöscht. Ein Kissen auf sein Gesicht pressend, erstickt Bromden ihn. Dann folgt er dem von McMurphy vorgezeichneten Weg, reißt den riesigen Waschtisch aus dem Boden, schleudert ihn durch ein vergittertes Fenster – und entschwindet in die Nacht.
- **Zwei Cheyenne auf dem Highway** (Originaltitel: *Powwow Highway*) ist ein Post-Western aus britischer Produktion, den Jonathan Wacks 1988 nach einer Geschichte von David Seals inszenierte. Deutschsprachige Erstaufführung war am 6. Juli 1989.
  Für den Stamm der Nördlichen Cheyenne in Lame Deer, Montana, ist der amerikanische Traum zu einem Albtraum geworden. Der aufbrausende Aktivist und Vietnamveteran Buddy Red Bow kämpft gegen gierige Bauunternehmer und deren Abgesandten, den aalglatten, alles in Grund und Boden redenden Sandy Youngblood, der die beschließende Versammlung des Reservats zu einer Zustimmung für einen Tagebau bringen möchte. Der immer heitere Philbert Bono ist ein Klotz von einem Mann, der sich von heiligen Visionen leiten lässt. Deshalb ist er auf der Suche nach den von heiligen Geistern für ihn gebrauten Medizin; um sich diese Reise leisten zu können, die ihn zum Krieger machen würde, handelt er mit Marihuana und Alkohol. Sein „Kriegspony" ist ein rostiger, verbeulter 1964er Buick Wildcat, den er „Beschützer" genannt hat. Als Bonnie, die dem Stamm entfremdete Schwester von Buddy, in Santa Fé

verhaftet wird, ist er der einzige, der ihr und ihren Kindern Jane und Sky helfen könnte. Da er kein Auto hat, überredet er Philbert, mit ihm auf die Reise zu gehen. Zunächst kann er mit den Gewohnheiten Philberts, seiner lockeren Art, seinen vielen Stopps zum Beten und Essen nicht viel anfangen; je länger die Reise währt, desto besser verstehen sich die beiden jedoch. Sie erleben ihre Fahrt und deren Schwierigkeiten als Reise zu sich selbst und als eine Auseinandersetzung mit ihrer Identität als Cheyenne im modernen Amerika. In Santa Fé treffen sie sich mit Bonnies Freundin Rabbit, mit der zusammen sie Bonnie aus dem Gefängnis holen möchten.

- ***Der mit dem Wolf tanzt** (Originaltitel: *Dances with Wolves*, kurz für *He who Dances with Wolves*, deutsch „Der mit Wölfen tanzt"), USA 1990. Regie: Kevin Costner

Der Film erzählt von einem Offizier der Union, der sich während des Amerikanischen Bürgerkrieges auf einen Posten im Grenzland versetzen lässt, wo er Freundschaft mit Sioux-Indianern schließt, deren Leben und Kultur kennenlernt und in ihr Volk aufgenommen wird.

Von dem Film existieren zwei Schnittfassungen: eine gut dreistündige Fassung, die für die Kinoauswertung in den Vereinigten Staaten bestimmt war, und eine knapp vierstündige Fassung, die im Ausland vertrieben werden sollte.

Die Rollen der amerikanischen Ureinwohner sind ausschließlich mit indianischen Darstellern besetzt; die Dialoge werden über weite Strecken hinweg in der Lakota-Sprache geführt. Diese Brüche mit den Gepflogenheiten des Hollywoodkinos sowie die weitgehend klischeefreie und sympathiebekundende Darstellung des Indianerlebens fanden bei der Kritik besondere Anerkennung. Einige Kritiker beanstandeten jedoch, dass der Film mit seiner Abkehr von den alten Stereotypen immer noch nicht weit genug gehe. Kritik wurde dabei gerade auch von den Pawnee geäußert, die sich wieder einmal als Aggressoren dargestellt sahen.

Nach Heike Bungert: Die Indianer. Geschichte der indigenen Nationen in den USA, S. 219 „zeigt der Film nach wie vor ‚böse' (Pawnees) gegen ‚gute' (Lakota) Indianer, die Euroamerikanern halfen, und das Stereotyp des edlen, aussterbenden Wilden in einer heroischen Zeit, zudem war der Protagonist wieder ein Euroamerikaner".

- **Die Rache des Wolfes** (Originaltitel: *Clearcut*) ist ein kanadischer Film aus dem Jahr 1991. Die Literaturverfilmung basiert auf dem Roman *A Dream Like Mine* des kanadischen Schriftstellers M. T. Kelly von 1987. Regisseur Ryszard Bugajski stellt die Problematik der industriellen Waldabholzung („Kahlschlag", engl. *Clearcutting*) in Kanada dar und zeigt die damit verbundene Zerstörung des natürlichen Lebensraums indianischer Waldbewohner. Der Film hatte in den USA am 21. August 1991 Premiere, in Deutschland am 9. Juli 1992.

In den waldreichen Gebieten im Norden Kanadas wird der Wald seit Jahren rücksichtslos gerodet. Damit zerstören die verantwortlichen Papier-Großunternehmen den Lebensraum der Indianer, die sich nun wehren wollen. Peter Maguire, ein unerfahrener Anwalt, soll die Ureinwohner in einem Gerichtsprozess vertreten. Um sich ein richtiges Bild machen zu können, lässt sich Maguire mit einem Charterflugzeug in das Waldgebiet seiner Klienten bringen. Nachdem er sich beinahe verläuft, gerät er auch gleich zwischen die Fronten der Holzfäller und der Indianer, die von Umweltaktivisten unterstützt werden. Auch die Medien haben ihre Vertreter vor Ort und so nimmt die Reporterin Louise Maguire mit bis zur Papierfabrik, wo das geschlagene Holz größtenteils verarbeitet wird. Hier trifft er auf den gegnerischen Anwalt und dessen kompromisslosen Auftraggeber Bud Rickets, der ihm klarmacht, keine Chance gegen ihn zu haben. Maguire lässt sich durch den einflussreichen Unternehmer einschüchtern und hat wenig Vertrauen auf einen Sieg, was er dem Indianerhäuptling Wilf so weitergibt. Doch dieser muntert ihn auf und bringt ihm das Leben seines Stammes näher. In dem heute relativ modern gestalteten Reservatsleben, in denen auch die Indianer in Häusern leben und Autos fahren, spielen ihre traditionellen Riten eine große Rolle. Maguire ist eingeladen an einer Reinigungszeremonie teilzunehmen. Wilf hält ihn dazu an, in sich zu gehen, um zu spüren, was seine Seele wirklich wolle. Dem entgegen steht das Stammesmitglied Arthur, dem Verhandlungen und Prozesse keine ausreichenden Mittel sind, um die Rechte der Indianer durchzusetzen. Bevor es jedoch zum Gerichtstermin kommt, wird Maguire zusammen mit Bud Rickets von Arthur entführt. Maguire ist entsetzt, dass Arthur ihn, der den Indianern doch helfen will genauso behandelt wie Rickets. Vergeblich versucht er den Indianer davon zu überzeugen, dass dies nicht der richtige Weg ist Gerechtigkeit für seinen Stamm zu erlangen. Doch dieser zieht unbeirrt mit den beiden weit in das Land und in die Wildnis. Hier will er den „Weißen" zeigen, was sie der Natur angetan haben und dass die Zivilisation, die sie den Indianern bringen wollen, nichts wert ist.

Maguire beginnt an den Indianern und ihrer Art der Selbstgerechtheit zu zweifeln, denn Arthur geht in seinem Zorn gegen das Abholzen der Bäume so weit, dass er Rickets Bein verstümmelt und die Polizisten kaltblütig erschießt, die zu ihrer Befreiung eingetroffen sind. Arthur bringt seine Geiseln zu einem heiligen Berg der Indianer, wo er ein weiteres Reinigungsritual für sie vorbereitet. Maguire denkt ernsthaft daran Arthur zu töten um diesen „Alptraum" zu beenden, bringt es aber nicht fertig. Die weiteren

Torturen, die er und Rickets erleiden müssen bringen den vormals so friedlichen Anwalt dazu, sich Arthur entgegenzustellen und mit ihm zu kämpfen. Nachdem Arthur verliert, zieht dieser sich wortlos zurück und lässt seine Geiseln allein. Maguire bringt den verletzten Rickets in die „Zivilisation" zurück, wo sie schon von der Polizei erwartet werden.

- **Halbblut** (Originaltitel: *Thunderheart*) ist ein US-amerikanischer Thriller von Michael Apted aus dem Jahr 1992.

Leo Fast Elk, ein Mitglied des Stammesrates eines Indianerreservats in South Dakota, wird ermordet. Das FBI beauftragt Agent Ray Levoi mit den Ermittlungen. Dieser wird ausgewählt, weil er ein Sioux-Mischling ist, was bei den Ermittlungen hilfreich sein könnte, wenn die Bewohner des Reservats befragt werden. Ray ist beunruhigt, da er sich von seinem kulturellen Erbe distanziert und kein Lakota spricht. Ray arbeitet mit dem erfahrenen Agenten Frank „Cooch" Coutelle zusammen, der die Liste der Verdächtigen auf Maggie Adler-Bär, eine friedliche politische Aktivistin und Lehrerin der amerikanischen Ureinwohner, und Jimmy Sieht Zweimal, Anführer der radikalen Bewegung für die Rechte der Ureinwohner (ARM), eingegrenzt hat.

Ray und Frank treffen am Tatort auf den Stammespolizisten Walter Crow Horse. Walter widersetzt sich ihren Forderungen nach Zuständigkeit, da er der Regierung generell misstraut, und Ray und Frank bitten ihn, ihre Ermittlungen nicht zu behindern. Frank hat bereits herausgefunden, dass Jimmy Sieht Zweimal der Hauptverdächtige ist, und arbeitet mit dem Stammesratsvorsitzenden Jack Milton zusammen, um ihn zu fassen. Jack hat eine inoffizielle Miliz angeheuert, um das Reservat vor Jimmy und den ARM zu schützen, die sich den Bemühungen des Stammesrats zur Modernisierung des Reservats widersetzen. Jimmy wird erfolgreich gefasst und in Gewahrsam genommen, entkommt aber nach einem Schusswechsel mit dem FBI und der Stammespolizei. Als Walter ihm mitteilt, dass der Mord auf Maggies Grundstück stattgefunden hat, geht Ray los, um Beweise zu sammeln und findet Patronenhülsen, wird aber von Maggie aufgefordert, das Reservat zu verlassen. Ray wird von den Einheimischen zunächst verspottet und verhöhnt (er wird als „Washingtoner Rothaut" bezeichnet), aber der Stammesälteste Grandpa Sam Reaches erklärt ihm, dass er von starkem indianischem Blut abstamme. Ray kehrt zu Maggie zurück, um ihre Großmutter zu befragen, und lobt sie für ihren Aktivismus. Während eines weiteren Besuches von Ray tauchen unerwartet Männer von Jacks Miliz auf, die sofort das Feuer eröffnen. Dadurch wird Maggies Sohn in den Arm geschossen. Ray fährt Maggie und ihren Sohn ins Krankenhaus und gerät bei ihrer Ankunft in einen Kampf mit Jacks Männern, die behaupten, der Schuss sei von der ARM abgegeben worden. Nachdem er Zeuge der erschütternden Bedingungen und der Gewalt von Miltons regierungsfreundlicher Fraktion im Reservat geworden ist, wird Ray allmählich für die Probleme der amerikanischen Ureinwohner sensibilisiert. Obwohl Frank überzeugt ist, dass Jimmy den Mord begangen hat, erzählt Walter Ray, dass der Mörder schwerer war als Jimmy und außerdem Leos Auto gestohlen hat, mit dem die Leiche von Maggies Grundstück zur Müllhalde gebracht wurde. Leos Auto wird immer noch vermisst, aber Frank verwirft die Spur und fordert Ray auf, sich auf die Suche nach Jimmy zu konzentrieren, statt mit Walter zu sprechen. Ray trifft sich trotz Franks Anweisung weiter mit Walter und Grandpa Sam Reaches und beginnt seine eigenen Ermittlungen inoffiziell. Leos Auto wird mit einer großen Jacke im Kofferraum gefunden, was Walters Behauptung stützt, dass der Mörder größer war als Jimmy. Ray nimmt heimlich einen Tombola-Losabschnitt aus der Jackentasche und bringt ihn zu Maggie, die die Tombola organisiert hat, um zu sehen, ob sie den Besitzer identifizieren kann. Maggie teilt Ray mit, dass sie besorgt ist, dass das Wasser im Reservat verseucht sein könnte, und dankt ihm für seine Hilfe mit ihrem Sohn. Ray sucht erneut Sam Reaches auf, wo er auf Jimmy trifft, von dessen Unschuld er mittlerweile überzeugt ist. Ray fordert Jimmy auf, schnell zu verschwinden, da das FBI ihn sonst töten würde. Doch es ist zu spät und Jimmy wird von Frank und den anderen FBI-Agenten, die für die Fahndung hinzugezogen wurden, festgenommen. Sehr zu Franks Ärger vermutet Ray eine Verschwörung im Zusammenhang mit dem Reservat und dem Mord an Leo. Nachdem Jimmy verhaftet wurde, gleicht Maggie den Ticketabriss mit dem von Ray ab. Das Ticket wurde von Richard Yellow Hawk gekauft, einem an den Rollstuhl gefesselten Sträfling im Reservat. Ray besucht Richard, der zugibt, Leo getötet zu haben, nachdem Ray ihn aufgefordert hat, aus seinem Rollstuhl aufzustehen, was er auch tut. Richard bestätigt, dass Frank und andere FBI-Agenten ihn im Gefängnis besucht und ihm angeboten haben, seine Strafe zu verringern, wenn er ihnen einen Gefallen tue. Richard schürte die Spannungen zwischen dem ARM und dem Stammesrat und wurde von Frank mit der Drohung, ins Gefängnis zurück zu müssen, erpresst.

Nachdem sie von Grandpa Reaches den Auftrag erhalten haben, „die Quelle" zu finden, fahren Ray und Walter zum Red Deer Table, einem Ort, den Leo vor seinem Tod untersuchte. Ray erzählt Walter von einem Traum, in dem er vom Massaker von Wounded Knee träumte, bei dem er mit anderen amerikanischen Ureinwohnern vor US-Soldaten floh. Walter erklärt, dass Ray keinen Traum, sondern eine Vision hatte und dass Ray "Thunderheart" sei, ein indianischer Held, der bei Wounded Knee getötet wurde und nun wiedergeboren sei, um die Indianer von ihren derzeitigen Problemen zu befreien. Nach ihrer Ankunft am Red Deer Table stellt sich heraus, dass die Regierung im Reservat Uranabbau betreiben will. Der Abbau verschmutzt die Wasserversorgung und heizt dadurch den blutigen Konflikt zwischen den regierungsfeindlichen ARM des Reservats und Miltons Männern an. Obwohl das Land nicht Milton gehört, erhält er Schmiergelder aus den Pachtverträgen. Ray und Crow Horse entdecken Maggies Leiche auf dem Gelände. Ray eilt zurück zu Richard, findet ihn aber tot in seinem Rollstuhl vor, die Pulsadern aufgeschnitten, um seinen Tod wie einen Selbstmord aussehen zu lassen.

- ***Lakota Moon,** Regie Christopher Cain, 1992

Der Wilde Westen um 1820. Über dem Tal der Sioux-Indianer hat sich eine düstere Wolke aus Trauer und Zorn zusammengebraut, denn ein zwölfjähriger Junge wurde ermordet. Die Schmach, ihrem Freund nicht geholfen zu haben, sitzt tief. Heimlich brechen die halbwüchsigen Indianer auf, um die Mörder zu finden. Zur gleichen Zeit beschließt auch der Ältestenrat des Stammes, Kills First und seinen Bruder Smoke loszuschicken, um das Verbrechen zu sühnen.
Während die Krieger unterwegs sind, kommt der erste weiße Händler den Fluß hinauf, um Waren gegen Biberpelze zu tauschen. Bull Elk, der Stammeshäuptling, tauscht seine älteste Ehefrau gegen ein Gewehr. Ein höchst fataler Handel. Als der erste Weiße bei den Sioux aufkreuzt, ändert das ihr Leben.
Regisseur Christopher Cain drehte einen engagierten Film über das Eindringen der weißen Zivilisation in das Leben der Indianer und zeigt mit beeindruckenden Bildern die mystische Welt der amerikanischen Ureinwohner. Dabei setzt Cain vornehmlich auf indianische Darsteller wie etwa Rodney A. Grant, der in „Der mit dem Wolf tanzt" den Krieger „Wind in seinem Haar" spielte oder August Schellenberg, der schon eine Hauptrolle in „Black Robe" hatte.

- ***Geronimo – Eine Legende** (*Geronimo: An American Legend*) 1993
Regie: Walter Hill –Besetzung: Jason Patric, Gene Hackman, Robert Duvall, Wes Studi, Matt Damon, Kevin Tighe, Stephen McHattie, Scott Wilson.

Der Film, beschrieben aus der Perspektive eines jungen, als Erzähler fungierenden Soldaten, der an die „Front" versetzt wird, und der mit Hilfe eines erfahrenen Leutnants lernt, die sich einfach als *Nde, Ne, Néndé, Héndé, Hen-de* („das Volk") bezeichnenden Chiricahua Apache und ihre Kultur zu respektieren, beginnt mit den Ereignissen kurz vor der ersten Kapitulation Geronimos im Jahr 1884. Die meisten Chiricahua sind gezwungen, sich in dem ihnen zugewiesenen San-Carlos-Indianerreservat bei den als Scouts der US-Armee dienenden Westlichen Apache niederzulassen, wo sie auf die karge Unterstützung der US-Regierung angewiesen sind und es um die wenigen Ressourcen immer wieder zu Spannungen mit den verfeindeten Apache-Stämmen kommt. Einige Chiricahua, wie Geronimo, sehnen sich nach dem alten Leben in Freiheit und Unabhängigkeit und können sich nicht an das Leben als Landwirte gewöhnen. Nachdem die von Chefscout Al Sieber geleitete Einheit einen als Bedrohung empfundenen Medizinmann der Cibecue Apache getötet hat, bricht eine Revolte los. Nach einem heftigen Tiswin-Gelage brechen die Häuptlinge Nana und Chihuahua, hierunter Naiche und Mangas, die Söhne der berühmten Häuptlinge Cochise und Mangas Coloradas, und Geronimo zusammen mit 92 Frauen und Kindern, 8 Jungen und 30 Kriegern zum letzten Mal aus dem Reservat aus. General George Crook, den Apache zunächst wohlgesinnt, lässt drei indianische Kundschafter unter dem Vorwurf des Verrats exekutieren. Die Chiricahua-Krieger führen darauf einen letztlich aussichtslosen neuerlichen Guerillakrieg im ganzen Winter 1885/1886 gegen die mit 20 Einheiten Kavallerie, insgesamt mehr als 3.000 Soldaten, und mehr als 200 indianischen Scouts, zahlenmäßig total überlegene US Army in der Sierra Madre beiderseits der US-mexikanischen Grenze. Auf mexikanischer Seite schlossen sich den Einheiten Crooks zudem die mexikanische Armee und deren indianische Scouts an. Im März 1886 ließ sich Geronimo zu einem Treffen mit Crook einige Kilometer südlich der Grenze überreden. Crook und Geronimo verhandelten zwei Tage lang und wieder erklärte sich Geronimo bereit, in die Reservation zurückzukehren. Aber bei Nacht und Regen besann er sich eines Besseren und machte sich erneut aus dem Staub, mit ihm flohen 20 Krieger und 18 Frauen und Kinder. Crook wurde schon seit einiger Zeit von der Presse angegriffen, er sei zu human gegenüber den Apachen. Als auch sein Vorgesetzter, General Philip Sheridan, ihn dafür rügte, trat Crook von seinem Kommando zurück. Sein Nachfolger wurde General Nelson A. Miles.
Für die Jagd auf Geronimo entließ Miles sofort alle Apache-Scouts, denen er zutiefst misstraute, und stellte sogar eine Truppe von 5.000 Mann zusammen, zudem ließ er auf den Bergen 30 Spiegel-Telegrafen errichten. Als sich die Chiricahua diesem Massenaufgebot an Menschenjägern immer wieder geschickt entzogen und ihre Beutezüge nach Belieben fortsetzten, verbreitete sich panische Angst unter den Bewohnern der Region. Im Juli 1886 legte Geronimo mitten in der Sierra Madre eine Ruhepause ein und hatte keinen einzigen Mann verloren. Ende August war er endlich bereit, mit General Miles zu sprechen. Am 4. September 1886 kapitulierte Geronimo und am darauffolgenden Tag auch Nana; alle Chiricahua – hierunter neben den einst feindlichen, auch die Mehrheit des Stammes, der im Reservat verblieben war und sogar die treuen Chiricahua-Scouts der US-Army – wurden als Kriegsgefangene in Eisenbahnwaggons nach Florida und Alabama deportiert.

- ***Geronimo - Die Blutrache des Geronimo** USA 1993. Regie: Roger Young

Kurz vor dem ehrenden Empfang durch Präsident Roosevelt im Washington des Jahres 1905 blickt der berühmt und versöhnlich gewordene Indianerheld Geronimo auf Stationen seiner jahrzehntelangen

Abwehrkämpfe gegen mexikanisches Militär und skrupellose Skalpjäger zurück. Als Apachenkrieger zog er mit seinen Stammesbrüdern gegen die Mexikaner und siegte unerwartet. Bis zum Ende kämpfte er einen Guerillakampf gegen die amerikanische Armee und wurde ein Symbol des Widerstands und wichtiger Bestandteil der amerikanischen Geschichte.

- **Tanz mit einem Mörder** (Originaltitel: *Dance Me Outside*) ist ein kanadischer Film des Regisseurs Bruce McDonald aus dem Jahr 1994. Das Drama nach dem gleichnamigen Buch von William Patrick Kinsella dreht sich um das Leben junger Indianer im Reservat.

Die Freunde Silas und Frank leben in einem Indianerreservat und interessieren sich für eine Lehrstelle als Automechaniker, sind aber bei ihren Bewerbungen unschlüssig und vertun ihre Zeit. Abwechslung in ihr Leben bringt der Besuch von Silas' Schwester Illianna und deren weißem Mann Robert, mit dem sie Späße treiben. Als Gooch, Illiannas früherer Freund, aus dem Gefängnis entlassen wird, kommt Spannung auf. Diese droht sich gewaltsam zu entladen, als Silas, Frank und Gooch zusammen mit weiteren Freunden aus dem Reservat bei einem Fest am Wochenende mit weißen Rassisten aneinandergeraten. Mit Silas' Lebenswandel unzufrieden trennt sich daraufhin seine Freundin Sadie von ihm. Nach dem Fest wird das Mädchen Little Margaret ermordet aufgefunden und der weiße Rassist Clarence dafür wegen Totschlags zu nur zwei Jahren Haft verurteilt. Sadie setzt sich mit anderen auf rechtlichem Weg für eine stärkere Bestrafung von Clarence ein. Als Clarence jedoch sogar schon nach einem Jahr entlassen wird, wollen Silas und Frank zusammen mit anderen Blutrache verüben, werden aber von ihren Freundinnen auf subtile Weise davon abgehalten. Um eine lange Haftstrafe für ihre Freunde zu verhindern, töten diese Clarence selbst. Die Polizei, die nur männliche Indianer verdächtigt, kann daher niemandem den Mord nachweisen. Silas, der wieder mit Sadie versöhnt ist, und Frank können eine Lehre als Mechaniker beginnen.

Dem Film liegt das gleichnamige Buch (*Dance Me Outside*, Kurzgeschichten, 1977) von W. P. Kinsella zugrunde. Gedreht wurde in First Nations Reserves bei Parry Sound, Kanada. Die Uraufführung war am 9. September 1994 beim Toronto International Film Festival. Als Ableger des Films entstand anschließend die Fernsehserie *The Rez*. Am 10. April 2006 erschien der Film unter dem Titel *Dance Me Outside* in Deutschland auf DVD.

- **Jonathan und der Bär** - Italien, Russland 1994. Regie: Enzo G. Castellari - Darsteller: Franco Nero, John Saxon, Floyd "Red Crow" Westermann

Die Familie des jungen Jonathan Kowalski wird von einer Verbrecherbande kaltblütig ermordet. Jonathan entgeht dem Blutbad, indem er sich in einer Bärenhöhle versteckt. Dort trifft er auf einen Bärenjungen, der ebenfalls Waise ist. Zusammen wachsen Bär und Mensch auf, bis Jonathan von einem Indianerstamm aufgenommen und vom Häuptling wie ein eigener Sohn erzogen wird. Obwohl er sich im Stamm behaupten und die Liebe der schönen Indianerin Shaya gewinnen kann, quält ihn zunehmend das ungesühnte Verbrechen an seiner Familie. Als dann der reiche Ölmagnat Fred Goodwin den Indianerstamm von seinem Land vertreiben will, nimmt Jonathan den Kampf gegen die bewaffnete Meuchelmörderbande auf.

- **Tecumseh - The Last Warrior.** Fernsehfilm, USA, 1995. Regie: Larry Elikann

Zu einer Zeit, als sein Volk durch weiße Kolonialisten von der Ausrottung bedroht ist, wird dem Häuptling des Shawnee-Stammes in einer Sternschnuppennacht ein Sohn geboren: Tecumseh. Der Junge wächst zum tapferen und seherisch begabten Krieger heran. Die Shawnee kämpfen unter Tecumsehs Führung an der Seite der Engländer gegen die Amerikaner, werden jedoch von den Weißen, ob Freund oder Feind, nur betrogen. Bevor auch Tecumseh den Märtyrertod stirbt, gelingt es ihm jedoch, die Stämme gegen die Weißen zu vereinen.

- ***Crazy Horse** USA 1996 Fernsehfilm, Regie: John Irvin

Die Geschichte des Indianerführers Crazy Horse, der die Lakota-Indianer im Kampf gegen die Enteignungs- und Umsiedlungspolitik der Weißen führte und einte. Er war maßgeblich am Sieg der Indianer gegen die Armee von General Custer am Little Big Horn beteiligt, stellte seinen Widerstand jedoch ein, als die Lebensgrundlagen für sein Volk unhaltbar wurden. Er begab sich in freiwillige Gefangenschaft und wurde bei einem Fluchtversuch getötet.

Nachdem sein Onkel Red Cloud (Wes Studi) in den Ruhestand geht, übernimmt Crazy Horse (Michael Greyeyes) als Häuptling die Führung des Stammes der Oglalas. Es sind schwierige Zeiten für sein Volk, denn der weiße Mann will alle Stämme enteignen und umsiedeln. Doch Crazy Horse widersetzt sich. Ihm gelingt es, alle Stämme der Lakota-Indianer zu einen und gemeinsam in den Kampf zu führen. Bei der berühmten Schlacht am Little Big Horn besiegt er die Armee des berühmten General Custer (Peter Horton). Doch danach muss Crazy Horse erkennen, dass damit das Überleben seines Volkes noch lange nicht gesichert ist. Er entscheidet sich zu einem riskanten Manöver...

- ***Begrabt mein Herz an der Biegung des Flusses** (Originaltitel: Bury My Heart At Wounded Knee) USA 2007 Regie: Yves Simoneau

Nach der Eskalation der Kämpfe zwischen amerikanischen Ureinwohnern und der Armee wird Senator Henry Dawes 1876 mit der Umsetzung eines Programms beauftragt, das die Ureinwohner in die Gesellschaft integrieren soll, sie zugleich aber zur Aufgabe ihrer Traditionen zwingt. Das weckt den Widerstand von Häuptlingen wie Sitting Bull, die aber schließlich aufgeben und in Reservaten ein erbärmliches Leben fristen müssen. Fürsprecher der Indianer bemühen sich um eine Verbesserung der Zustände, werden jedoch immer wieder mit der Gleichgültigkeit der weißen Staatsvertreter konfrontiert. Umfassender, spannungsreicher Historienfilm ohne Schwarz-Weiß-Zeichnungen. Sorgfältig inszeniert und mit ausgezeichneten Darstellern entsteht ein differenziertes Abbild des Unrechts an den amerikanischen Ureinwohnern.

Obwohl die US-Armee unter General Custer in den 1880er-Jahren in der Schlacht am Little Bighorn zurückgeschlagen wurde, verfolgt die Regierung weiter den Plan, die Minneconjou-Lakota-Sioux-Indianer bei Wounded Knee in South Dakota von deren Land zu vertreiben. Während Häuptling Sitting Bull (August Schellenberg) dem wachsenden Druck nicht nachgeben will, ist Senator Henry Dawes (Aidan Quinn) um Rechte für den Schutz der Indianer bemüht. Auch Lehrerin Elaine Goodale (Anna Paquin) will das Leben der Sioux verbessern. Doch schließlich ist der Widerstand der Sioux gebrochen, als die US-Soldaten am 29. Dezember 1890 in einem blutigen Massaker Männer, Frauen und Kinder töten.

- **Wir bleiben bestehen! Die Vision des Häuptlings Tecumseh.** Dokumentation mit Spielszenen, USA, 2009 (Regie: Chris Eyre, Ric Burns)

  Tecumseh (eigentlich *Tecumtha* oder *Tikamthi* ‚Der sich duckende Berglöwe'; * 1768 in Ohio; † 5. Oktober 1813 in Moraviantown, Ontario) war ein bekannter politischer und militärischer Führer der nordamerikanischen Indianer vom Stamm der Shawnee, der schon zu Lebzeiten ein sehr hohes Ansehen unter seinen Mitmenschen genoss und noch heute eine breite Rezeption erfährt. Sein ganzes Leben lang verfolgte er den Traum, eine große indianische Allianz zu bilden, die stark genug wäre, den weißen Siedlern die Stirn zu bieten und sie so zum Frieden zwingen zu können.

- **Our Spirits Don't Speak English.** Dokumentarfilm, USA 2008 (Regie: Chip Richie)
- ***Einsam bin ich, nicht allein,** USA 2013

  Regie: Ray Bengston, George D. Escobar - Darsteller: Kelly Greyson, Natalie Racoosin, Jenn Gotson

  Eine deutsche Auswandererfamilie wagt den Neuanfang in Amerika. Zuerst sieht alles gut aus, doch dann wendet sich das Blatt, als sie von feindseligen Indianerstämmen überfallen und die beiden Töchter entführt und verschleppt werden. Anfangs gelingt es den Mädchen noch, zusammen zu bleiben und sich gegenseitig zu ermutigen. Dabei sind ihnen die Worte des Glaubensliedes ‚Einsam bin ich, nicht allein', die ihnen schon früh von ihren Eltern mit auf den Weg gegeben wurden, ein beständiger Trost. Doch dann werden sie getrennt - und ihr Gottvertrauen damit auf eine harte Probe gestellt. Werden die Schwestern sich und ihre Familie jemals wiedersehen? Nach einer wahren Geschichte.

- **Feinde – Hostiles** (Originaltitel *Hostiles*) Regie von Scott Cooper, 2017 entstandenes geschichtskritisches Westerndrama.

  Das Ende des 19. Jahrhunderts spielende düstere Filmepos zeigt die von unvorstellbarer Gewalt geprägte Feindschaft zwischen den weißen Besatzern des nordamerikanischen Westens und den Ureinwohnern sowie die allmähliche Annäherung der Todfeinde anhand der Figur des berüchtigten US-Army Captains und seines Erzfeindes, einem Cheyenne-Häuptling. Der Film feierte am 2. September 2017 beim Telluride Film Festival seine Premiere und wurde anschließend im Rahmen des Toronto International Film Festivals gezeigt, bevor er Anfang 2018 landesweit in die US-amerikanischen Kinos kam. Filmstart in Deutschland war der 31. Mai 2018.

  Sommer 1892 im New-Mexico-Territorium. Der U.S.-Army-Captain Joseph „Joe“ J. Blocker wird damit beauftragt, mit vier Soldaten den seit sieben Jahren inhaftierten, krebskranken Cheyenne-Häuptling Yellow Hawk und vier Familienmitglieder in das heilige Stammesgebiet *Valley of the Bears* in Montana zu geleiten, damit der Häuptling im Land seiner Vorväter sterben kann. Nach vielen Jahren in den Indianerkriegen begegnen sich die beiden Männer zunächst mit Misstrauen und tiefer Abneigung, beide halten den jeweils anderen für einen brutalen Schlächter. Auf dem Weg entdeckt der Trupp die verstörte Rosalee Quaid in ihrem abgebrannten Farmhaus. Ihr Mann Wesley und ihre drei kleinen Kinder wurden von Komantschen ermordet. Sie schließt sich dem Treck an. Blocker und Yellow Hawk, die einst erbitterte Gegner waren, müssen lernen, einander zu vertrauen. Deshalb bilden sie nach einem Überfall durch Komantschen eine Zweckgemeinschaft, um den Gefahren ihrer weiteren Reise zu trotzen und sich gegen Angreifer zur Wehr zu setzen. Bei einem Zwischenstopp in Fort Winslow nimmt Blocker außerdem den Kriminellen Charles Wills mit, der zu seiner Gerichtsverhandlung überführt werden soll. Bei Wills' Fluchtversuch sterben zwei Soldaten, darunter Sergeant Thomas Metz, einer von Blockers ältesten Freunden.

Letztlich gelingt es den verbleibenden Männern und Frauen, das Valley of the Bears zu erreichen. Blocker und Yellow Hawk schließen in gegenseitigem Respekt ihren Frieden miteinander; kurz darauf stirbt der Häuptling. An der heiligen Stätte wird die Trauergesellschaft von dem weißen Siedler Cyrus Lounde und seinen drei Söhnen gestört, die das Cheyenne-Land für sich beanspruchen. Der Konflikt eskaliert und bis auf Joe Blocker, Rosalee Quaid und Little Bear, den Enkel von Yellow Hawk, kommen alle ums Leben. Der Film schließt mit einer Abschiedsszene am Bahnhof. Rosalee verlässt mit Little Bear den Wilden Westen und verabschiedet sich unter Tränen vom inzwischen pensionierten und zivil gekleideten Blocker. Dieser ändert im letzten Augenblick seine Meinung und besteigt doch noch den Schlusswagen des bereits langsam davonrollenden Zuges.
Regie führte Scott Cooper, der von einer Idee des 1999 verstorbenen Donald Stewart ausgehend auch das Drehbuch zum Film schrieb. Die Filmmusik wurde von Max Richter komponiert. Die Aufnahme entstand gemeinsam mit dem US-amerikanischen Country-Singer-Songwriter und Oscarpreisträger Ryan Bingham, der den Song *How Shall a Sparrow Fly* beisteuerte und auch im Film mitwirkt. Bingham hatte zu dem Film *Crazy Heart* aus dem Jahr 2009 gemeinsam mit T-Bone Burnett den Song *The Weary Kind for Cooper's* beigesteuert, der im Rahmen der Oscar-Verleihung, der Verleihung der Golden Globe und der Grammy Awards ausgezeichnet wurde. Ende Dezember 2017 veröffentlichte die Deutsche Grammophon *How Shall a Sparrow Fly*. Dieser Song ist auch auf dem Soundtrack enthalten, der insgesamt 19 Musikstücke umfasst und am 9. Februar 2018 von der Deutschen Grammophon auf CD veröffentlicht wurde. Als Download wurde der Soundtrack einige Wochen früher veröffentlicht. Die Dreharbeiten fanden von Ende Juli 2016 bis Ende September 2016 in New Mexico, Arizona und Colorado statt.
Der Film feierte am 2. September 2017 beim Telluride Film Festival seine Premiere und wurde ab 11. September 2017 im Rahmen des Toronto International Film Festivals gezeigt. Im Oktober und November 2017 wurde der Film im Rahmen des offiziellen Wettbewerbs beim Festa del Cinema di Roma vorgestellt. Am 26. Januar 2018 kam *Hostiles* landesweit in die US-amerikanischen Kinos und startete am 31. Mai 2018 in Deutschland.

Kanada

- ****Wo ich zuhause bin (Where the Spirit Lives)** Kanada, 1989
  Regie: Bruce Pittman - Drehbuch: Keith Ross Leckie - Musik: Buffy Sainte-Marie - Besetzung: Michelle St. John, Clayton Julian, Ron White, Ann-Marie MacDonald, Heather Hess, Cynthia Debassige
  Kanada im Jahre 1937: Aus einem Indianer-Reservat werden Kinder verschleppt, um sie in einer Missionsschule christlich zu erziehen. Unter den Kindern befinden sich auch Komi und ihr jüngerer Bruder Pita. Im Internat bekommen die Kinder neue Namen, Komi heißt nun Amelia und Pita wird Abraham genannt. Aber nicht nur die Namensänderung, auch eine christliche Erziehung wird ihnen aufgezwungen mit der Absicht, ihre indianische Identität auszulöschen. Komi und Pita versuchen erfolglos zu fliehen. Als Komi erfährt, dass ihre Eltern durch eine Seuche gestorben sind, gibt sie ihren Widerstand auf. Sie schließt Freundschaft mit einer Lehrerin, passt sich an und wird zu einer Musterschülerin.Nachdem Komis beste Freundin aus dem Internat geflohen ist, um ihre Eltern zu finden und dabei stirbt, erfährt Komi von einer Mitschülerin, dass ihre Eltern noch am Leben sind. Der Tod ihrer Eltern war eine Lüge des Schulleiters. Daraufhin macht sich Komi mit ihrem Bruder erneut auf den Weg nach Hause. Diesmal kann sie niemand bei ihrer Flucht aufhalten.
  Die fiktive Geschichte der beiden Kinder beruht auf historischen Tatsachen. Internatsschulen für Indianerkinder wurden in den 70er-Jahren des 19. Jahrhunderts überall gegründet und erst in den letzten Jahrzehnten des 20. Jahrhunderts endlich abgeschafft.
- **Am Fluß der Irokesen** (*Black Robe*), kanadisch-australischer Spielfilm aus dem Jahr 1991.
  Der australische Regisseur Bruce Beresford verfilmte nach dem Drehbuch von Brian Moore, das auf dessen Roman *Schwarzrock* (*Black Robe*) von 1985 basierte, die tragische Geschichte vom Aufeinanderprallen zweier Kulturen und der Feindschaft der Indianer untereinander.
  Die Handlung des Films beginnt im Jahr 1634 in einer kleinen französischen Siedlung in Kanada, dem zukünftigen Québec, in der jesuitische Missionare ohne großen Erfolg versuchen, die in der Gegend lebenden Algonkin-Indianer zum Christentum zu bekehren. Der Gründer der Siedlung, Samuel de Champlain, sendet den jungen Jesuitenpater Laforgue aus, um eine katholische Mission in einem entfernten Huronendorf zu gründen. Begleitet wird Laforgue von Daniel, der nicht zu den Jesuiten gehört, sowie von einer indianischen Familie, die ihn zum Dorf der Huronen führen soll: dem reiseerfahrenen Chomina, der hellseherische Träume hat, seiner Frau und seiner Tochter Annuka. Während der Reise

verlieben sich Daniel und Annuka ineinander. Die Reisenden treffen auf eine Gruppe Montagnais-Indianer, die noch nie Kontakt mit den Franzosen hatte. Der Schamane der Montagnais ist misstrauisch und missgönnt Laforgue seinen Einfluss auf die Algonkin. Er beschuldigt ihn, ein Dämon zu sein, und überredet Chomina und seine Familie, die beiden Franzosen zu verlassen und die Montagnais zu begleiten. Laforgue bleibt allein zurück, denn Daniel will sich nicht von Annuka trennen und verfolgt die Indianer durch den Wald. Als einer der Indianer versucht, Daniel zu erschießen, bereut Chomina seine Entscheidung und kehrt zusammen mit den beiden Frauen und Daniel sowie einem Krieger und seinem kleinen Sohn zu Laforgue zurück. Nachdem sie ihn gefunden haben, werden sie von Irokesen überfallen; Chominas Frau und der Krieger werden getötet, die übrigen werden gefangen genommen und in das Lager der Irokesen gebracht, wo sie langsam zu Tode gefoltert werden sollen – sein Sohn wird dabei vor aller Augen getötet. Annuka gelingt es in derselben Nacht, einen der Bewacher zu verführen und die übrigen zu befreien.

Chomina ist aufgrund einer Verletzung, die er bei der Gefangennahme erlitten hat, tödlich verwundet. Die Flüchtenden sind gezwungen, ihn im Schnee zurückzulassen, wo er erfrieren wird. Laforgue gelingt es nicht, ihn vor seinem Tod noch zum Christentum zu bekehren. Als Chomina stirbt, erscheint ihm ein Geist, um ihn zu holen. Annuka und Daniel bringen Laforgue in die Nähe des Huronendorfes, lassen ihn aber alleine hingehen, weil Chomina es so geträumt hat. Laforgue muss feststellen, dass die Huronen die Jesuiten für die grassierende Pockenepidemie verantwortlich machen und daher einen der beiden getötet haben. Der andere Priester, der im Sterben liegt, fordert Laforgue auf, den erkrankten Huronen anzubieten, sie zu taufen und sie so zu retten. Als Laforgue den Huronen gegenübertritt, fragt der Häuptling ihn, ob er die Indianer liebe. Laforgue denkt an all die Indianer, die er auf seiner Reise getroffen hat, und antwortet etwas zögerlich mit Ja. Daraufhin lassen sich die Huronen taufen und nehmen den christlichen Glauben an. Der Film endet mit einem goldenen Sonnenaufgang, aber eine Texttafel erzählt, dass die Irokesen die Huronen fünfzehn Jahre später überrannten und die Missionsstation zerstörten.

- **We Were Children, Kanada 2012.** Regie: Tom Wolochiatuk.
  130 Jahre lang gab es in Kanada staatliche, von der Kirche betriebene Schulen, deren Ziel es war „den Indianer im Kind zu töten". Den Kindern der kanadischen Ureinwohner wurde englisch und französisch beigebracht und sie wurden als Christen erzogen, um sie zu angepasssten Mitgliedern der kanadischen Gesellschaft zu machen. „We Were Children" zeigt anhand von zwei Biographien, wie verheerend sich diese Politik auf tausende von Familien und Kindern auswirkte.
- ****„Misshandelt und umerzogen - Kanadas First Nations" - Aktuelle Dokumentation zum Schicksal indigener Internatskinder in Kanada**
  ⇨ https://www.arte.tv/de/videos/093799-000-A/misshandelt-und-umerzogen/

USA

- **Tony Hillerman: von Robert Redford produzierte Verfilmungen von Tony Hillermans Kriminalromanen, die in der Gegenwart im Gebiet der Hopi- und Navajo-Reservation im Südwesten der USA spielen.**
  The Dark Wind, 1991, Regie: Errol Morris, Hauptrolle: Lou Diamond Phillips (Jim Chee); deutsch unter dem Titel **Canyon Cop**, 1995
  Skinwalkers, 2002 - **Coyote Waits**, 2003 - **A Thief of Time**, 2004

Australien

- **Mabo. Life of an Island Man. Australien 1997.**
  Regie. Graham Travor.
- **Long Walk Home** (Originaltitel: *Rabbit-Proof Fence*; deutscher TV-Alternativtitel: *Der lange Weg nach Hause*) ist ein Filmdrama aus dem Jahr 2002, das auf dem Buch *Follow the Rabbit-Proof Fence* von Doris Pilkington basiert. Der mehrfach preisgekrönte Film des australischen Regisseurs Phillip Noyce beschreibt die Flucht zweier Schwestern und ihrer Cousine aus einem staatlichen Erziehungsheim und ihre anschließende wochenlange und strapaziöse Wanderung entlang des Rabbit-Proof Fence.
  Die beiden Schwestern Molly und Daisy Craig sind sogenannte Mischlingskinder – ihre Mutter ist eine Aborigine vom Aborigines-Stamm der Martu, ihre Väter sind weiße Wanderarbeiter. Sie leben in Jigalong, werden 1931 von ihrer Mutter zwangsgetrennt und zusammen mit ihrer Cousine Gracie Fields in ein Erziehungsheim nahe Perth gebracht, rund 2000 Meilen von Jigalong entfernt. Verantwortlich dafür ist der Chief Protector of Aborigines A. O. Neville, der westaustralische Leiter der Behörde für Aborigine-Angelegenheiten. Er verfolgt damit das ihm vom Gesetz vorgegebene Ziel, Aborigine-Kinder und Mischlinge durch Entfremdung von ihren Wurzeln besser zu Hausangestellten und Farmhelfern für die

„weiße Herrscherklasse" ausbilden zu können. Doch kurz nach ihrer Ankunft im Heim fliehen die drei Mädchen.
Es beginnt eine Flucht, deren Verlauf die Mädchen an den so genannten *Kaninchenzaun* führt. Da Jigalong in der Nähe dieses Zauns liegt, folgen sie ihm. Unterwegs treffen sie immer wieder auf freundliche aber auch ungefällige Menschen, sowohl Weiße als auch Aborigines. Inzwischen macht sich Moodoo auf die Suche nach den Mädchen. Er ist ein Aborigine, dessen Tochter ebenfalls in dem Erziehungsheim lebt. Da er sonst seine Tochter nicht mehr sehen könnte, arbeitet er als Fährtensucher für Neville und hat den Auftrag, Ausreißer zu jagen. Obendrein hat Neville die Polizei eingeschaltet. Doch Molly, die Älteste des Trios, kann alle Spuren geschickt verwischen. So gelingt es den Mädchen immer wieder, ihren Verfolgern zu entkommen.
Von seinem Schreibtisch aus lässt Neville das Gerücht verbreiten, die Mutter von Gracie wäre inzwischen in einer anderen Stadt. Als die Mädchen davon erfahren, will Gracie dorthin und macht sich schließlich ganz allein auf den Weg zur nächstgelegenen Bahnstation, um von dort aus mit dem Zug weiter zu fahren. Molly und Daisy folgen zuerst weiter dem Zaun, drehen bald darauf jedoch um, um nach Gracie zu suchen. Sie holen sie zwar ein, müssen dann allerdings mitansehen, wie ihre Cousine von der Polizei aufgegriffen und weggebracht wird. Die Flucht der beiden Schwestern geht weiter und endet nach neun Wochen schließlich im Heimatort Jigalong, wo Molly und Daisy ihre Mutter und Großmutter endlich wieder in die Arme schließen können. Neville verliert auf ganzer Linie und hat einen Skandal am Hals. Die wirkliche Molly Craig und Daisy Craig Kadibill haben das letzte Wort.

Sonstige

- **Die unbarmherzigen Schwestern (The Magdalen Sisters), GB/Irland 2002.** Regie: Peter Mullan

Die unbarmherzigen Schwestern ist ein britisch-irisches Filmdrama von Peter Mullan aus dem Jahr 2002. Der Film schildert das Leben dreier junger Frauen in einem Magdalenenheim in Irland. Die Filmcharaktere sind fiktional, die beschriebenen Umstände sind es nicht. Rund 30.000 Mädchen arbeiteten in Irland in Magdalenenheimen; 1996 wurde das letzte Heim geschlossen.
Der Film ist die Kinoversion eines (ebenfalls 2002 ausgestrahlten) irischen Fernsehfilms mit dem Titel *Sinners*. Er wurde in Dumfries (Schottland) gedreht. Der Film hatte seine Weltpremiere am 30. August 2002 auf den Internationalen Filmfestspielen von Venedig; am 12. September 2002 wurde er auf dem Toronto International Film Festival vorgeführt.
Der Film spielt im Irland der 1960er-Jahre und beschreibt das Leben von drei jungen Frauen, die von ihren Familien in ein Magdalenenheim gesteckt werden: Margaret ist von ihrem Cousin vergewaltigt worden. Bernadette, die in einem Waisenhaus aufwächst, ist mehrfach beim Flirten ertappt worden. Rose hat ein uneheliches Kind geboren; ihre Eltern wollen nicht mehr mit ihr sprechen, ihr Vater und ein Priester zwingen sie, das Kind zur Adoption freizugeben.
Alle drei jungen Frauen gelangen zur selben Zeit in die Obhut der Ordensschwestern im Magdalenen-Kloster, das von der Schwester Bridget geleitet wird. Rose bekommt von Schwester Bridget den neuen Namen Patricia, was ihr Firmname ist, den sie fortan benutzen muss, da bereits eine andere Insassin Rose heißt.
Die Mädchen arbeiten in der klostereigenen Wäscherei. Schon kleinste Vergehen wie Widerworte oder der Kontakt mit Außenstehenden werden hart bestraft. Unter anderem schneidet man ihnen die Haare ab oder schlägt sie mit Stöcken und Lederriemen. Eines der Mädchen, Una, flieht, wird jedoch von seinem Vater zurückgebracht. Dabei beschimpft Unas Vater sie und die anderen Mädchen als *Huren*.
Die Ordensschwestern verhöhnen und demütigen die Mädchen ständig. Crispina versucht mehrfach, sich das Leben zu nehmen. Einige Zeit später beobachtet Margaret, wie diese von einem Priester zu sexuellen Handlungen gezwungen wird.
Während Margaret nach vier Jahren von ihrem Bruder abgeholt wird, stirbt eine alte Insassin im Kloster. Daraufhin beschließen Rose (bzw. Patricia) und Bernadette die Flucht, die ihnen auch gelingt. Sie suchen Bernadettes Cousine auf, die einen Friseursalon besitzt und ihnen Unterschlupf, Kleider und Geld gibt. Der Film endet mit dem fiktiven weiteren Lebenslauf der Frauen: Rose (bzw. Patricia) flieht nach Liverpool, heiratet dort und bekommt zwei Töchter. Ihren Sohn fand sie 1996, 33 Jahre nachdem man ihn ihr fortgenommen hatte. Sie blieb bis zu ihrem Tode 1998 eine gläubige Katholikin. Bernadette findet Arbeit und eine Ausbildung in dem Friseursalon ihrer Cousine, zieht einige Zeit später nach Schottland und macht dort einen eigenen Friseursalon auf und lebt nach drei geschiedenen Ehen heute allein. Crispina (bzw. eigentlich Harriet) stirbt 1971 mit nur 24 Jahren in einer psychiatrischen Anstalt an Magersucht. Sie war inzwischen längst verrückt geworden. Margaret wurde Grundschullehrerin in Donegal. Heute ist sie stellvertretende Rektorin. Sie hat nie geheiratet und bleibt kinderlos.

- **Das Kinderzuchthaus, Schweiz 2010.** Regie: Beat Bieri

Die Luzerner Erziehungsanstalt Rathausen war eines der größten Kinderheime der Schweiz, geführt von katholischem Personal. Die unehelichen, verarmten oder verwaisten Kinder wurden nach der Devise erzogen: Arbeit, Gebet und Schläge. Sie wurden in Dunkelzellen gesteckt, waren massiven sexuellen Übergriffen ausgesetzt. Und das Allerschlimmste war der absolute Mangel an Liebe. Nach Jahrzehnten des schamvollen Schweigens sprechen erstmals einstige Zöglinge über ihre Leidenszeit in Rathausen.

Deutsche Indianerfilm-Produktionen

Bundesrepublik Deutschland

Die Karl May-Filme in der Bundesrepublik bleiben von uns an dieser Stelle unberücksichtigt, da sie reine Fiktionen vor dem Hintergrund der vermeintlichen US-amerikanischen Historie darstellen.

Lederstrumpf-Verfilmungen nach James Fenimore Cooper

- **Der letzte Mohikaner** / D, IT, ES / 1965
  Regie: Mateo Cano - Darsteller: Jack Taylor, Paul Muller, Sara Lezana, Daniel Martin

- **Lederstrumpf-Vierteiler des ZDF**
  Die Lederstrumpferzählungen, französischer Titel: *Bas de Cuir*, ist ein ZDF-Abenteuervierteiler aus dem Jahr 1969 mit Hellmut Lange in der Hauptrolle. Die Verfilmung basiert auf der *Lederstrumpf*-Romanserie von James Fenimore Cooper. Drehort war Rumänien.
  Teil 1: Der Wildtöter
  Im 18. Jahrhundert in den englischen Kolonien Nordamerikas: Der Abenteurer Nathaniel „Nat“ Bumppo (= Wildtöter, Falkenauge, Lederstrumpf) dringt entgegen der Warnung eines entgegenkommenden Siedlerpaares ins Indianerland ein, wo er einen befreundeten Bauern besuchen will. Dessen Hof findet er verlassen von seinem Freund, jedoch besetzt von Indianern vor. Er folgt ihrer Aufforderung, dem Sterben eines alten Häuptlings beizuwohnen und sie in ihr Lager zu begleiten. Dort, bei den Mohikanern, schließt er Blutsbrüderschaft mit Chingachgook. Wenig später wird die diesem versprochene Frau, Wah-Ta-Wah, von feindlichen Indianern, den Mingos, verschleppt. Die beiden Freunde beschließen, auf getrennten Wegen in deren Lager vorzudringen, um sie zu befreien. Nat trifft dabei auf den Waldläufer Harry March und später auf dessen Freund Tom Hutter. Hutter bewohnt mit seinen Töchtern Judith und Hetty einen Pfahlbau auf dem Glimmersee. Hutter und March geraten im weiteren Verlauf ebenfalls in die Hand der Mingos. Nathaniel kauft die beiden frei, Wah-Ta-Wah erhält er dabei als Dreingabe. Bei einem Schusswechsel unmittelbar nach den Verhandlungen kommt Hetty, die zuvor bereits auf eigene Faust im feindlichen Lager für die Gefangenen interveniert hat, ums Leben. Nach diesem Zwischenfall liegen die Dinge wieder anders. Während die indianische Frau selbst fliehen kann, gerät statt ihrer Nat in die Fänge der Mingos, aus denen er von Chingachgook befreit wird.
  Teil 2: Der letzte Mohikaner
  Chingachgook hat einen Sohn, Uncas, der etwa 18 Jahre alt ist. Die Mutter, Wah-ta-Wah, war kurz nach der Geburt in einem harten Winter ums Leben gekommen. Nat hatte bei seinem Eintreffen nur noch Chingachgook und den Säugling retten können. Die drei stehen den beiden Töchtern des Fort-Kommandanten Oberst Munroe, Alice und Cora, auf dem Weg zu ihrem Vater bei. Ihr Pfadfinder, der Huronenhäuptling Magua, war vom Oberst wegen im Rausch verübter Brandstiftung bestraft und unehrenhaft aus dem Dienst als Indianerscout entlassen worden. Er wollte die Gesellschaft nun in eine Falle führen, um sich zu rächen, doch Nat und die Mohikaner übernehmen die Führung, während Magua flieht. Später machen die unter Nahrungsknappheit leidenden Delawaren und Huronen gemeinsame Sache, nachdem zu Beginn Munroe den Hilfe suchenden Delawaren Unterstützung verwehrt hatte. Fort William Henry wird zerstört und alle Soldaten werden getötet, darunter auch Oberst Munroe und Major Heyward, der Verlobte von Alice Munroe. Zum Schluss werden Cora und Uncas von Magua sowie anschließend Magua von Nat getötet. Chingachgook ist damit der letzte Mohikaner.
  Teil 3: Das Fort am Biberfluss
  Lederstrumpf und sein Freund Chingachgook leben von der Hirschjagd. Lederstrumpf hält die Schonzeit nicht ein. Das ist gegen das Gesetz. Der Sheriff sperrt Lederstrumpf ein – Chingachgook befreit ihn. Jetzt sind sie vogelfrei. Sie fliehen Richtung Westen und treffen in Fort Henry ein. Dort begegnen sie Major Dunham, dem Befehlshabenden und Bekannten Nats, sowie Leutnant Jasper und Captain Muir, die um die Gunst des Majores Tochter Mabel konkurrieren. Muir hat den benachbarten Sioux-Indianern geheime Informationen über das Fort übermittelt. Auch hat er der in Sicherheit gebrachten Mabel eine gefälschte

Botschaft zukommen lassen, wonach sie das Fort wieder aufsuchen solle. Auf dem Rückweg dorthin haben Nat und Chingachgook sie vor einem Sioux-Überfall gerettet. Die Sioux beabsichtigen einen Überfall auf das Fort und locken die Weißen durch eine List heraus, um es zu schwächen. Im Kampf gegen die Indianer fällt Major Dunham. Zum Schluss wird der Verräter enttarnt und getötet.
Teil 4: Die Prärie
Nat übernimmt auf Bitten von Siedlerchef Miles Forman die Leitung von dessen Treck nach Michilimackinac. Chingachgook begleitet ihn dabei. Zu den Siedlern gehört auch eine kriminelle Vereinigung, die aus der Familie Bush mit ihren sieben Söhnen besteht. Nach einigen Tagen Fahrt begegnet der Wagenzug dem Indianerstamm der Pawnees, dessen Häuptling Weucha Nat bekannt ist und von dem die Siedler freundlich empfangen werden. Nach der Weiterfahrt scheren die männlichen Bushs aus, um scheinbar zu jagen, in Wahrheit aber den anrainenden Sioux-Indianern ein Waffenarsenal zu verkaufen, das sie vor der Abreise in einem Fort entwendet hatten. Auf dem Rückweg zum Treck müssen sie jedoch noch ein Alibi-Wild erlegen, wobei sie von Pawnees überrascht werden, die es auf dieselbe Beute abgesehen haben. Im folgenden Zweikampf mit einem Indianer wird einer der Bush-Söhne von dessen Stammesgenossen erschossen. Der Bogenschütze wird bereits vor Ort getötet, der Gegner des getöteten Bruders Bush soll im Lager der Weißen gelyncht werden. Chingachgook jedoch durchtrennt den Strick mit einer Gewehrkugel. Später hetzt Familienoberhaupt Ismael Bush die friedlich nebeneinander lebenden Pawnees und Sioux gegeneinander auf, indem er einen Sioux töten lässt und den Verdacht auf die Pawnees lenkt. Daraufhin greifen die Sioux das Dorf der Pawnees an und verwüsten es. Im weiteren Verlauf kommen die Bushs im Kampf mit Indianern gewaltsam um. Chingachgook tötet den Sioux-Häuptling Matureh im Zweikampf.

Deutsche Demokratische Republik – Indianerfilme der DEFA

- ***Die Söhne der großen Bärin (1966)** Regie: Josef Mach

Die Söhne der großen Bärin ist ein DEFA-Indianerfilm aus dem Jahr 1966. Er basiert auf Motiven der gleichnamigen Buchreihe Die Söhne der Großen Bärin der Autorin Liselotte Welskopf-Henrich. Mit diesem Film begann die Laufbahn von Gojko Mitić als „DDR-Chefindianer".
Im Jahre 1874 wird der Indianer Mattotaupa in einer Blockhütte von dem weißen Verbrecher Red Fox ermordet, da er das Versteck des Goldes der Indianer nicht verraten will. Dieser Mord wird von seinem Sohn Tokei-ihto mit angesehen. Als Kriegshäuptling der Bärenbande vom Stamme der Oglala versetzt Tokei-ihto die Weißen durch Überfälle in ständige Unruhen und sprengt das Fort, das an dem Platz steht, an welchem sein Vater getötet wurde, in die Luft. Zwei Jahre nach dem Mord wird Tokei-ihto zu einer Friedenskonferenz in das wieder aufgebaute Fort eingeladen. Durch Verrat wird er verhaftet und über Monate in einem Keller gefangengehalten.
Nach seiner Freilassung beschließt Tokei-ihto, die Reservation mit der Bärenbande zu verlassen und nach Kanada zu ziehen. Der Weg dorthin ist aber sehr beschwerlich. Es muss nicht nur der Missouri überquert, sondern auch feindlichen Indianern getrotzt werden. Doch die schlimmste Gefahr folgt der Bärenbande, der Mörder Mattotaupas, der es auf Tokei-ihto abgesehen hat.
Nach einer beschwerlichen Wanderung kommt die Bärenbande wohlbehalten über den Missouri, während sich Tokei-ihto einem letzten Zweikampf mit Red Fox stellt und ihn am Ende besiegen kann.
Der Film basiert auf der 1951 erschienenen einbändigen Roman-Fassung. In der späteren sechsbändigen Fassung verteilen sich die Handlungsstränge im Wesentlichen auf die Bände 5 *Der junge Häuptling* und 6 *Über den Missouri*. Lediglich die Szene der Ermordung Mattotaupas ist aus dem vierten Band *Heimkehr zu den Dakota*.
In der DDR fand eine starke Regulierung des öffentlichen Lebens statt, die auch das Kunst- und Kulturleben entscheidend prägte. Als die Idee für einen Western aufkam, wollte man nicht US-amerikanische Vorbilder kopieren, in denen „geldgierige" Goldsucher oder „schießwütige" Cowboys zu Helden stilisiert wurden. Um diese „Unsitten" zu vermeiden, hielt man sich, der Buchvorlage Liselotte Welskopf-Henrichs folgend, eher an historische Fakten und völkerkundliche Recherchen, so dass der indianische Alltag sowie die Stammesriten eine besondere Gewichtung bekamen.
Mit dem Film *Die Söhne der großen Bärin* und den späteren DEFA-Indianerstreifen bemühte man sich um eine andere Form der Darstellung indianischen Lebens, wohl auch als Pendant zu den damals in der BRD sehr erfolgreichen Karl-May-Filmen. (Karl May galt damals in der DDR noch als Persona non grata, ehe er ab 1981 seinen Platz in den kulturtheoretischen Auffassungen der SED zugewiesen bekam.) Als Hauptdarsteller wurde schnell Gojko Mitić gefunden, der zuvor in drei Karl-May-Filmen als Nebendarsteller mitgewirkt hatte. Mitić beherrschte zwar die deutsche Sprache, wurde aber wegen seines Akzentes in allen Indianerfilmen von Karl Sturm synchronisiert. Der damals 26-Jährige übte während der Dreharbeiten den Umgang mit Pferden und als ehemaliger Stuntman alle Actionszenen selbst ein, so dass ihm Kritiker eine „glaubwürdige" Darstellung bescheinigen mussten. Mitić wurde mit diesem Film zum „Chefindianer" der DEFA und galt seit der Premiere des Films am 18. Februar 1966 als ein Idol der DDR-Jugend.

- **Chingachgook* – Die große Schlange (1967)** (basierend auf James Fenimore Coopers „Wildtöter“) Regie: Richard Groschopp

Chingachgook, die große Schlange ist ein vom DEFA-Studio für Spielfilme, Gruppe „Roter Kreis“, produzierter Indianerfilm von Regisseur Richard Groschopp, welcher auf Motiven des Lederstrumpf-Romans *Wildtöter* von James Fenimore Cooper basiert. Dieser Streifen ist der zweite Teil einer äußerst erfolgreichen Westernreihe mit Gojko Mitić als Hauptdarsteller und wurde am 25. Juni 1967 in der Rostocker Freilichtbühne uraufgeführt. Die Dreharbeiten zum Film fanden in Babelsberg sowie in Bulgarien und der Tschechoslowakei statt.

1740. In Nordamerika tobt zwischen Großbritannien und Frankreich ein Kampf um die Kolonien, der sich zu einem Krieg entwickelt und die dort lebenden Indianerstämme miteinbezieht. Die Engländer haben einen Vertrag mit den Delawaren abgeschlossen, während die Franzosen auf die Kampfkraft der Huronen vertrauen.

Chingachgook, ein von den Delawaren aufgezogener Mohikaner, soll die Häuptlingstochter Wahtawah zur Frau bekommen. Sie wird aber von den feindlichen Huronen geraubt. Auf der Suche nach ihr treffen Chingachgook und sein weißer Freund Wildtöter am See auf den Einsiedler Tom Hutter. Dieser hat auf dem See ein schwimmendes Haus erbaut, was ihm den Namen "Der schwimmende Tom" einbringt. Seine Tochter Judith und der sie begehrende Jäger Harry Hurry sind ebenfalls in dem Haus. Harry Hurry will zusammen mit Tom das Lager der Huronen überfallen, um die erbeuteten Skalpe an die Briten zu verkaufen. Sie werden jedoch von den Huronen gefangen genommen. Chingachgook und Wildtöter gelingt es, die beiden Gefangenen gegen zwei Elefantenfiguren, welche die Huronen als großen Zauber ansehen, auszutauschen. Als Harry auf die sich zurückziehenden Indianer schießt, erklären diese den Krieg gegen alle weißen Männer. Harry macht sich aus dem Staub, um zum einen im nahe gelegenen Fort in Sicherheit zu sein und zum anderen, um die Briten gegen die Huronen aufzustacheln. Zwischen Wildtöter und Judith beginnt sich eine romantische Beziehung anzubahnen.

Tom Hutter wird in Abwesenheit seiner Tochter von den Huronen in seinem schwimmenden Haus überfallen und skalpiert, lebt aber noch, als seine Tochter zusammen mit Chingachgook und Wildtöter das Haus erreicht. Er gesteht ihr, dass er nicht ihr Vater ist und dereinst als Pirat ihre tatsächlichen Eltern tötete. Ihre Eltern bleiben unbekannt, jedoch erfährt sie, dass ihr Vater ein französischer Admiral war. Tom Hutter hinterlässt Judith ein bedeutendes Vermögen.

In der Zwischenzeit wird Chingachgook bei dem Versuch, seine Braut Wahtawah zu befreien, gefangen genommen und, da er sich weigert als Häuptlingssohn dem Stamme der Huronen beizutreten, zum Tode am Marterpfahl verurteilt. Während des Marterns überfallen die Briten das Lager und töten alle Huronen, derer sie habhaft werden können, um deren Skalpe zu verkaufen. Der verwundete Häuptling kann mit Hilfe von Chingachgook fliehen und fordert im Sterben seine restlichen Krieger auf, mit allen Indianerstämmen in Frieden zu leben. Diese respektieren den Wunsch und geben Chingachgook die Freiheit wieder.

Chingachgook, Wahtawah und Wildtöter kehren zum Stamme der Delawaren zurück, während Judith mit den Briten zum Fort geht, da sie mit Wildtöter nicht in der Wildnis leben, er aber seine Lebensweise auch nicht ändern will. Judith wird von dem hinterlassenen Vermögen leben und verbrennt das Haus auf dem See bei ihrer Abreise.

- ***Spur des Falken** (1968). In den westdeutschen Kinos lief der Film unter dem Titel „Brennende Zelte in den Schwarzen Bergen“. Regie: Gottfried Kolditz.

Er stellt die Situation in den USA nach 1879 dar. Kennzeichnend für diese Zeit sind Machtkämpfe zwischen neu gegründeten Unternehmen. Historisch belegt ist der Ausbruch der Cheyenne aus ihrem Reservat.Eine vierköpfige Gruppe Dakota-Indianer unter Führung des Häuptlings *Weitspähender Falken* zieht im Winter durch die Black Hills. Sie wollen sich der aus ihrem Indianerreservat geflohenen Stammesgruppe der Cheyenne unter Häuptling Little Wolf anschließen. Zur selben Zeit trifft im Fort Robinson ein Transport des Händlers *Sam Blake* ein. Blake hat den Goldhandel in den Black Hills in der Hand, was den mitreisenden Minenboss *Harrington* an der Expansion seines Geschäfts hindert. Blake transportiert auch das Geld für die Minengesellschaft GMI. Um Blake in Zahlungsschwierigkeiten zu bringen, raubt *Bashans* Bande mehrfach die Geldtransporte aus. Bashan ist Chef der Wachmannschaft der Goldmine und handelt in Harringtons Auftrag. Auf dem Rückweg von einem Überfall erschießt er *Blauhaar*, die Frau des Häuptlings. Falke versucht erfolglos, Bashan an der Mine zu töten. Anhand dieser Ereignisse setzt Harrington die Einsetzung seines Angestellten *Sleek* als Hilfssheriff durch. Sheriff ist der ehemalige Goldsucher *Pat Patterson*. Zusammen mit *Peter Hille* will er in *Tanglewood* für Recht und Ordnung sorgen. Als Patterson selbst einen Geldtransport durchführt, übernimmt Bashan mit Sleeks Hilfe die Kontrolle über Tanglewood. Nun kann Harrington Blake problemlos unter Druck setzen und die Zahlung der geraubten Gelder verlangen. Inzwischen findet Hille heraus, dass Harrington selbst hinter den Raubüberfällen steckt. Als Bashan auch Patterson das Geld rauben will, kommt Falke ihm zu Hilfe, und der Überfall scheitert. Zusammen reiten sie nach Tanglewood und verschanzen sich im Büro des Sheriffs. Patterson ist jedoch nicht mehr in der Lage gegen Harrington vorzugehen, weil Blake zu

Harrington übergelaufen ist und der Friedensrichter von Harringtons Männern festgehalten wird. Weitspähender Falke kann das Büro verlassen und den Mörder seiner Frau töten, wird dabei aber selbst erschossen.

- **Tödlicher Irrtum** (1970) Regie: Konrad Petzold

Im Jahr 1896 wird in der Nähe von Windriver-City auf dem Gebiet des Indianerreservates der Shoshonen Erdöl vermutet, weshalb die Einheimischen einen Vertrag mit den weißen Männern der Wyoming-Oil-Company schließen, in der Hoffnung, fair an der Förderung beteiligt zu werden. Der Vertrag hat mehrere Schwachstellen, denn er wurde ohne Konzession der Regierung abgeschlossen und es haben nur die Unterzeichner Anspruch auf die Gewinne. Nachdem tatsächlich Erdöl gefunden wird, sterben plötzlich mehrere Häuptlinge des Stammes eines unnatürlichen Todes und die von der Company geleisteten Zahlungen an die immer weniger werdenden Vertragspartner entsprechen nicht den tatsächlichen Gewinnen. Als die Indianer sich beim Chef der Company, Michael P. Allison, beschweren, dass ihre Anteile immer geringer werden, weist dieser darauf hin, dass er nichts dafür kann, wenn fünf Anteilseigner verstorben sind und drei ihre Anteile an ihn verkauft haben.

Um die Morde aufzuklären und weitere Ungerechtigkeiten zu verhindern, ruft der Häuptlingssohn Shave Head seinen Halbbruder Chris Howard, mit dem er den gleichen Vater hat, in die Stadt. Howard bewirbt sich inkognito um den Posten des Hilfssheriffs und hofft, den Ölmagnaten Mike Allison als Mörder überführen und die Machenschaften der Company entlarven zu können. Bei seinen Untersuchungen deckt er mehrere Ungereimtheiten auf und erfährt auch von dem Ingenieur Lee Garrett, dass dieser bereits vor mehreren Wochen ein Schreiben an die Regierung gesandt hat, um zu klären, ob diese Bohrungen mit den Gesetzen übereinstimmen. Davon erfährt auch Mike Allison, der nun alles in Bewegung setzt, um seine Besitztümer zu retten. Zu seinen Unterstützern gehören der Sheriff und sogar ein Indianer, der aber immer mehr verlangt, weshalb er erschossen wird. Um diesen Mord zu vertuschen, wird der Indianerbeauftragte Mc Laurin von weißen Männern mit einem Pfeil ermordet und der in die Nähe verbrachte tote Indianer noch einmal erschossen, so als ob er als Pfeilschütze auf der Flucht gewesen wäre. Diese Gelegenheit nutzt Mike Allison, um den Hass auf die Indianer aufzuheizen.

Die Untersuchungskommission der Regierung trifft in der Stadt ein und die Indianer sammeln sich zum Kampf, um die Ölfelder zu schützen, die wiederum Allison vernichten will, damit die Regierung nicht hinter seine Machenschaften kommen kann. Doch Ten Eyck übernimmt im Öl-Camp das Kommando, schafft es, dieses in Brand zu stecken, und verliert wie viele andere dabei sein Leben. Allison verliert bei der Überprüfung seinen Posten, aber die Indianer können ihr Recht trotzdem nicht durchsetzen. Bei dem Versuch, dem Sheriff, der die Unterlagen über den Landbesitz an sich bringen will, das Handwerk zu legen, wird Chris Howard erschossen.

Tödlicher Irrtum, gedreht in Totalvision und auf ORWO-Color, wurde am 27. Juni 1970 in der Erfurter Thüringenhalle uraufgeführt und kam am 2. Juli 1970 anlässlich der 9. Sommerfilmtage in die DDR-Kinos. Im Fernsehen der DDR wurde er das erste Mal am 18. Oktober 1974 im 1. Programm ausgestrahlt. Zwar sind alle Figuren frei erfunden, jedoch basiert auch der fünfte Indianerfilm der DEFA auf wahren Begebenheiten, die sich in den USA im Jahre 1898 abspielten. Der Film ist auf Grund von Studien der Geschichte und des Kampfes der Ureinwohner Nordamerikas entstanden.

- **Osceola** (1971), Regie: Konrad Petzold

Der in Zusammenarbeit mit Kino-Zentrum Sofia (Bulgarien) und ICAIC Havanna (Kuba) entstandene Western handelt vom Kampf des Indianerhäuptlings Osceola und seines Stammes um ihr Acker- und Weideland im Süden Nordamerikas, das sie gegen reiche weiße Amerikaner verteidigen müssen. Andererseits wird in dem Film auch die Rolle der schwarzen Bevölkerung in dieser Auseinandersetzung thematisiert.

Die Uraufführung fand am 26. Juni 1971 in der Rostocker Freilichtbühne statt. Am 30. Juli 1971 kam der Film in die DDR-Kinos. Der Originaltitel des Films war *Osceola*; die bundesdeutschen Video/DVD-Veröffentlichungen laufen unter dem Verweistitel *Osceola – Die rechte Hand der Vergeltung*.

1835. Der Indianerhäuptling *Osceola* und dessen Stamm, die Seminolen, leben friedlich in Florida vom Ackerbau und der Jagd. Sie streben ein ruhiges Zusammenleben mit ihren weißen Nachbarn an. Einige derer haben die gleichen Interessen wie der Sklavereigegner *Moore*, der ein Sägewerk in der Nähe besitzt. Moore beschäftigt auch Farbige, diese aber nicht als Sklaven, sondern als Lohnarbeiter. Doch es gibt auch welche, denen die *Seminolen* schon lange ein Dorn im Auge sind, so zum Beispiel der reiche Plantagenbesitzer und Sklavenhalter *Raynes*, der auf dem Land der Seminolen Zuckerrohr anbauen will. Einige entlaufene Sklaven leben bei den Seminolen, was er als Diebstahl von „Privateigentum" ansieht.

Als seine Tochter Gladis ihm berichtet, *Osceola* hätte ihr Pferd erschreckt (in Wirklichkeit hat er ihr geholfen, das durchgegangene Pferd anzuhalten) und noch dazu einem weiteren Sklaven die Flucht zu den Indianern gelingt, beschließt *Raynes* zu handeln. Er beauftragt einige Schläger und den Sklavenaufseher *Hammer*, die Indianer in eine Falle zu locken, um die entlaufenen Sklaven zurückzubringen. Major *Thompson* besticht den Seminolenhäuptling *Emathla* mit viel Geld und verlangt dafür nur die Umsiedlung der Seminolen in ein „überaus fruchtbares Land" in Arkansas. *Osceola* wird

Zeuge der Bestechung und rät seinen Stammesmitgliedern davon ab, Emathla zu folgen, da er ahnt, dass dies eine Falle ist. In Notwehr erschießt er *Emathla.* Nur eine Handvoll Indianer glaubt den falschen Versprechungen, sie ziehen trotz der Warnung weiter und werden wenig später von Hammer und seinen Leuten kaltblütig niedergeschossen. Anschließend entführt *Hammer* im Auftrag von *Raynes* Osceolas Frau *Che-Cho-Ter.* Als ein Kanonenboot eine große Anzahl geflohener Sklaven unter Beschuss nimmt, merkt *Osceola*, dass er den Krieg nicht länger verhindern kann und greift ein. Erst befreit er seine Frau aus den Händen von *Raynes*, wobei *Hammer* zu Tode kommt und das Herrenhaus in Brand setzt, anschließend sprengt er mit Hilfe einer List das Kanonenboot in die Luft. Am Ende können die geflohenen Sklaven zusammen mit den Indianern auf Booten fliehen. *Moore*, dessen Sägewerk vom Kanonenboot zerstört wurde, flieht Richtung Norden, da er in Florida keine Existenz mehr hat. Für die Seminolen ist dies der Beginn eines sieben Jahre dauernden Krieges, der noch viele Opfer auf beiden Seiten fordern wird.

- **Tecumseh*** (1972) Regie: Hans Kratzert

Tecumseh (späterer DVD-Titel: Tecumseh – Der Übermacht unterlegen) ist ein DDR-Indianerfilm von 1972. Anhand der historischen Figur des Indianerführers Tecumseh vom nordamerikanischen Indianervolk der Shawnee wird vom ebenso heroischen wie aussichtslosen Kampf der Ureinwohner gegen die Weißen erzählt.

Anfang des 19. Jahrhunderts in Nordamerika. Nach der gewaltsamen Vertreibung werden die Indianer jetzt von den Siedlern auch mit unlauteren Kaufverträgen immer mehr in die unfruchtbaren Westgebiete gedrängt. Der gierigste unter den Weißen ist Harrison, der Gouverneur von Indiana; er alleine schließt zu Spottpreisen fünfzehn Kaufverträge ab. Der Shawnee-Häuptling Tecumseh versucht dieses Treiben von Harrison zu stoppen. Ihm kommt dabei zugute, dass er die Sprache und Kultur der Weißen genau kennt, denn er ist bei ihnen aufgewachsen, nämlich im Hause des liberalen Friedensrichters und Waffenhändlers McKew. Dessen Sohn Simon ist Tecumsehs bester Freund. In die Tochter Eileen ist der Indianer sogar verliebt, und die beiden wollen bald heiraten.

Tecumseh verlässt das Haus der McKews und vereinigt 1811 die Indianer, die ihr Land nun zu unverkäuflichem Gemeineigentum erklären. Häuptlinge, die dennoch verkaufen, werden von dem eigenen Stammesbund getötet. Die benötigten Feuerwaffen hofft Tecumseh von Simon kaufen zu können. Simon weigert sich, den Indianern Waffen zu geben, doch Eileen kommt zu Hilfe. Sie bringt heimlich Gewehre und Munition nach Tippecanoe (Indiana), der von Tecumseh und seinen Freunden gegründeten „Heiligen Stadt". Auf dem Rückweg wird sie überfallen, ausgeraubt, schwer verletzt und bleibt verschwunden. Simon erfährt dies und gibt den Indianern die Schuld. So wird er jetzt zu Tecumsehs erbittertem Feind und verbündet sich mit Harrison, der mit amerikanischen Truppen die Indianerstadt angreift und total zerstört (Schlacht bei Tippecanoe).

Die Überlebenden des Massakers können nach Kanada fliehen. Die Briten, die mit Amerika im so genannten zweiten Unabhängigkeitskrieg liegen, nehmen Tecumseh erfreut auf, sie versprechen ihm sogar einen eigenen Indianerstaat. Aufgrund seiner Fähigkeiten wird Tecumseh zum britischen Brigadegeneral ernannt. Die Entscheidungsschlacht 1813 gegen US-Truppen verlieren die Briten und lassen ihre indianischen Verbündeten im Stich. Mit seinen Stammesbrüdern fällt auch Tecumseh.

- ***Apachen** (1973). Regie: Gottfried Kolditz

Apachen ist ein DDR-Filmdrama aus dem Jahr 1973. Der achte Teil der DEFA-Indianerfilme entstand nach einem Drehbuch von Gojko Mitić, der auch die Hauptrolle spielt. Die Handlung dieses Films wurde 1974 mit dem Film *Ulzana* fortgesetzt. Der DDR-Originaltitel des Films war *Apachen.* Die bundesdeutschen Video/DVD-Veröffentlichungen laufen unter dem Verweistitel *Apachen – Blutige Rache.*

Mexiko im Jahre 1840: Nahe der amerikanischen Grenze leben Mimbreño-Apachen und Mexikaner friedlich zusammen. Die Mexikaner bauen die reichhaltigen Kupfervorkommen im Indianergebiet ab und werden von den Mimbreños mit Nahrungsmitteln versorgt. Doch als im Grenzgebiet auch Silbervorkommen entdeckt werden, kommt es zu Spannungen zwischen Mexiko und den Vereinigten Staaten. Dies führt schließlich zu einem Massaker an den Apachen; die verbliebenen Indianer rächen daraufhin dieses Verbrechen.

In der Nähe des mexikanischen Santa Rita nahe der amerikanischen Grenze leben die Mimbreño-Apachen friedlich mit den Mexikanern zusammen. Auf dem Apachengebiet liegen reichhaltige Kupfervorkommen. Diese werden von den Mexikanern ausgebeutet, dafür erhalten die Apachen Nahrungsmittel von ihnen. Zudem veranstaltet der Minenbesitzer Ramon einmal im Jahr ein Fest für die Indianer.

Doch in der Grenzregion werden riesige Silbervorkommen von amerikanischen Unternehmen entdeckt. Dies lockt amerikanische Skalpjäger nach Santa Rita. Sie setzen den Minenbesitzer unbemerkt unter Hausarrest. Die Jahresfeier findet wie gewohnt statt, doch während der Feierlichkeiten verüben die Amerikaner ein Massaker unter den unbewaffneten Indianern, dem nur Ulzana und wenige Mimbreños entkommen können.

Die Mimbreño-Apachen schließen sich daraufhin mit einem anderen Apachenstamm zusammen. Ulzana macht sich nun mit sechs Gefolgsleuten auf, das Massaker an seinem Stamm zu rächen. Zunächst greifen sie die mexikanische Mine an und vernichten dabei deren Vorräte. Auch die amerikanischen Skalpjäger werden von den Mimbreños verfolgt und ihr Anführer Johnson gerät in Gefangenschaft.
In der Zwischenzeit flüchten die mexikanischen Minenarbeiter samt ihren Familien. In der nun leeren Minenstadt wird Johnson von Ulzana festgebunden, um dort zu verdursten. Den Flüchtlingstreck samt den mexikanischen Soldaten überraschen die Indianer in der nächsten Nacht. So können sie auch ihre Wasservorräte fast gänzlich vernichten. Daraufhin entsteht am nächsten Tag ein Chaos bei den Mexikanern, die sich größtenteils gegenseitig im Kampf um die letzten Wasservorräte erschießen. Die letzten überlebenden Mexikaner verstreuen sich daraufhin und werden nicht mehr in das Indianergebiet kommen.
Doch Offizier Burton von der amerikanischen Armee befindet sich mit einem kleinen Spähtrupp im Gebiet der Mimbreños, da sich die USA mit den Mexikanern wegen der reichhaltigen Silbervorkommen kurz vor einem Krieg befinden. Sie entdecken den gefesselten Johnson und befreien ihn, noch bevor die Apachen von dem Angriff auf die Mexikaner zurück sind. So muss sich Ulzana erneut auf die Suche nach Johnson machen und gerät bei der Verfolgung in dessen Gefangenschaft. Daraufhin foltert dieser den Indianer.
Die amerikanischen Skalpjäger hatten sich bereits ein festes Lager auf dem mexikanischen Gebiet errichtet in der sicheren Zuversicht, dass die amerikanische Armee sie aufgrund der wirtschaftlichen Interessen der USA dort beschützen würde. Doch als die nachrückenden Apachen das Lager eingekesselt haben, um Ulzana zu befreien, zeigt sich, dass die US-Armee sich zunächst auf den Kampf gegen die Mexikaner vorbereitet und nicht eingreift.
Die Apachen können unbehelligt die Skalpjäger angreifen und das Massaker von Santa Rita endgültig rächen. In einem letzten Zweikampf zwischen Ulzana und Johnson sticht Ulzana diesen nieder und lässt ihn in einer brennenden Hütte zurück.

- ***Ulzana** (1974). Regie: Gottfried Kolditz

  Der Film spielt in Arizona gegen Ende der 1840er-Jahre. Die USA erobern 1846 bis 1848 im Krieg gegen Mexiko 600.000 Quadratkilometer Apachenland. Die Geschäfte der neuen Herren in Tucson laufen gut. Die US-Regierung bewilligte Regierungsgelder für die Apachen. Die Männer vom „Tucson-Ring“ streichen die Gelder jedoch selbst ein und liefern verdorbene Waren in die Reservate. Die Mimbrenos-Apachen, die sich bis dahin durch Sammeln von Wildfrüchten und Jagen von Kleintieren ernährten, bauen eine Bewässerungsanlage. Ihre Erträge an Mais, Melonen und anderen Feldfrüchten sind so groß, dass sie mit den überschüssigen Produkten Handel treiben können. Damit haben sie in ihrer Entwicklung einen großen Schritt nach vorn gemacht, der günstige Möglichkeiten für das zukünftige friedliche Zusammenleben mit den weißen Amerikanern eröffnet.
  Die Tucson-Aktionäre fürchten aber, dass sie ihre einträglichen Geschäfte verlieren, und greifen ein. Mit Gewalt bekämpfen sie die Errungenschaften der Indianer. Für Häuptling Ulzana und sein kleines Volk beginnt ein Kampf auf Leben und Tod. Dabei wird Ulzanas Frau entführt und von Captain Burton erschossen.
  Der Western stellt den Fortschritt der Apachen Mitte des 19. Jahrhunderts und die damit verbundene Unzufriedenheit der weißen US-Amerikaner in Tucson, Arizona dar. Wie schon in dem Film *Apachen* wird hier das Bestreben des Apachenhäuptlings Ulzana und seiner Stammesmitglieder, friedlich mit ihren weißen Nachbarn zusammenzuleben, deutlich.
  Ulzana entstand als neunter Indianerfilm der DEFA. Gedreht wurde in Rumänien und Usbekistan. Wie bei seinen Vorgängerfilmen legte man großen Wert auf eine historisch korrekte Darstellung. So war Ulzana tatsächlich ein Häuptling des Apachen-Stammes Chiricahua.

Filme und Fernsehdokumentationen von Claus Biegert:

- **Los Alamos und die Erben der Bombe (International: The Secret and the Sacred: Two Worlds at Los Alamos)**, Koproduktion: DenkMal-Film, ARTE und Hessischer Rundfunk, Drehbuch und Regie: Claus Biegert, 2001.
- **Die Donnervogelfrau (International: The Thunderbird Woman),** Koproduktion: DenkMal-Film, ARTE und Bayerischer Rundfunk, Regie: Bertram Verhaag und Claus Biegert, 2003.
- 2013: **Leonard Peltier: I am the Indian Voice** (englisch und deutsch), Produktion: biegert-film, Buch und Regie: Claus Biegert, 2013.
- **Exit 16 – Onondaga Nation Territory** (englisch), Produktion: biegert-film, Buch und Regie: Claus Biegert, 2014.

DVD

- Peter Welsch: Auf dem Weg nach Fort Welsh. Traumfänger-Verlag.

Nachtrag: Hinweis auf ein aktuell angedachtes neues Projekt

Das Zitat Albert Schweitzers (siehe S. 8) war für uns der konkrete Anlass, in unserem Nachtrag wenigstens ansatzweise noch ganz kurz auch auf die dabei durchaus vergleichbare unrühmliche deutsche Kolonialgeschichte hinzuweisen, weil es während der Jahre zwischen 1884 und 1919 in den deutschen Kolonien und „Schutzgebieten" immer wieder zu ähnlichen schweren Verbrechen und Menschenrechtsverletzungen kam, die – zumal sie, wenn überhaupt - auch im aktuellen Geschichtsunterricht allenfalls als „Fußnoten" behandelt werden und von daher auch im heutigen Deutschland im Bewusstsein der meisten Menschen nicht zu existieren scheinen. Man kann hier in Deutschland mit Recht nach wie vor von einer regelrechten „Kolonial-Amnesie" sprechen.

Das deutsche Kolonialreich umfasste Teile der heutigen Staaten Burundi, Ruanda, Tansania, Namibia, Kamerun, Gabun, Republik Kongo, Zentralafrikanische Republik, Tschad, Nigeria, Togo, Ghana, Neuguinea, und mehrere Inseln im Westpazifik und Mikronesien.

- Togo (1884-1914)
- Deutsch-Südwestafrika (1884-1915)
- Kamerun (1884-1919)
- Deutsch-Ostafrika (1885-1918)
- Deutsch-Neuguinea (1884-1914)
- Deutsch-Samoa (1900-1914)
- Hankou und Tsientsin (China) (1895-1917)
- Kiautschou (1898-1914)

Deutschland, Deutschland über Alles

Das Blatt nimmt Bezug auf die deutsche Kolonialpolitik – hier in Afrika – welche auf eine betrügerische Landnahme seitens der Kolonialmacht Deutschland Bezug nimmt, welche das Land mit „Bibel, Schnaps" und Flinte" regierten und sich zahllose Menschenrechtsverletzungen zu Schulden kommen ließen, und dies bereits vor dem Völkermord des Jahres 1904/05 an den Herero und Nama in Deutsch-Südwestafrika.

Mit Bibel, Branntwein und Flinte

Worte: Anonym, etwa um 1890 Weise: Es klappert die Mühle am rauschenden Bach
Quelle: Demokratisches Liederbuch. Stuttgart 1898

Was treiben wir Deutschen in Afrika? Hört hört!
Die Sklaverei wird von uns allda zerstört.
Und wenn so ein Kaffer von uns nichts will,
Den machen wir flugs auf ewig still.
Piff paff, piff paff, hurra! O glückliches Afrika!

Wir pred'gen den Heiden das Christentum. Wie brav!
Und wer's nicht will glauben, den bringen wir um. Piff paff!
O selig die „Wilden", die all man so lehrt
Die „christliche Liebe" mit Feuer und Schwert.
Piff paff, piff paff, hurra! O glückliches Afrika.

Wir haben gar „schneidige" Missionär, Juchhei!
Den Branntwein, den Krupp und das Mausergewehr, die drei.
So tragen Kultur wir nach Afrika.
Geladen! Gebt Feuer! Halleluja!
Piff paff, piff paff, hurra! O glückliches Afrika!

Das Lied *„Bibel und Flinte"* lernten wir seinerzeit Mitte der 1970er-Jahre durch eine LP von „Zupfgeigenhansel" (Erich Schmeckenbecher und Thomas Friz) kennen. (Siehe auch *Zupfgeigenhansel* - Es wollt' ein Bauer früh aufstehn. 222 Volkslieder. Dortmund 1978. S. 339).

Immerhin wird Deutschland wenigstens die Verbrechen der deutschen Kolonialtruppen an den Herero und Nama im heutigen Namibia zu Beginn des 20. Jahrhunderts jetzt endlich offiziell als Völkermord anerkennen – und die Nachkommen der Opfer um Entschuldigung bitten. Nach mehr als fünfjährigen Verhandlungen erzielten Deutschland und Namibia eine „Einigung über den gemeinsamen Umgang mit dem dunkelsten Kapitel unserer gemeinsamen Geschichte", wie der damalige Bundesaußenminister Heiko Maas (SPD) mitteilte. Als „Geste der Anerkennung des unermesslichen Leids" werde Deutschland Wiederaufbauhilfen in Milliardenhöhe zahlen (so die T-Online-Nachrichten, 28. Mai 2021). Dabei bleibt aber zu erwarten, in welchen Händen diese über 30 Jahre gestreckten 1,1 Milliarden Aufbauhilfen letzten Endes landen werden, d.h. es ist nicht sicher, ob die Nachkommen der Hereros und Nama jemals irgendetwas davon zu sehen bekommen werden.

Die Aufteilung Chinas durch die Kolonialmächte
- England, Deutschland, Russland, Frankreich und Japan teilen den chinesischen Kuchen unter sich auf –

Gerade auch während des sog. Boxeraufstandes (1900) kam es von Seiten des deutschen Expeditionskorps zu unzähligen brutalen Strafaktionen und willkürlichen Hinrichtungen, denen gerade auch unzählige nichtbeteiligte Chinesen zum Opfer fielen und welche die deutschen Truppen sogar in den Augen ihrer Verbündeten diskreditierten.
Beim Genozid an den Armeniern 1915/16 durch die Türken, dem wohl schwersten Verbrechen des Ersten Weltkriegs, war Deutschland im Ersten Weltkrieg der engste Verbündete des Osmanischen Reiches. Reichskanzler Bethmann Hollweg äußerte sich dabei in Nibelungentreue: „Unser einziges Ziel ist, die Türkei bis zum Ende des Krieges an unserer Seite zu halten, gleichgültig, ob darüber Armenier zu Grunde gehen oder nicht." Einige deutsche Spitzenmilitärs in der Türkei waren dabei sogar Mittäter beim Völkermord, agierten sie doch im türkischen Kriegsministerium und im Generalstab. Zwar unterstanden sie nominell dem Leiter der deutschen Militärmission, Otto Liman von Sanders, de facto aber folgten fast alle den Instruktionen des türkischen Kriegsministers Ismail Enver.

Ausblick

Unberücksichtigt lassen müssen wir an dieser Stelle die misslichen Bedingungen der indigenen Bevölkerungen etwa in Südamerika sowie anderen Ländern der Dritten Welt, für die ebenfalls nicht zuletzt auch die reichen Länder Europas Mitschuld tragen, beruht ihr wirtschaftlicher Wohlstand doch zu einem Großteil auf deren rein profitorientierter Wirtschaftspolitik.
Dennoch wollen wir hier wenigstens einige aufzählen, von deren Ausbeutung gerade auch Deutschland mitprofitiert:

- Brasilien, Argentinien und Equador: Gold- und Kupferabbau. Dies führt zu nachhaltiger Zerstörung der Regenwälder und dadurch der Lebensgrundlagen der dortigen einheimischen indigenen Bevölkerung durch Vergiftung von Bächen und Flüssen sowie des Grundwassers durch Quecksilber – Die großräumige Vernichtung durch Abholzungen und Brandrodungen des südamerikanischen Regenwaldes und der dortigen Fauna und Flora, um für Weideflächen für die Rinderherden reicher Viehzüchter zu sorgen, die ihre Fleischprodukte nach Europa und vor allem Deutschland exportieren, ist mitverantwortlich für die Beschleunigung des sich aktuell abzeichnenden Klimawandels
- Nicaragua: Regenwaldabholzungen
- Guinea: Kreditgarantien deutscher Banken für die Anlage von Bauxitminen begünstigen Landraub, Umweltzerstörung sowie Menschenrechtsverletzungen zur Durchsetzung dieser Politik.
- Tansania (bis zum Ersten Weltkrieg Deutschostafrika): Regenwaldabholzungen
- Namibia (bis zum Ersten Weltkrieg Deutschsüdwestafrika): Erdölsuche im dortigen Kavongo-Becken
- Borneo: Regenwaldabholzungen für eine Palmölraffinerie sowie eine Biodieselfabrik.
- Miramar: Illegale Regenwaldrodung zur Gewinnung von Teakholz für die Renovierung des deutschen Segelschulschiffs „Gorch Fock"
- Kanada/British Columbia: Großräumige Regenwaldabholzungen

Diese Reihe ließe sich unschwer erweitern …

Publikationsliste des Verfassers (mit Bezügen zumThema)

Uli Otto, Imogen Pfarr-Otto u.a.: „Schenkt uns doch auch mal wieder ein Buch". Rezensionen zu problemorientierten Kinder- und Jugendbüchern, Regensburg 1986.
Uli Otto & Eginhard König: „'Ich hatt' einen Kameraden …' Militär und Kriege in historisch-politischen Liedern in den Jahren von 1740 bis 1914, Regensburg 1999, hier S. 741-786.
Uli Otto & Till Otto: „Auf den Spuren der Söhne der Großen Bärin". Untersuchung zum historischen und kulturgeschichtlichen Hintergrund der Jugendromane „Die Söhne der Großen Bärin" von Liselotte Welskopf-Henrich, Regensburg 2001.
Uli Otto: Liselotte Welskopf-Henrich. – In: Lexikon der Reise- und Abenteuerliteratur. (hrsg. v. Heinrich Wimmer) Meitingen. Sommer 2002.
Uli Otto: „Auf den Spuren von ‚UBIQUE TERRARUM'. Untersuchung zur Jugendromanreihe „Ubique Terrarum" (1953-1959) von Herbert Kranz. Regensburg 2003, 2. um ein Nachwort von Franz Schwarzberg erweiterte Aufl. 2017.
Uli Otto: Liselotte Welskopf-Henrich. Leben und Werk. – In: Kinder- und Jugendliteratur – Ein Lexikon (hrsg. v. Kurt Franz, Günter Lange & Franz-Josef Payrhuber im Auftrag der Deutschen Akademie für Kinder- und Jugendliteratur e.V.) Volkach 2003.
Uli Otto: „Taró" – Ein bundesdeutscher Zeitschriften-Comic der 1950er/1960er Jahre. – In: Kinder- und Jugendliteratur – Ein Lexikon … Volkach, Frühjahr 2003
Uli Otto: „Taró" – Ein Zeitschriften-Comic in der „Stern"-Beilage „sternchen". – In: Lexikon der Comics, Loseblattsammlung (Frühjahr 2004)
Uli Otto: Herbert Kranz und seine Abenteuerreihe „UBIQUE TERRARUM". – In: Lexikon der Reise- und Abenteuerliteratur, Meitingen (Frühjahr 2004)
Uli Otto: UBIQUE TERRARUM – die Jugendbuchreihe der 1950er Jahre von Herbert Kranz. – In: Lexikon der Kinder- und Jugendliteratur (Frühjahr 2004)
Uli Otto: Drei „deutsche Indianer" – Karl May, Herbert Kranz und Liselotte Welskopf-Henrich. Regensburg 2007 (Unveröffentlichtes Vortragsmanuskript)
Uli Otto: „Musikalisches Schlampermäppchen" – „Geschichte(n) im Lied – Lieder in der Geschichte". Unveröffentlichte Materialsammlung von historisch-politischen Liedern vom 18. bis zum 20. Jahrhundert in acht Bänden. (ca. 2000 Seiten) Regensburg 2012.
Uli Otto (Hrsg.): Webseite www.kultur-gegen-die-waa.de, Regensburg 2018 - hier Kap. 10 Dieter Weber u.a.: Evangelisches Bildungswerk, Kap. 11 Imogen Pfarr-Otto u.a.: Mütter gegen Atomkraft, Claus Biegert: Die Indianer kommen.
Uli Otto: Überlegungen zu Liselotte Welskopf-Henrichs „Die Söhne der Großen Bärin" - Weiterführende Reflexionen zu Aspekten einer leider nach wie vor weitgehend verdrängten und vergessenen neueren deutschen Geschichte vor dem Hintergrund des Entwicklungsroman-Zyklus der Autorin aus den 1950er- und 1970er-Jahren. Regensburg 2021

Gesamtliste Veröffentlichungen 1979-2021

1. Rezensionen im Jahrbuch für Volksliedforschung (hrsg. v. Deutschen Volksliedarchiv in Freiburg i. Br.) Jg. 1978-1982, 1984-1991, 1998, 2000, 2001, 2002.
2. Rezensionen in „ad marginem“ (Zeitschrift für Volkslied- und Volksmusikforschung des Instituts für Musikalische Volkskunde der Universität Köln) 1979, 2001, 2002.
3. Rezensionen in den „Augsburger Volkskundlichen Nachrichten“, 2001, 2002.
4. Rezensionen in der „Zeitschrift für Musikpädagogik“ (Herbst 1985)
5. Uli Otto: Lieder und Gedanken des Ertl Fritz. Rezension zu einem Video-Film über einen alten bayerischen Volksmusikanten. –In: Michel. Zeitschrift für Volksmusik, Nr. 48, Nov./Dez. 1985, S. 36ff.
6. Uli Otto & Axel Koberne: „Nick Knatterton“ – ein bundesdeutscher Comic-strip der ’50er Jahre. –In: Germanistische Mitteilungen (Zeitschrift des belgischen Germanisten- und Deutschlehrerverbandes) Brüssel 10/1979, S. 15-53.
7. Uli Otto: Die historisch-politischen Lieder und Karikaturen des Vormärz und der Revolution von 1848/1849, Köln 1982.
8. Uli Otto: Ein „Volks“liederbuch – August Heinrich Hoffmann von Fallersleben: Deutschland, Deutschland Über Alles???... oder: Ich bin Professor gewesen. Nun bin ich abgesetzt, Hildesheim-Zürich-New York 1984.
9. Uli Otto & Eginhard König: Folk und Liedermacher. –In: Musikstadt Regensburg (hrsg. v.) Bernd Meyer, Regensburg 1985, S. 131-137.
10. Uli Otto & Eginhard König: „WIDERHALL“ – das Regensburger Folk-Festival. –In: Musikstadt Regensburg (Siehe Nr 8), S. 250ff.
11. Widerstand – Wackerland. Programm-Broschüre zum großen Anti-WAA-Folk-Festival Anfang Mai 1986, Regensburg 1986.
12. Uli Otto, Imogen Pfarr-Otto u.a.: „Schenkt uns doch auch mal wieder ein Buch”. Rezensionen zu problemorientierten Kinder- und Jugendbüchern, Regensburg 1986.
13. Uli Otto: Neue Töne von Mehlprimeln, Guglhupfa, Anonym. Plädoyer für gesellschaftskritisches Engagement im „Neuen Volkslied“. – In: Neue Musikzeitung 36 (1987), Ausg. 1 S. 14.
14. Regensburger Liederbuch. Eine Stadtgeschichte in Noten (hrsg. v.) Eginhard König & Martina Forster, Regensburg 1989.
15. Uli Otto (Text) & Reid Victorsen (Illustrationen): Die Parks der Regensburger Innenstadt. Ein kleiner Führer für Regensburger Alt- und Neubürger. 1. Aufl. Regensburg 1992, 2. erw. und verb. Aufl. 1997.
16. Uli Otto & Eginhard König: „’Ich hatt’ einen Kameraden ...’ Militär und Kriege in historisch-politischen Liedern in den Jahren von 1740 bis 1914, Regensburg 1999.
17. Uli Otto & Nikola Otto: Historisch-politische Lieder im Platten-/CD-Repertoire zweier irischer Folk-Gruppen. – In: Augsburger Volkskundliche Nachrichten (AVN), Sommer 2001.
18. Uli Otto: „Vetter Michels Vaterland“. Historisch-politische Lieder und Liedsammlungen des 19. Jahrhunderts. Regensburg 2002 (Vortragsmanuskript Dillingen 22. Oktober 2002)
19. Uli Otto & Till Otto: „Auf den Spuren der Söhne der Großen Bärin“. Untersuchung zum historischen und kulturgeschichtlichen Hintergrund der Jugendromane „Die Söhne der Großen Bärin“ von Liselotte Welskopf-Henrich, Regensburg 2001.
20. Uli Otto: Liselotte Welskopf-Henrich. – In: Lexikon der Reise- und Abenteuerliteratur. (hrsg. v. Heinrich Wimmer) Meitingen. Sommer 2002.
21. Uli Otto: Drei „deutsche Indianer“ – Karl May, Herbert Kranz und Liselotte Welskopf-Henrich. Regensburg 2002 (Vortragsmanuskript)
22. Uli Otto: „Vetter Michels Vaterland“ Liedquellen und Quellenwerke zum historisch-politischen Lied in Deutschland im 19. Jahrhundert. Vortragsmanuskript zum

Fortbildungsseminar für Gymnasiallehrer in den Fächern Geschichte, Deutsch und Musik in Dillingen im Oktober 2002.
23. Uli Otto: „Auf den Spuren von UBIQUE TERRARUM. Untersuchung zur Jugendromanreihe „Ubique Terrarum“ (1953-1959) von Herbert Kranz. Regensburg 2003.
24. Uli Otto: Liselotte Welskopf-Henrich. Leben und Werk. – In: Kinder- und Jugendliteratur – Ein Lexikon (hrsg. v. Kurt Franz, Günter Lange & Franz-Josef Payrhuber im Auftrag der Deutschen Akademie für Kinder- und Jugendliteratur e.V.) Volkach 2003.
25. Uli Otto: „Kombiniere – Nick Knatterton”. Ein bundesdeutscher Comic-Strip der 1950er Jahre. –In: Kinder- und Jugendliteratur – Ein Lexikon .... Volkach, (Frühjahr 2003)
26. Uli Otto: „Kombiniere – Nick Knatterton“. Ein bundesdeutscher Comic-Strip der 1950er Jahre.-In: Lexikon der Comics – Loseblattsammlung (Frühjahr 2003)
27. Uli Otto: „Taró“ – Ein bundesdeutscher Zeitschriften-Comic der 1950er/1960er Jahre. – In: Kinder- und Jugendliteratur – Ein Lexikon ... Volkach, Frühjahr 2003
28. Uli Otto: „Taró“ – Ein Zeitschriften-Comic in der „Stern“-Beilage „sternchen“. – In: Lexikon der Comics, Loseblattsammlung (Frühjahr 2004)
29. Uli Otto: Krieg und Frieden in der Welt des Liedes. – In: Hartmut Lück & Dieter Senghaas (Hrsg.): Vom hörbaren Frieden (Arbeitstitel), voraussichtlich 2004 beim Suhrkamp Verlag)
30. Uli Otto: Herbert Kranz und seine Abenteuerreihe UBIQUE TERRARUM. – In: Lexikon der Reise- und Abenteuerliteratur, Meitingen (Frühjahr 2004)
31. Uli Otto: UBIQUE TERRARUM – die Jugendbuchreihe der 1950er Jahre von Herbert Kranz. – In: Lexikon der Kinder- und Jugendliteratur (Frühjahr 2004)
32. Uli Otto: „Musikalisches Schlampermäppchen” – „Geschichte(n) im Lied – Lieder in der Geschichte“. Materialsammlung von historisch-politischen Liedern vom 18. bis zum 20. Jahrhundert in acht Bänden. (ca. 2000 Seiten) Regensburg 2012. (unveröffentlicht)
33. Uli Otto & Till Otto: „Auf den Spuren des Fliegenden Klassenzimmers”. Schüler, Lehrer, Schul- und Internatsleben in deutschen Kinder- und Jugendbüchern vom 19. Jahrhundert bis zur Gegenwart. 2 Bde Regensburg 2006/2007.
34. Uli Otto: Lieder gegen „das Dunkel in den Köpfen“ und zum Schutz der Heimat. Zur Kultur der oberpfälzischen Bürgerinitiativen gegen die atomare Wiederaufarbeitung in Wackersdorf in den 1980er Jahren. (Regensburg/Ratisbonne),. – In: Francois Genton: „Heimat. La petite patrie dans les pays de langue allemande. (=Chroniques allemandes no 13 – 2009/Publikationsreihe des Centre d'études et de recherches allemandes et autrichiennes contemporaines [CERAAC] et de l'Institut des langues et des cultures d'Europe et d'Amérique [ILCEA], de l'université Stendhal-Grenoble 3), S. 477-492.
35. Uli Otto & Till Otto (Hrsg.): Handwerks- und Handwerkerlieder. Regensburg. 2012.
36. Uli Otto u.a.: Webpage www.kultur-gegen-die-waa.de. Facetten und Aspektes des kulturellen Widerstands gegen die WAA im oberpfälzischen Wackersdorf in den Jahren von 1980 bis 1990, Regensburg 2018.
37. Uli Otto: Rezension zu Janine Gaumer: WACKERSDORF - Atomkraft und Demokratie in der Bundesrepublik 1980-1989, (Phil. Dissertation, Friedrich Schiller-Universität Jena, 2017), München oekom verlag 2018), Regensburg 2018. – In: kultur-gegen-die-waa, Regensburg 2018.
38. Uli Otto: Widerständiges in der Oberpfalz (Beispiel WAA) „Gegen den Strom“. - In: Volksmusik in der Oberpfalz. (Hrsg. vom Bezirk Oberpfalz), Regensburg 2020.
39. Uli Otto: Lieder in der Geschichte – Geschichten im Lied. DVD mit über 80 visualisierten Liedern zur Geschichte (nicht zum Verkauf)
40. Uli Otto & Claus Hofmann: Freiheit, Gleichheit, Brüderlichkeit. Politische Lieder der 1848er Revolution bis heute. Mit einem Vorwort von Frank Rieger. (Hrsg. vom Bund für Geistesfreiheit Bayern – K.d.ö.R.) Regensburg 2021.

41. Uli Otto: Enttäuschte Hoffnungen *„'s ist wieder März geworden, vom Frühling keine Spur"*. Lieder der gescheiterten Revolution von 1848/49. Mit einer historischen Einordnung und Übersicht von Frank Riegler Stellv. Vorsitzender bfg Bayern. Regensburg 2021.
42. Uli Otto: Private Druckversion von *Liselotte Welskopf-Henrich, die Indianer und ich.* Regensburg, Mai 2021.
43. Uli Otto: Überlegungen zu Liselotte Welskopf-Henrichs „Die Söhne der Großen Bärin" - Weiterführende Reflexionen zu Aspekten einer leider nach wie vor weitgehend verdrängten und vergessenen neueren deutschen Geschichte vor dem Hintergrund des Entwicklungsroman-Zyklus der Autorin aus den 1950er und 1970er Jahren. Regensburg 2021

Audio-Kassetten und CDs

„Anonym" (Aufgenommen und produziert von Helmut Köppl, Hausen/Ndb.)
1. „Deutschland, Deutschland über alles???" Lieder von Hoffmann von Fallersleben und vorrmärzlichen Zeitgenossen) Compact Cassette. Regensburg 1985.
2. Was ist des Teutschen Vaterland? Compact Cassette. Regensburg/Exing 1985./86.

„Passepartout GmbH" (Aufgenommen und produziert von Helmut Köppl, Hausen/Ndb.)
1. „Ich hatt' einen Kameraden ..." Soldatenlieder aus den Jahren 1740-1949, Doppel-CD, Regensburg 1999.

„Passepartout GmbH" (aufgenommen und produziert von Robert Hasleder, Regensburg)
1. „Ein neues Lied, ein bess'res Lied ..." Lieder aus dem Vormärz, 3-fach CD, Regensburg 2011/12.
2. „Demokraten-Chor" 3-fach CD (aufgenommen von Robert Hasleder, prodziert von Helmut Köppl), Regensburg 2011-2023, 2019.
3. Neunzig visualisierte Lieder. CDR/DVD (Aufnahmen von Helmut Köppl und Robert Hasleder, produziert von Uli Otto), Regensburg 2015-2018.

Liederprogramme

Aktuelle und in Vorbereitung befindliche Konzertprogrammangebote zur Unterstützung von sozialen, caritativen und ökologischen Vereinigungen, Gruppen und Institutionen sowie Krankenhäusern, Altersheimen, Cafés, Bistros und kleinen Kneipen in nach-Corona-und anderen problematischen Zeiten .... :

Programmangebotstitel:

- **Lieder in der Geschichte – Geschichte(n) in Liedern**
- **„'s ist wieder März geworden, vom Frühling keine Spur" – Enttäuschte Hoffnungen der Revolution von 1848/1849.**
- **„Ich bin Soldat, doch bin ich es nicht gerne ....". Soldatenlieder vom 18. bis 20. Jahrhundert.**
- **„... denn die Liebe hat vernichtet schon so manches junge Leben" – Liebesfreud', Libido, Erotik und Liebeskummer sowie weitere Widrigkeiten und (Kata-)Strophen des Lebens. (Deutsche, Englische und Französische Lieder)***
- **„Lustig, lustig, ihr lieben Brüder" – Handwerker- und Wanderburschenlieder**
- **„Lieder aus der ‚anderen Heimat'" (Auswanderung, Flucht und Vertreibungen)**
- **„Widerständiges aus der NS-Zeit"**
- **„Fern der Heimat" – Lieder zur Auswanderung, Emigration, Flucht und Vertreibung**
- **Mit Bibel, Branntwein und Flinte – Lieder zum Thema Kolonialisierung und Imperialismus**
- **Diverse Lieder aus bzw. zu Filmen**
- **Lieder deutscher Jugendbewegungen. Vom „Wandervogel" (um 1900) bis zu „Fridays for Future" (2020). (in Vorbereitung)**

**** Aktueller Vortrag: Deutsche und Indianer im Verlauf der Geschichte. Überlegungen zur gemeinsamen Historie.**

⇨ Weitere Programme in Vorbereitung

Infos siehe auch: www.uliotto.de – www.passepartoutgmbh.de – www.kultur-gegen-die-waa-de.

Weiterführende Literatur zur Geschichte der nordamerikanischen Prärieindianer

Maximilian zu Wied: Reise in das Innere Nordamerikas in den Jahren 1832-1834, illustriert von Karl Bodmer. Köln o.J.
Dee Alexander Brown: Begrabt mein Herz an der Biegung des Flusses. München 1972, (amerikanisches Englisch: Bury My Heart at Wounded Knee. An Indian History of the American West. Übersetzt von Helmut Degner, Knaur-Taschenbuch 62804).
Benjamin Capps: The Indians. Time Life Books 1975.
Benjamin Capps: Die großen Häuptlinge. Time Life Books 1978.
Oliver la Farge: Die Welt der Indianer. Berlin 1979.
Claus Biegert: Seit zweihundert Jahren ohne Verfassung. USA: Indianer im Widerstand. Reinbek bei Hamburg 1983.
Claus Biegert: (Hrsg.): Indianerschulen. Reinbek bei Hamburg 1983.
Jürgen Misch: Der letzte Kriegspfad. Der Schicksalskampf der Sioux und Apachen. 2. verb. Aufl. Stuttgart 1984 - mit einem Nachwort von Liselotte Welskopf-Henrich.
Carolyn Niethammer: Töchter der Erde. Legende und Wirklichkeit der Indianerinnen. Göttingen 1985, 4. Aufl. 1989.
Claus Biegert & Rainer Wittenborn: Der große Fluss ertrinkt im Wasser. James Bay, Reise in einen sterbenden Teil der Erde. Reinbek bei Hamburg 1985.
Gert Hensel: Strahlende Opfer. Amerikas Uranindustrie, Indianer und weltweiter Überlebenskampf. Giessen 1987.
Josepha Sharmann: Indian Tribes of North America. New York 1990
Hans Läng: Kulturgeschichte der Indianer Nordamerikas. Bindlach 1991.
Heinz J. Stammel: Der Indianer. Legende und Wirklichkeit von A-Z. Leben – Kampf – Untergang. München 1992.
Der große Bildatlas – Indianer: Geschichte, Kulturen, Völker, Stämme. München 1992.
Royal B. Hassrick: Das Buch der Sioux. Augsburg 1992.
Indianerreservate. Apa Guides. München 1992.
Claus Biegert: (Hrsg.): Indianische Welten: der Erde eine Stimme geben. Texte von Indianern aus Nordamerika.Reinbek bei Hamburg 1992.
Rand McNallly: Atlas of American frontiers. Rand McNally & Company, 1993
Claus Biegert & Elke Stolhofer (Hrsg.): Der Tod, der aus der Erde kommt. Zeugnisse nuklearer Zerstörung, Ureinwohner der Erde beim World Uranium Hearing. Pustet, Salzburg, München 1993.
Markus Junkelmann: Der amerikanische Bürgerkrieg 1861-1865. Augsburg 1993.
Markus Junkelmann: Die Eroberung des Westens. Die USA nach dem Bürgerkrieg 1865-1890. Augsburg 1993.
Ulrich W. Hiesinger: Indianer in Nordamerika. Eine photographische Dokumentation vom Bürgerkrieg bis Wounded Knee. München-New York 1994.
Die Wunden der Freiheit. Der Kampf der Indianer Nordamerikas gegen die weiße Eroberung und Unterdrückung. Selbstzeugnisse, Dokumente, Kommentare. Göttingen 1994.
Richard H. Dillon: Indianerkriege. Große Schlachten und berühmte Krieger in der Geschichte Nordamerikas. Lymassol (Cyprus) 1994. (Englische Originalausgabe London 1983).
Monika Thaler (Hrsg.): Die Welt der Indianer – Geschichte, Kunst, Kultur von den Anfängen bis zur Gegenwart. München 1994.
Bill Yenne: Indianerstämme. Geschichte und Kulturen der Ureinwohner Nordamerikas. Die große Bildenzyklopädie von A-Z. Lymassol (Cyprus) 1994.
Kuno Mauer: Das neue Indianer-Lexikon. Die Macht und Größe der Indianer bis zu ihrem Untergang. München 1994.
Elmar Engel: Geronimo und die Apachen. Göttingen 1994.
Claus Biegert: (Bearb.): Die Wunden der Freiheit. Göttingen 1994.
Claus Biegert & Carl-Ludwig Reichert (Hrsg.): Nur Stämme werden überleben / Vine Deloria (Originaltitel: We Talk – You Listen.) Aus dem amerikanischen Englisch übersetzt von der Arbeitsgruppe für Nordamerikanische Indianer und Ursula Wolf. Göttingen 1995.
Claus Biegert (Hrsg.): Der Montag, der die Welt veränderte. Lesebuch des Atomzeitalters. Reinbek bei Hamburg 1996.
Elmar Engel: Chief Joseph, Häuptling der Nez Percé. Göttingen 1998.

Russell Freedman: Die großen Häuptlinge. Hamburg 1997.
William C. Davis: Der amerikanische Bürgerkrieg. Soldaten Generäle Schlachten, Augsburg 2000.
Christian F. Fest (Hrsg.): Kulturen der nordamerikanischen Indianer. Köln 2000.
Claus Biegert, Hans Peter Thiel, Udo Kruse-Schulz: Blauer Wirbelwind und Rote Wolke. Saatkorn, Lüneburg 2000,
Claus Biegert & Georg Gaupp-Berghausen (Hrsg.): *Vom Wesen des Wassers*. Frederking und Thaler, München 2006.
Thomas Jeier: Das große Buch der Indianer. Die Ureinwohner Nordamerikas. Augsburg 2011.
Sabine Claus: Lakota Stories. Berlin 2007.
Teton Sioux Nation Treaty Council: The CERD Report. 2007.
Rainer Hatoum: „Der wilde Westen …" Die Deutschen und die Eroberung des Westens, 2007 (=https://www.Geschkult.fu-berlin.de/relwiss/forschung/vw-stiftung/haoum_2007_der_wilde_westen
Friedrich von Borries & Jens-Uwe Fischer: Sozialistische Cowboys. Frankfurt a. M. 2008.
Martina Brod: Der heutige Indianer aus deutscher Perspektive. Eindrücke aus der Pine Ridge Indianerreservation in South Dakota. (Unveröffentlichte Seminararbeit, die im Rahmen des Proseminars *Von Deutschen Indianern. Kulturelle Aspekte deutschsprachiger Indianerliteratur* im WS 2008/2009 im Bereich Kulturwissenschaften an der Universität Regensburg verfasst wurde, wobei die Autorin vorher drei Monate in der Pine Ridge Reservation verbracht hatte und dort zahlreiche persönliche Eindrücke sammeln konnte).
Manuel Menrath: Mission Sitting Bull. Die Geschichte der katholischen Sioux. Paderborn 2016.
Aram Mattioli: „Verlorene Welten". Eine Geschichte der Indianer Nordamerikas. Stuttgart 2017.
Claus Biegert: Die Indianer kommen. Kapitel 12 der Webseite www.kultur-gegen-die-waa.de. 2018.
William B. Matson: Crazy Horse – Das Leben und Vermächtnis eines Lakota-Kriegers. Hohenthann-Schönau: Traumfänger-Verlag 2018.
Heike Bungert: Die Indianer. Geschichte der indigenen Nationen in den USA. München 2020.
DIESES LAND Vorwort von Alicia Elliott Text und Szenario von Kateri Akiwenzie-Damm, Sonny Assu, Brandon Mitchell, Rachel und Sean Qitsualik-Tinsley, David A. Robertson, Niigaanwewidam James Sinclair, Jen Storm, Richard Van Camp, Katherena Vermette und Chelsea Vowe - lIllustrationen und Kolorierung von Tara Audibert, Kyle Charles, GMB Chomichuk, Natasha Donovan, Scott A. Ford, Scott B. Henderson, Ryan Howe, Andrew Lodwick, Jen Storm und Donovan Yaciuk. Bahoe books, Okt. 2021. (150 Jahre neu erzählt.150 Jahre sind seit der Gründung der Kanadischen Konföderation vergangen. Diese Comic-Anthologie erzählt über diesen Land aus der Perspektive der First Nations.)
Kanada – Überlebende berichten von traumatischen Erfahrungen in Indigeneninternaten. - In. Der SPIEGEL Nr. 3/15.01.2022, hier S. 86-89.
Deutsche Auswanderer. Der große Traum vom neuen Leben – und was daraus wurde. (SPIEGEL Geschichte Nr. 1/17.01.2022.

Publikationen des Traumfänger-Verlags in Höhenthann-Schönau[408]

Historische Romane

Tanja Mikschi: Als der Mond zu sprechen begann
G. D. Brademann: Comanchen Mond
G. D. Brademann: Comanchen Mond Band 2
G. D. Brademann: Comanchen Mond Band 3
Dallas Chief Eagle: Wintercount - Dämmerung über dem Land der Sioux
Armin Brandt: Die Sioux und der Kampf um Neu-Ulm
Kerstin Groeper: Der scharlachrote Pfad
Kerstin Groeper: Die Feder folgt dem Wind
Kerstin Groeper: Donnergrollen im Land der grünen Wasser
Kerstin Groeper: Im Eissturm der Amsel
Kerstin Groeper: Im fahlen Licht des Mondes

[408] https://traumfaenger-verlag.de/home.html

Kerstin Groeper: Kranichfrau, die Geschichte einer Blackfeet-Kriegerin
Kerstin Groeper : Wie ein Funke im Feuer
Charles M. Shawin: Die Tränen der Rocky Mountain Eiche
Ida Spix: Die zerbrochenen Flöten, Jadefisch und Motecuzoma

Kinder & Jugend

Nancy M. Armstrong: Kee - der lange Marsch der Navajo
Brita Rose-Billert: Die Farben der Sonne, die Geschichte der Steinpferde
Beatrice Deer: Die Fuchs Frau
Kerstin Groeper: Adlerkralle - der Indianerjunge und sein Wolf
Kerstin Groeper: Geflecktes-Pferdemädchen, ein weißes Kind bei den Lakota
Kerstin Groeper: Indianisch für Anfänger
Kerstin Groeper: Kurzgeschichte „Blitz-im-Winter und die Pferdeherde"
Kerstin Groeper: Meine Mutter, der Indianer und ich
Kerstin Groeper: Grauer Wolf - ein Indianerjunge will nach Hause
Kerstin Groeper: Blitz-im-Winter, die Abenteuer eines Indianer-Jungen
Kerstin Groeper: Taschunka-gleschka-win, Geflecktes-Pferdemädchen
Dr. Joest Leopold: Die Völker der nordamerikanischen Indianer
Beverly Pinheiro: Powwow Freundschaft
Sakiasi Qalinaq: Der Eisbär und der Waisenjunge
Rachel und Sean Qitsualik-Tinsley: Skrälinge
Marcel Schmäling: Tecumah und der Orca
Alexandra Walczyk: Die Gesichter der Steine
Alexandra Walczyk: Winonas Traumauto

Thriller und Krimis

Ronda Baker-Summer: Der Fluch von Fort Henry
Katja Etzkorn: Pine Ridge statt Pina Colada
Katja Etzkorn: Tlingit Moon
Kerstin Groeper: Der Palio des toten Politikers
Kerstin Groeper: Im Schatten des Schamanen
Kerstin Groeper: Mohawk Love
Rebecca Netzel: Das Echo des Adlerschreis
Rebecca Netzel: Der Lockruf des Weißen Adlers
Brita Rose-Billert: Maggie Yellow Cloud - Mord auf Pine Ridge
Brita Rose-Billert: Maggie Yellow Cloud, das verkaufte Herz
Brita Rose-Billert: Sheloquins Vermächtnis
Alexandra Walczyk: Sturmgeflüster, tödliche Spurensuche im Land der Sioux
Ulrich Wißmann: Böser Zauber
Ulrich Wißmann: Skalpjagd, ein Navaho-Cop bei den Sioux
Ulrich Wißmann: Tanz mit Schlangen
Ulrich Wißmann: Wer die Geister stört

Biografien

Mary Caesar: My Healing Journey - Meine Reise zur Heilung – Überlegen in der Residential School
Michael Koch: Ein Leben für die Freiheit – Leonard Peltier und der indianische Widerstand
Stephen Mack: Es musste getan werden – Die Navajo-Krieger erinnern sich an den Zweiten Weltkrieg
Jessica McDiarmid: Highway der Tränen – Eine wahre Geschichte über Rassismus und Gewalt an indigenen Frauen und Mädchen
Darrel McLeod: Mamaskatch – Entwicklungsroman über einen Cree-Jungen
William B. Matson: Crazy Horse, das Leben und Vermächtnis eines Lakota-Kriegers
William B. Matson: Crazy Horse, das Leben und Vermächtnis eines Lakota-Kriegers (TB)
William B. Matson: Crazy Horse, der Anhang
Mitch Walking Elk: Ich werde mich nie ergeben, There will be no surrender
Gilbert L. Wilson: Goodbird, die Welt der Hidatsa
Gilbert L. Wilson: Waheenee Ein Indianermädchen erzählt (nach Erzählungen von Waheenee)

Sonstige Literatur:

Carl Schurz: Lebenserinnerungen, 2 Bde (hrsg.v.) Daniel Göske, Göttingen 2015

Literatur zur deutschen Kolonialgeschichte

Rochus Schmidt: Deutschlands Kolonien, Berlin 1898.
Manfred Hinz u.a. (Hrsg.): Weiß auf Schwarz. 100 Jahre Einmischung in Afrika. Deutscher Kolonialismus und afrikanischer Widerstand, Berlin 1984.
Hans Georg Stelter: Die Deutschen und ihr Kolonialreich. Darmstadt 1984.
Francesca Schinzinger: Die Kolonien und das Deutsche Reich. Die wirtschaftliche Bedeutung der deutschen Besitzungen in Übersee. (= Wissenschaftliche Paperbacks Sozial- und Wirtschaftsgeschichte, Band 20). Franz Steiner, Stuttgart 1984.
Hans Georg Steltzer: Die Deutschen und ihr Kolonialreich. Frankfurt am Main 1984.
Thomas Höpker, Jürgen Petschull: Der Wahn vom Weltreich. Die Geschichte der deutschen Kolonien. Herrsching 1986.
Uwe Timm: Deutsche Kolonien. München 1986.
Sebastian Conrad: Deutsche Kolonialgeschichte. 4. Auflage, Beck, München 201,.
Karlheinz Graudenz, Hanns-Michael Schindler: Die deutschen Kolonien. Augsburg 1994.
Karlheinz Graudenz & Hanns-Michael Schindler: Die deutschen Kolonien. Über 100 Jahre Geschichte in Wort, Bild und Karte, Augsburg 1994
Ulrich van der Heyden (Hrsg.): Studien zur Geschichte des deutschen Kolonialismus in Afrika. Festschrift zum 60. Geburtstag von Peter Sebald. Pfaffenweiler 1995.
Walter Nuhn: Sturm über Südwest. Der Herero-Aufstand von 1904 – Ein düsteres Kapitel der deutschen kolonialen Vergangenheit Namibias, 3. Aufl. Bonn 1996.
Heiko Möhle (Hrsg.): Branntwein, Bibeln und Bananen. Der deutsche Kolonialismus in Afrika. Hamburg 1999.
Die deutschen Schutzgebiete. Erwerb, Organisation und Verlust aus juristischer Sicht. Baden-Baden 2002.
Hermann Joseph Hiery (Hrsg.): Die deutsche Südsee 1884–1914. Ein Handbuch. 2., durchgesehene und verbesserte Auflage. Paderborn 2002.
Walter Nuhn: Kolonialpolitik und Marine. Die Rolle der Kaiserlichen Marine bei der Gründung und Sicherung des deutschen Kolonialreiches 1884–1914. Bonn 2002.
Birthe Kundrus (Hrsg.): Phantasiereiche. Zur Kulturgeschichte des deutschen Kolonialismus. Frankfurt am Main/New York 2003.
Birthe Kundrus: Moderne Imperialisten. Das Kaiserreich im Spiegel seiner Kolonien. Köln/Weimar/Wien 2003.
Bernd G. Längin: Die deutschen Kolonien – Schauplätze und Schicksale 1884–1918. Hamburg/Berlin/Bonn 2004.
Ulrich van der Heyden, Joachim Zeller (Hrsg.): „… Macht und Anteil an der Weltherrschaft." Berlin und der deutsche Kolonialismus. Münster 2005.
Hermann Joseph Hiery (Hrsg.): Bilder aus der deutschen Südsee: Fotografien 1884–1921. Paderborn 2005.
Helmut Strizek: Geschenkte Kolonien. Ruanda und Burundi unter deutscher Herrschaft. Berlin 2006.
Norbert Berthold Wagner, Winfried Speitkamp: Deutsche Kolonialgeschichte. Stuttgart 2005.
Dominik Nagl: Grenzfälle. Staatsangehörigkeit, Rassismus und nationale Identität unter deutscher Kolonialherrschaft. Frankfurt am Main 2007.
Hartmut Pogge von Strandmann: Imperialismus vom Grünen Tisch. Deutsche Kolonialpolitik zwischen wirtschaftlicher Ausbeutung und „zivilisatorischen" Bemühungen. Berlin 2009.
Susanne Kuß: Deutsches Militär auf kolonialen Kriegsschauplätzen. Eskalation von Gewalt zu Beginn des 20. Jahrhunderts. Berlin 2010.
Horst Gründer, Hermann Joseph Hiery (Hrsg.): Die Deutschen und ihre Kolonien – Ein Überblick. Berlin 2017
Horst Gründer: Geschichte der deutschen Kolonien. 7. aktualisierte und erweiterte Auflage. Paderborn 2018
Julian Steinkröger: Strafrecht und Strafrechtspflege in den deutschen Kolonien: Ein Rechtsvergleich innerhalb der Besitzungen des Kaiserreichs in Übersee. Hamburg 2019.
Der deutsche Kolonialismus. Die verdrängten Verbrechen in Afrika, China und im Pazifik. – Sonderheft SPIEGEL GESCHICHTE Ausgabe 2/2021.
Götz Aly: „Das Prachtboot. Wie Deutsche die Kunstschätze der Südsee raubten. Frankfurt 2021.

Was ist der bfg eigentlich?

Der Bund für Geistesfreiheit ist eine Weltanschauungsgemeinschaft in der Tradition der europäischen Aufklärung. Wir sind eine Interessenvertretung der Konfessionsfreien. Zu unserem freiheitlichen, demokratischen, selbstbestimmten Werteverständnis einer aufgeklärten weltoffenen Gesellschaft gehören ein offener Dialog und ein faires Miteinander.

Der weltliche Humanismus ist ein diesseitsorientiertes, ethisch begründetes Lebenskonzept. Danach haben alle Menschen das Recht und die Verantwortung, ihr individuelles Leben selbst zu bestimmen.

Ausgehend von der humanistischen Lebensauffassung fördert der bfg den konstruktiven und friedlichen Austausch von Ideen. Er kritisiert jeden Dogmatismus und vertritt keine absoluten Wahrheiten.

Die Wissenschaften sind für den Humanismus ein unverzichtbares Hilfsmittel. Sie beruhen auf menschlichen Erfahrungen, auf der Überprüfbarkeit ihrer Aussagen und auf der kritischen Beurteilung ihrer praktischen Konsequenzen.

Religiöse Überzeugungen sind Meinungen und nicht Wahrheiten. Daher sind sie durch die Meinungsfreiheit geschützt, die ihrerseits dort ihre Grenzen hat, wo sie die Freiheit oder Grundrechte anderer beschneidet.

Was bringt der bfg seinen Mitgliedern?

Gemeinschaft

Pflege des säkularen Humanismus als gemeinsame Weltanschauung
Regelmäßige Treffen Gleichgesinnter bei kulturellen Veranstaltungen und Vorträgen
Gestaltung säkularer Feiern: Namensfeiern, Jugendfeiern, Hochzeiten oder Bestattungen

Humanistische Kultur

Eigene bfg-Feiertage: 18. März, Tag der Evolution, Tag der Menschenrechte, Welthumanistentag
Diskurs im weltweiten Netzwerk
Aktionen und Events mit breiter Wirkung
Selbstbestimmung auch am Lebensende

Säkulare Informationen

Zu weltanschauungsrechtlichen Fragen
Konfessionell unabhängige Berichterstattung über wissenschaftliche Erkenntnisse

Politische Aufklärungsarbeit

Ächtung von Straf- und Menschenrechtsverstößen der Kirchen und Religionsgemeinschaften
Förderung des Abbaus von kirchlichen Sonderrechten und Privilegien
Kritik an den finanziellen Zuwendungen des Staates an die Kirchen mit dem Ziel der Entflechtung von Staat und Kirche

Der Bund für Geistesfreiheit fordert die echte Trennung von Staat und Kirche.
Das heißt insbesondere
- Abschaffung des staatlichen Kirchensteuereinzugs
- Kein Religionsunterricht an staatlichen Schulen
- Priester- und Theologenausbildung ist nicht Sache des Staates
- Streichung aller Staatsleistungen an Religionsgemeinschaften und Kündigung der Konkordate.

Der Bund für Geistesfreiheit fördert deswegen diese Arbeit im Sinne der Aufklärung und mit dem Ziel:

„Schafft hier das Leben gut und schön
Kein Jenseits ist, kein Auferstehen"

Mit freigeistigen Grüßen! Erwin Schmid